Project-based Tutorial on Electrical Control of FANUC CNC Robots

罗敏 著

FANUC数控机器人电气控制项目化教程

化学工业出版社
·北京·

内容简介

本书以数控桁架机器人为例，通过五个项目详细讲解了FANUC数控机器人的电气控制。主要项目包括数控桁架机器人的运行安全设计、手动进给控制、M代码设计以及上下料的半自动运行控制和全自动运行控制。书中提供了项目的具体要求、相关知识、项目实施以及项目验证。通过五个项目的实践操作，读者可以全面了解数控机器人电气控制的工作原理和操作技巧，熟悉数控机器人的电气系统、PMC程序设计等。

本书可作为自动化、机器人工程等专业高年级学生的实验教材，也可供从事数控机器人电气控制、设计、编程、操作、维修等工作的工程技术人员阅读参考。

图书在版编目（CIP）数据

FANUC数控机器人电气控制项目化教程 / 罗敏著 .
北京 ：化学工业出版社，2025. 4. -- ISBN 978-7-122-47361-5

Ⅰ. TP242.2；TG659

中国国家版本馆CIP数据核字第2025N2P263号

责任编辑：毛振威　　　装帧设计：孙　沁
责任校对：边　涛

出版发行：化学工业出版社
（北京市东城区青年湖南街13号　邮政编码100011）
印　　装：三河市君旺印务有限公司
787mm×1092mm　1/16　印张13 1/4　字数252千字
2025年6月北京第1版第1次印刷

购书咨询：010-64518888　　　售后服务：010-64518899
网　　址：http://www.cip.com.cn
凡购买本书，如有缺损质量问题，本社销售中心负责调换。

定　　价：69.80元

前言

桁架机器人（Gantry Robot）是一种常见的工业机器人，通常用于物料搬运、装配和自动化生产线。桁架机器人基于三维空间坐标系进行运动，具有结构简单、精度高、工作空间大、承载能力强、适应性强、效率高等特点，因此广泛应用于汽车制造、电子产品生产、物流搬运等领域，尤其是在需要快速、准确搬运的场合表现优异。

目前国内外桁架机器人控制系统解决方案主要有基于数控系统的方案、基于 PLC 的方案、基于运动控制卡的方案、基于桁架机器人专用控制器的方案等。高档桁架机器人大多采用基于数控系统的方案。

本书以 FANUC 数控桁架机器人实验装置为例，围绕数控桁架机器人电气控制的五个实验项目任务展开。五个项目是一个有机的整体，系统地讲述了数控机器人电气控制的软硬件设计方法及其设计过程。

全书共分五个项目。每个项目均从项目要求、相关知识、项目实施、项目验证等方面展开内容编写。

项目一：数控桁架机器人运行安全设计。通过该项目实现数控桁架机器人坐标轴硬极限超程和急停保护功能；实现数控桁架机器人程序编辑、存储器运行、MDI、手轮、JOG 等多种运行方式的切换；为后续项目的开展提供基本安全保障。

项目二：数控桁架机器人手动进给控制。在项目一建立的安全保护、方式切换功能基础上，实现各个坐标轴的手轮进给，并且有手轮倍率可调进给速度；通过手轮进给确定各个坐标轴的软行程范围，实现坐标轴硬、软极限的双重运动行程保护；实现各个坐标轴在互锁约束下的 JOG 进给，并且有 JOG 倍率可调进给速度。

项目三：数控桁架机器人 M 代码设计。首先，设计允许手爪张开或闭合的软位置开关；然后在此约束下，设计项目四和项目五需要的 M 代码，包括手爪张开和闭合的 M 代码、工作工位位置检验 M 代码等，且有出错报警提示。

项目四：数控桁架机器人上下料半自动运行控制。在前面三个项目的基础上，设计数控桁架机器人上下料半自动运行宏程序，然后一键检索 XY+ 定位、XY− 定位、取放料等半自动宏程序并启动运行，且具有高低两挡运动速度倍率。

项目五：数控桁架机器人上下料全自动运行控制。在前面四个项目的基础上，设计数控桁架机器人上下料全自动运行宏程序，然后一键检索全自动宏程序并启动运行，且具有基本的防撞保护、抽检、预停等功能。

本书不仅适合作为自动化、机器人工程等专业高年级学生的实验教材，还可供相关工程技术人员参考。本书特别适合具备一定数控基础知识的读者，尤其是从事数控桁架机器人电气设计、安装调试、维修保全的工程师，以及对 FANUC 数控系统设计开发感兴趣的学生和教师。

由于作者水平有限，书中不足之处恳请广大读者批评指正。

著者

2024 年 11 月

于湖北汽车工业学院

目录

绪论　FANUC 数控桁架机器人实验装置

数控桁架机器人为直角坐标机器人，一共 3 个坐标轴，轴名分别是 X、Z、Y 轴。Z 轴具有抱闸。数控桁架机器人如图 0-1 所示，实物图片如图 0-2 所示。

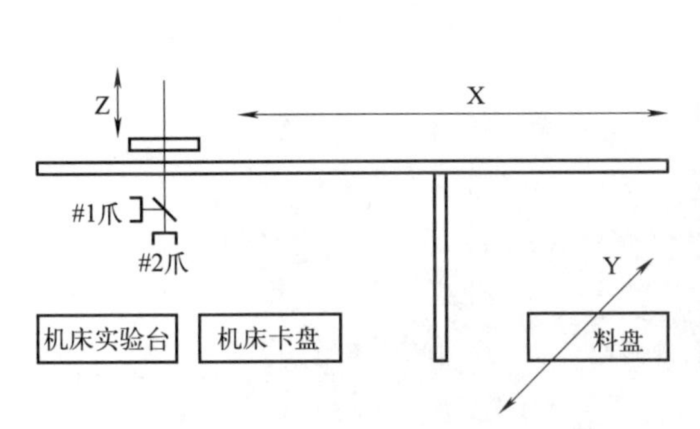

图 0-1　数控桁架机器人示意图

图 0-2　数控桁架机器人实物图

数控桁架机器人实验台主要由以下几部分组成：

1）数控桁架机器人机械本体。它是一种单立柱结构，水平运动轴为 X 轴，升降运动轴为 Z 轴，如图 0-3 所示。其机械传动均为齿轮齿条传动。机器人手爪为气动双爪结构，如图 0-4 所示，一取一放。

图 0-3　数控桁架机器人机械本体

2）料盘。配置 2 个 7 行 9 列料盘，如图 0-5 所示。料盘前后移动定义为 Y 轴。

3）数控桁架机器人主控制台，如图 0-6 所示，主要由 FANUC 数控装置、I/O 模块、空气开关、开关电源、继电器、接触器、操作盒等组成。

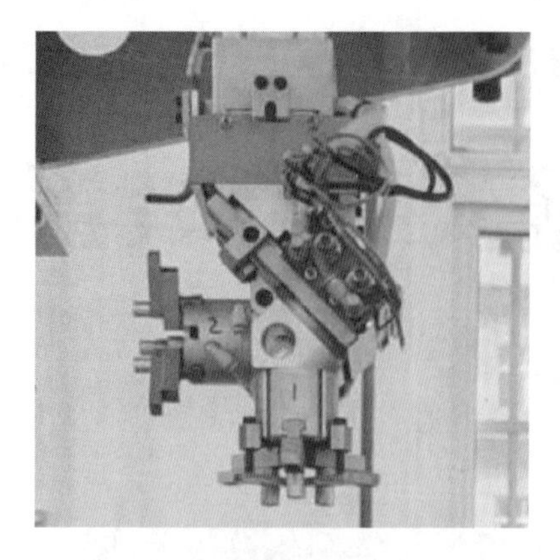

图 0-4 数控桁架机器人手爪

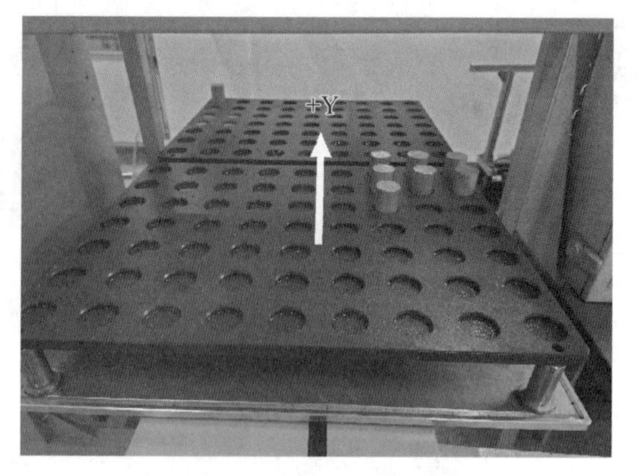

图 0-5 数控桁架机器人料盘

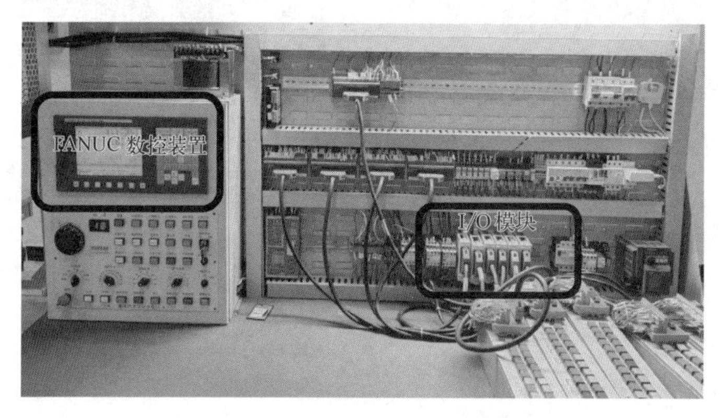

图 0-6 数控桁架机器人主控制台

4）数控桁架机器人伺服控制柜，如图 0-7 所示，主要包括 X、Y、Z 轴伺服放大器、中间继电器、接线端子等组成。

5）机床卡盘与机床数控装置，如图 0-8 所示。机床卡盘为气动卡盘，机床数控装置为西门子 828D。

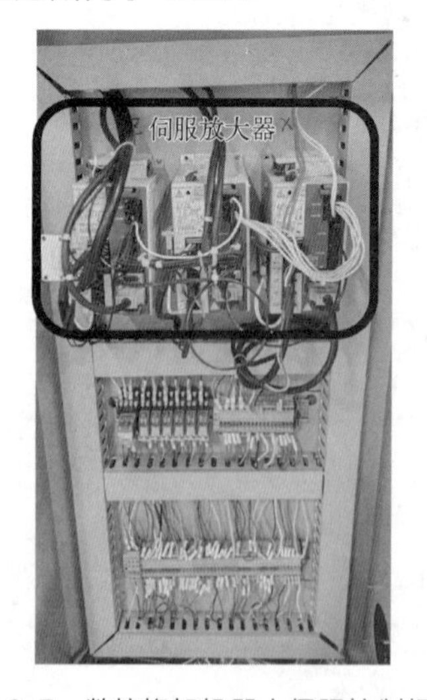

图 0-7 数控桁架机器人伺服控制柜

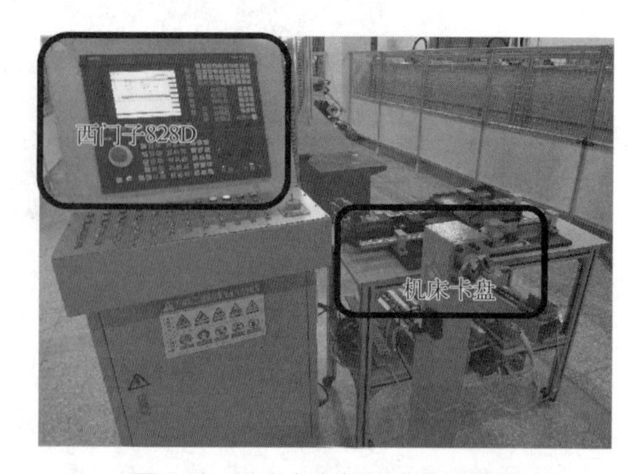

图 0-8 机床卡盘与机床数控装置

数控桁架机器人控制系统组成如图 0-9 所示。0 组分线盘 I/O 单元模块地址分配已确定。1 组分线盘 I/O 模块地址自由分配，有 3 字节输入，2 字节输出。

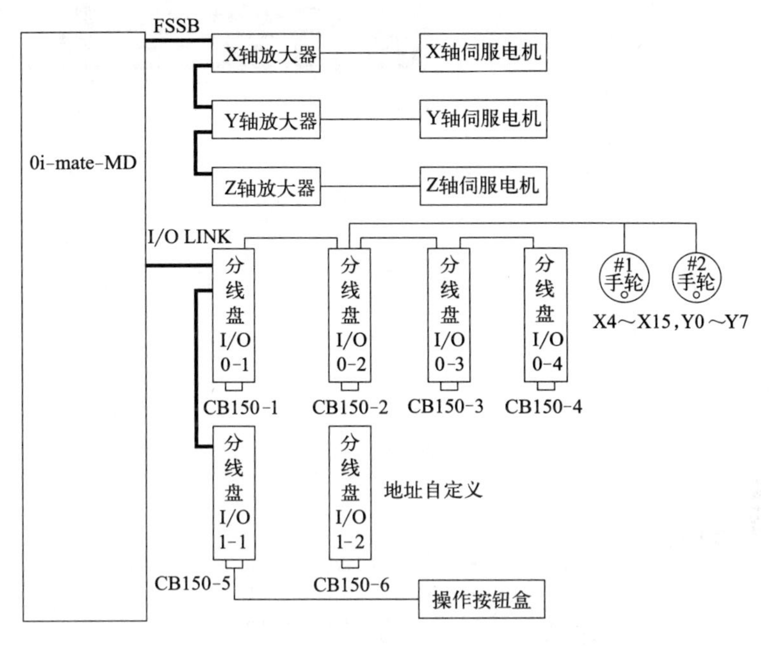

图 0-9 数控桁架机器人控制系统组成

数控桁架机器人实验台电气控制主要硬件清单如表 0-1 所示。

表 0-1 主要硬件清单

序号	名称	型号规格	数量	厂家
1	数控装置	0i-mate-MD	1	FANUC
2	伺服放大器	βiSV20-B	3	FANUC
3	伺服电机	βiS4/4000	2	FANUC
4	伺服电机	βiS4B/4000	1	FANUC
5	分线盘 I/O 模块	A03B-0815-C001	2	FANUC
6	分线盘 I/O 模块	A03B-0815-C002	1	FANUC
7	分线盘 I/O 模块	A03B-0815-C003	3	FANUC
8	手轮 1	A860-0203-T001	1	FANUC
9	手轮 2	HC115	1	TOSOKU

项目一　数控桁架机器人运行安全设计

1.1　项目要求

围绕数控桁架机器人的安全与运行准备，开展项目一的设计。通过项目一，数控桁架机器人将具备如下功能：

1）急停功能。当按下“急停”按钮时，系统进入急停状态，同时切断伺服主电源。

2）坐标轴硬极限行程保护功能。

3）编辑、MDI、手摇、JOG、半自动、全自动等方式选择功能。

4）导轨润滑功能。

5）故障报警功能。

1.2　相关知识

1.2.1　电气制图常用图形符号与文字符号

在绘制电气图时，表示一个设备或概念的图形、标记或字符的符号称为电气图形符号。电气图形符号只要示意图形绘制，不需要精确比例。

（1）图形符号的构成

电气图用图形符号通常由一般符号、符号要素、限定符号、方框符号和组合符号等组成。

1）一般符号。用来表示一类产品和此类产品特征的一种通常很简单的符号。

2）符号要素。一种具有确定意义的简单图形，不能单独使用。符号要素必须同其他图形组合后才能构成一个设备或概念的完整符号。

3）限定符号。用以提供附加信息的一种加在其他符号上的符号，通常不能单独使用。

4）框形符号。用来表示元件、设备等的组合及其功能的一种简单图形符号。既不给出元件、设备的细节，也不考虑所有连接。通常使用在单线表示法中，也可用在全部输入和输出接线的图中。

5）组合符号。指通过以上已规定的符号进行适当组合所派生出来的、表示某些特定装置或概念的符号。

（2）图形符号的分类

《电气简图用图形符号》国家标准代号为 GB/T 4728，采用国际电工委员会（IES）标准，在国际上具有通用性，有利于对外技术交流。该标准共分 13 部分。

1）一般要求。有本标准的结构、符号的选择、符号的尺寸、符号的取向、端子的表示等规定。

2）符号要素、限定符号和其他常用符号。内容包括轮廓和外壳、电流和电压的种类、可变性、力或运动的方向、流动方向、材料的类型、效应或相关性、辐射、信号波形、机械控制、操作件和操作方法、非电量控制、接地、接机壳和等电位、理想电路元件等。

3）导体和连接件。内容包括电线、屏蔽或绞合导线、同轴电缆、端子导线连接、插头和插座、电缆终端头等。

4）基本无源元件。内容包括电阻器、电容器、电感器、铁氧体磁芯、压电晶体、永电体等。

5）半导体管和电子管。如二极管、三极管、电子管等。

6）电能的发生与转换。内容包括绕组、发电机、变压器等。

7）开关、控制和保护器件。内容包括触点、开关、开关装置、控制装置、启动器、继电器、接触器和保护器件等。

8）测量仪表、灯和信号器件。内容包括指示仪表、记录仪表、热电偶、遥测装置、传感器、灯、电铃、蜂鸣器、喇叭等。

9）电信：交换和外围设备。内容包括交换系统、选择器、电话机、电报和数据处理设备、传真机等。

10）电信：传输。内容包括通信电路、天线、波导管器件、信号发生器、激光器、调制器、解调器、光纤传输等。

11）建筑安装平面布置图。内容包括发电站、变电所、网络、音响和电视的分配系统、建筑用设备、露天设备等。

12）二进制逻辑元件。内容包括计数器、存储器等。

13）模拟元件。内容包括放大器、函数器、电子开关等。

常用电气元件图形符号与文字符号见表 1-1。

表 1-1 常用电气元件图形符号与文字符号

序号	类别	名称	图形符号	文字符号
1	开关	自动开关		QA
		断路器		QF
		隔离开关		QS
		负荷开关		QL
2	开关	接近开关		SP
		液位开关		SQ
		压力开关	P	SP
		温度开关	θ	ST
		位置开关		SQ
3	按钮	常开按钮		SB
		常闭按钮		SB
		急停按钮		SB
4	旋钮	常开旋钮		SA
		常闭旋钮		SA
		钥匙开关		SA
5	热继电器	热元件		FR
		常闭触点		FR
6	中间继电器	线圈		KA
		常开触点		KA
		常闭触点		KA
7	接触器	线圈操作器件		KM
		常开触点		KM
		常闭触点		KM
8	保护器件	熔断器		FU

续表

序号	类别	名称	图形符号	文字符号
9	电动机	笼型异步	M 3~	M
		绕线转子	M 3~	M
10	电磁操作器	电磁阀		YV
		电磁制动		YB
11	变压器	变压器		TC
		有铁芯变压器		TC
		自耦变压器		TA
12	互感器	电流互感器		TA
		电压互感器		TV
13	灯	信号灯		HL
		照明灯		EL
14	电阻	电阻		R
		电位器		RP
		压敏电阻	V	RV
		光敏电阻		RL
15	电容	无极性电容		C
		有极性电容	+	C
16	电感	电感		L
17	二极管	二极管		VD
		发光二极管		VL
		稳压二极管		VV

1.2.2 PMC 程序编程基础

1.2.2.1 PMC 程序结构

PMC 程序一般分三级，见图 1-1。第 1 级程序从程序开始到 END1 命令之间，系统每个程序执行周期中执行一次。主要处理短脉冲信号。第 1 级程序要尽可能短，这样可以缩短 PMC 程序的执行时间。第 2 级程序是 END1 命令之后、END2 命令之前的程序。第 2 级程序的执行时间由分割数确定。第 3 级程序是 END2 命令之后、END3 命令之前的程序。第 3 级程序主要处理低速响应信号，通常用于 PMC 报警信号处理。

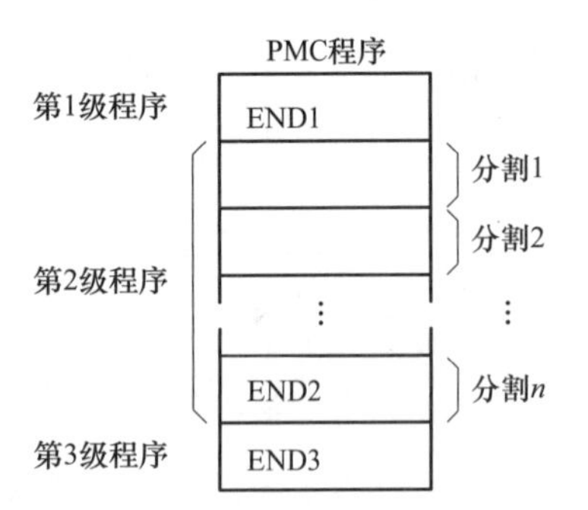

图 1-1 PMC 程序的分级

如果有子程序，放在 END3 命令之后。通常将具有特定功能且多次使用的程序作为子程序。只有在需要时才调用子程序，因此子程序可能无需执行每次扫描，这样可以缩短 PMC 程序的处理时间。

1.2.2.2 PMC 程序地址

地址用来区分信号。不同的地址分别对应机器侧的输入 / 输出信号、CNC 侧的输入 / 输出信号、内部继电器、计数器、计时器、保持型继电器和数据表。PMC 程序中主要使用四种类型的地址，见图 1-2。

每个地址由地址号和位号（0 ～ 7）组成。地址格式如图 1-3 所示。在地址号的开头必须指定一个字母来表示信号的类型。地址中代表信号类型的字母见表 1-2。

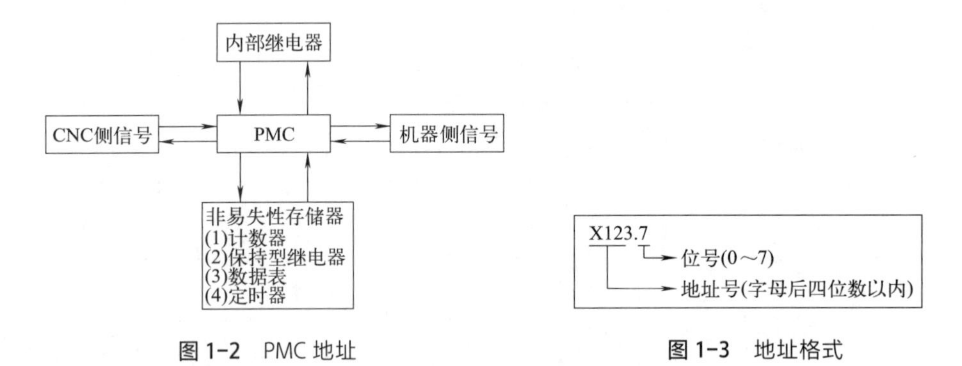

图 1-2 PMC 地址

图 1-3 地址格式

表 1-2 地址号中的字母

序号	字母	信号类型
1	X	来自机器侧的输入信号（MT → PMC）
2	Y	由 PMC 输出到机器侧的信号（PMC → MT）
3	F	来自 NC 侧的输入信号（NC → PMC）

续表

序号	字母	信号类型
4	G	由 PMC 输出到 NC 侧的信号（PMC → NC）
5	R	内部继电器
6	A	信息显示请求信号
7	C	计数器
8	K	保持型继电器
9	T	可变定时器
10	D	数据表
11	L	标记号
12	P	子程序号

（1）X 与 Y 地址

1）X 地址：来自机器侧的输入信号，如接近开关、限位开关、压力开关、操作按钮等的输入信号。X 信号有一部分是固定地址，这类信号由 CNC 直接读取，见表 1-3。

2）Y 地址：从 PMC 送到机器侧的输出信号。根据机器需要，用它可控制机器侧的继电器、信号灯等。

表 1-3　X 固定地址

	#7	#6	#5	#4	#3	#2	#1	#0
X8				*ESP				
				急停				
X9	*DEC8	*DEC7	*DEC6	*DEC5	*DEC4	*DEC3	*DEC2	*DEC1
	回参考点减速信号							

（2）G 与 F 地址

1）G 地址：由 PMC 侧送到 CNC 的接口信号，对 CNC 进行控制和信息反馈，如 M 代码执行完成、数控系统方式选择等。

2）F 地址：从 CNC 送到 PMC 侧的接口信号。如“伺服准备好”“轴移动中”等状态信号，可作为机器动作的条件及进行自我诊断的依据。

（3）R 地址

R 地址是 PMC 的内部继电器，在 PMC 程序中用于运算结果的暂时存储地址。R 地址包含系统软件所使用的保留区 R9000 ~ R9099，该区的信号不能在 PMC 程序中写入。

1）R9000：功能指令 ADDB、SUBB、MULB、DIVB 和 COMPB 的运算结果输出寄存器。

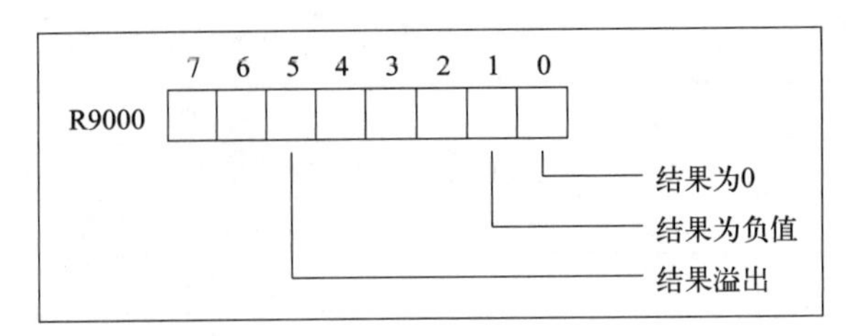

2）R9000：功能指令 EXIN、WINDR、WINDW 的错误输出寄存器。

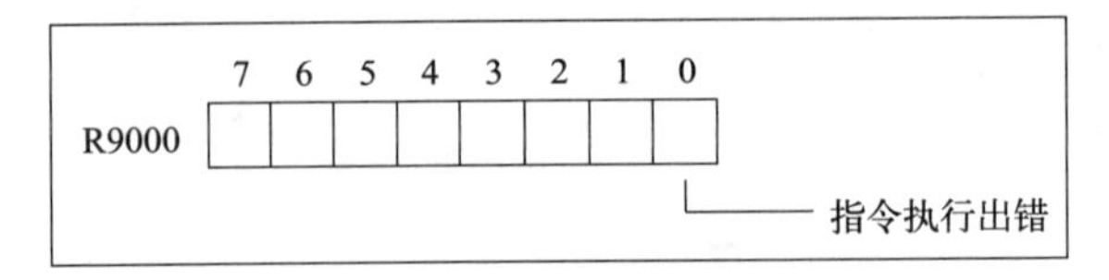

3）R9002 ~ R9005：功能指令 DIVB 的运算结果输出寄存器。执行 DIVB 二进制除法指令后的余数输出到这些寄存器中。

4）R9091：系统定时器，一共 4 个信号。其中 200ms 的周期信号 R9091.5：104ms 开，96ms 关；1s 的周期信号 R9091.6：504ms 开，496ms 关。

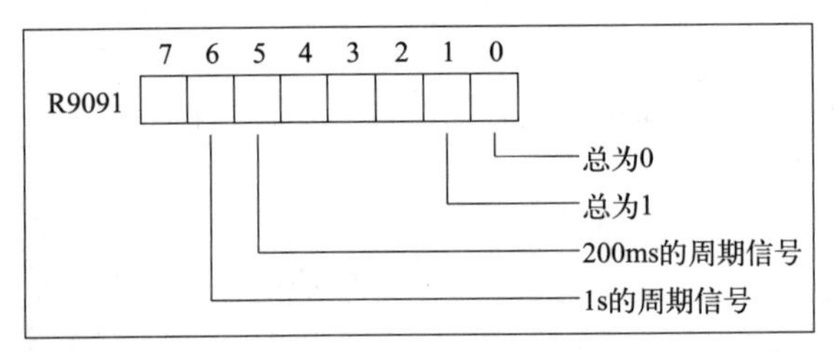

（4）非易失性存储器地址

非易失性存储器地址包括定时器 T、计数器 C、保持型继电器 K、数据表 D，这些地址的数据在断电时仍要保持其值不变，它们又称为 PMC 参数。

K17 ~ K19 为 PMC 系统程序保留区域。

1.2.2.3 PMC 程序上载 / 下载

（1）以太网连接

1）通信电缆的准备。

RJ45 网线插头又称水晶头，其连接电缆如图 1-4 所示。该网线可以用于 CNC 与 PC 直接通信，也可以用于 CNC 通过以太网集线器 HUB 与 PC 通信。

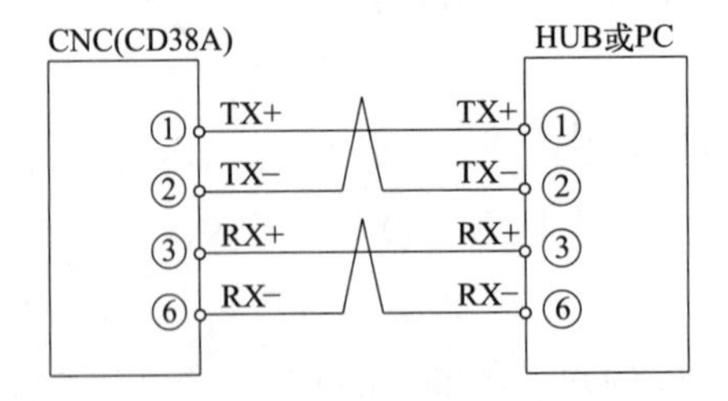

图 1-4 以太网通信电缆

2）NC 侧的准备。

① 按 MDI 键盘的【系统】功能键，再反复按【+】扩展软键，直到出现如图 1-5 所示软键时，按【内藏口】键。

② 进入以太网设定画面后，再按【操作】软键，出现如图 1-6 所示软键。按【内嵌 /PCMCIA】软键，选择内置板（内嵌网口），再按【再启动】、【执行】软键，使“设备有效”为“内置板”，如图 1-7 所示。

图 1-5　以太网软键界面

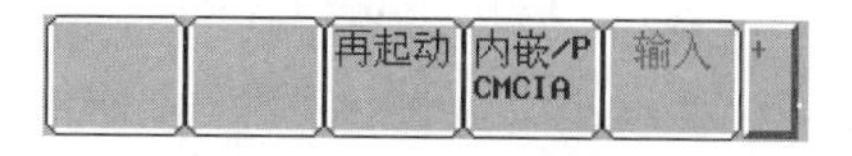

图 1-6　以太网设定软键

③ 然后在图 1-7 所示的以太网参数输入画面，设定 CNC 的 IP 地址，或使用推荐值 192.168.1.1。

④ 按软键【FOCAS2】，设定 TCP 端口及时间间隔，如图 1-8 所示。

⑤ 调出如图 1-9 所示通信参数设定画面，将高速接口置“使用”。

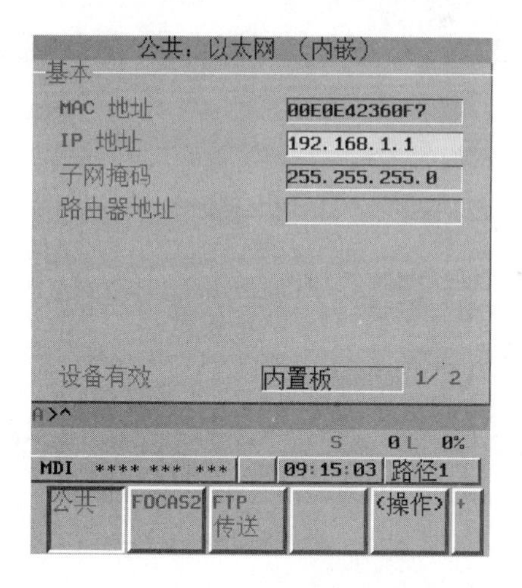

图 1-7　以太网参数画面

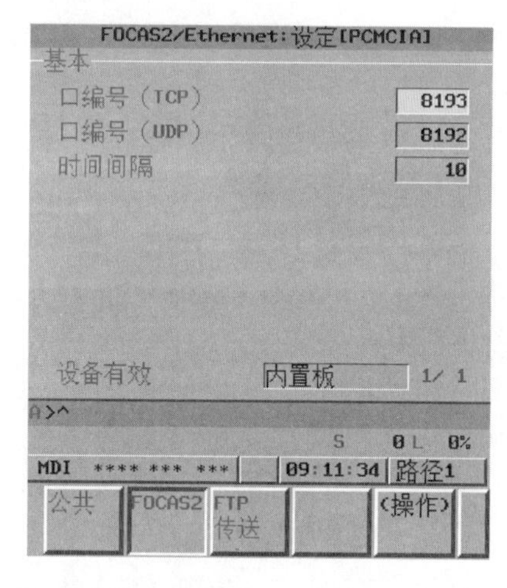

图 1-8　TCP 端口及时间间隔设定对话框

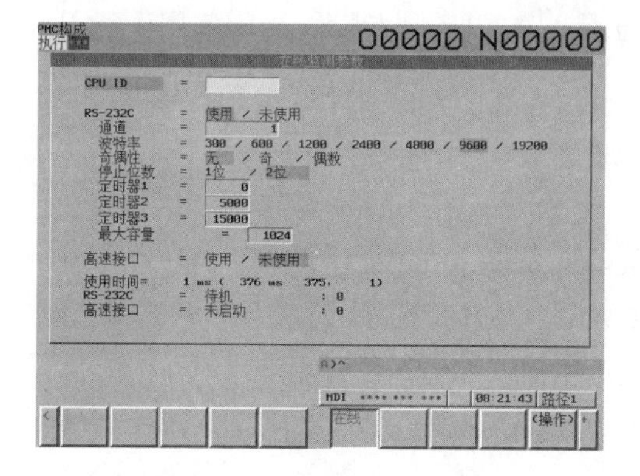

图 1-9　通信参数设定画面

3）PC 侧的准备。

① 在 PC 侧，也需设定 IP 地址等参数。在 PC 机的“网络连接”画面上，双击“Local area connection”，设定局域网的属性。将光标置于“internet protocol（TCP/IP）”，点击属性。在 internet protocol（TCP/IP）的参数画面输入 IP 地址和子网掩码。

IP 地址：192.168.1.2。

子网掩码：255.255.255.0。

② 运行 FAPT LADDER-Ⅲ，点击“Tool（工具）”，选择“Communication（通信）”，选择“Network address（网络地址）”调出“Communication（通信）”对话框，如图 1-10 所示。

③ 点击“Add Host（添加主机）”。设定 Host（主机）的 IP 地址为 192.168.1.1（该地址必须与 CNC 中设定的 IP 地址一致），点击“OK”。

④ 选择“Communication（通信）”对话框中“Setting（设置）”项，调出图 1-11 所示画面。

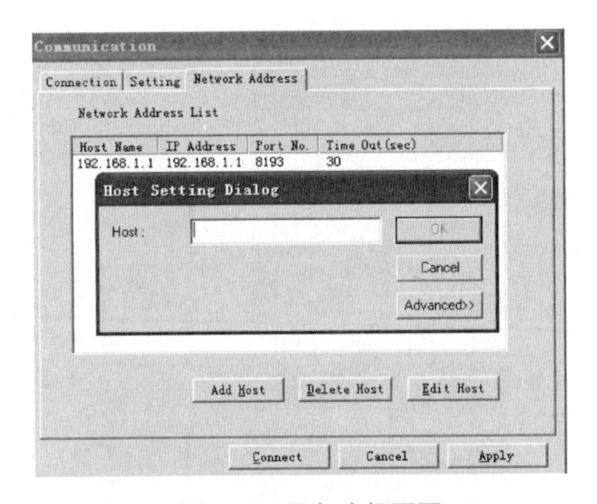

图 1-10 添加主机画面

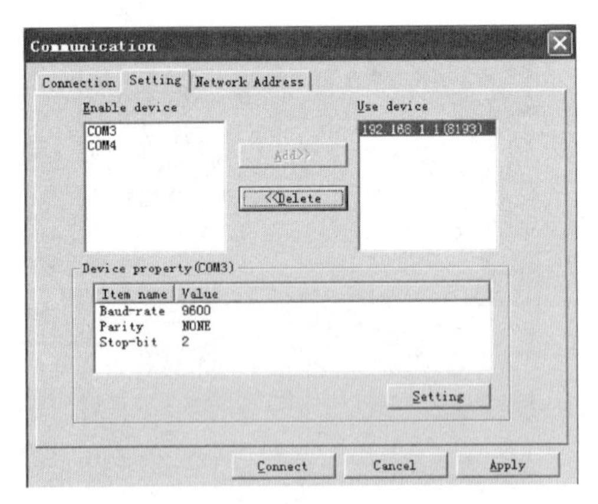

图 1-11 添加以太网口画面

⑤ 用光标在“Enable device（可用设备）”栏选定主机地址为 192.168.1.1，点击“Add（添加）”。于是，在“Use device（当前使用设备）”栏中出现“192.168.1.1（8193）”。

⑥ 此后，点击“Connect（连接）”，建立通信，即可像通常用 RS-232C 口一样进行梯形图的上下传送。

（2）从 PC 上载 PMC 程序

1）未建立通信连接。

① 运行 FAPT LADDER-Ⅲ。

② 点击“Tool（工具）”菜单中“Load from PMC（从 PMC 上载）”，弹出如图 1-12 所示“Selection of transferred method（传送方式选择）”画面。

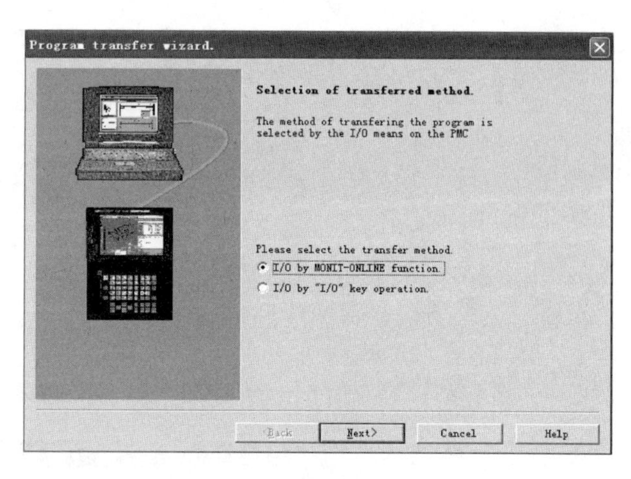

图 1-12　传送方式选择画面

③ 勾选“I/O by MONIT-ONLINE function”，点击“Next”。此时，弹出如图 1-13 所示通信对话框，询问是否连接 PMC，点击“Yes（是）”。

④ 通信连接中，出现如图 1-14 所示画面。

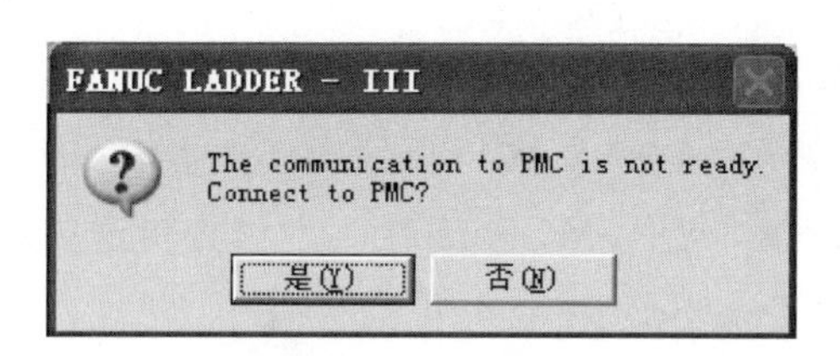

图 1-13　通信对话框

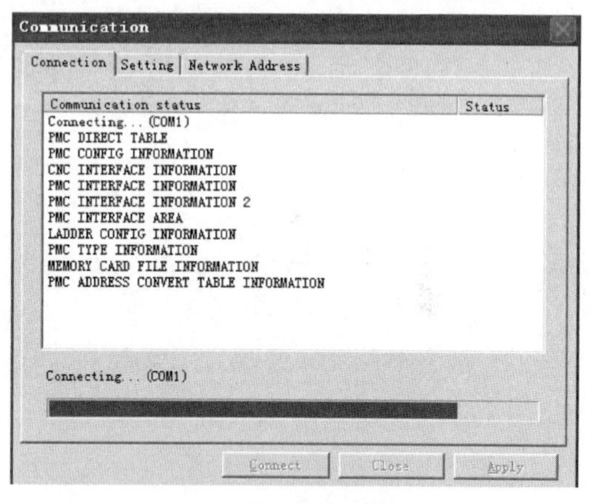

图 1-14　通信连接中

⑤ 通信连接完成后，弹出如图 1-15 所示上载 / 下载选择画面，这里已经选择上载，因此直接点击“Next”，进入下一步。

⑥ 出现如图 1-16 所示传送内容选择画面时，勾选“Ladder”或“PMC Parameter”作为传送内容。选择完毕，点击“Next”。

⑦ 开始进行从 PMC 到 PC 的传送，传送中画面如图 1-17 所示。

⑧ 传送结束，如果在“Online（在线）”，切换为“Offline（离线）”，即出现反编译画面，如图 1-18 所示。此时，点击“Yes”，进行反编译。

⑨ 将上载的 PMC 程序进行保存。

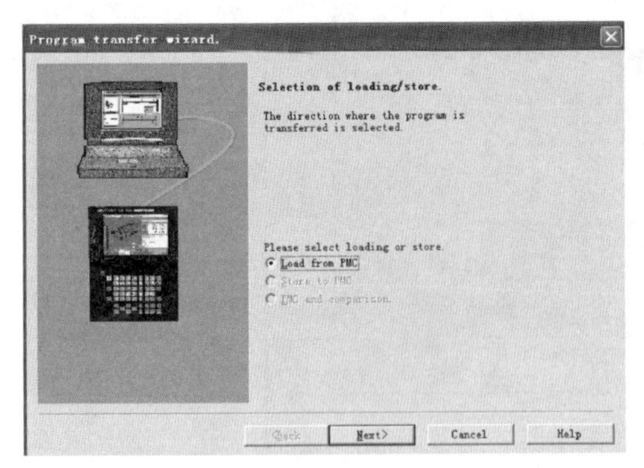

图 1-15 上载 / 下载选择画面

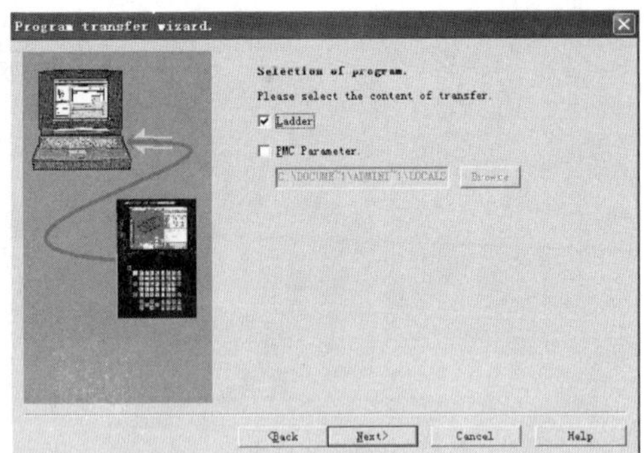

图 1-16 传送内容选择画面

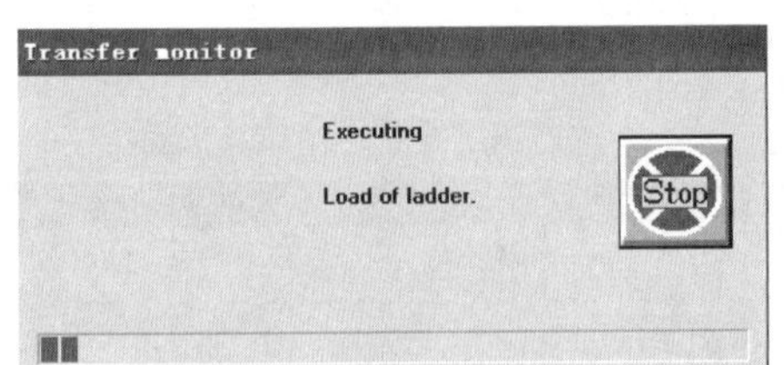

图 1-17 上载中画面

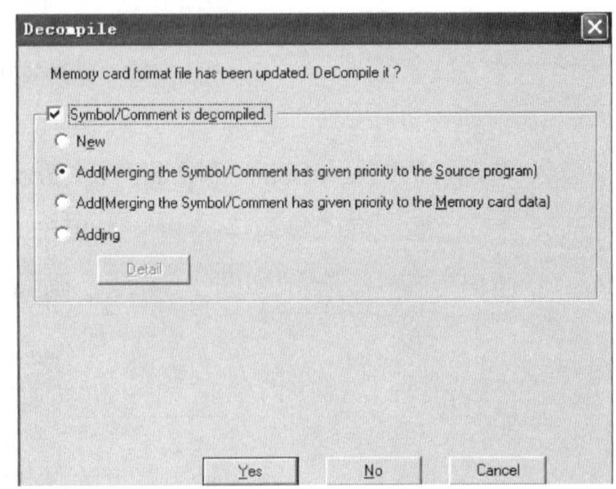

图 1-18 反编译画面

2）已建立通信连接。

① 运行 FAPT LADDER-Ⅲ。

② 点击“Tool（工具）”菜单中“Load from PMC（从 PMC 上载）”，弹出如图 1-16 所示传送内容选择画面。勾选“Ladder”或“PMC Parameter”作为传送内容。选择完毕，点击“Next”。

③ 接着，出现如图 1-19 所示传送设定确认画面时，点击“Finish”。

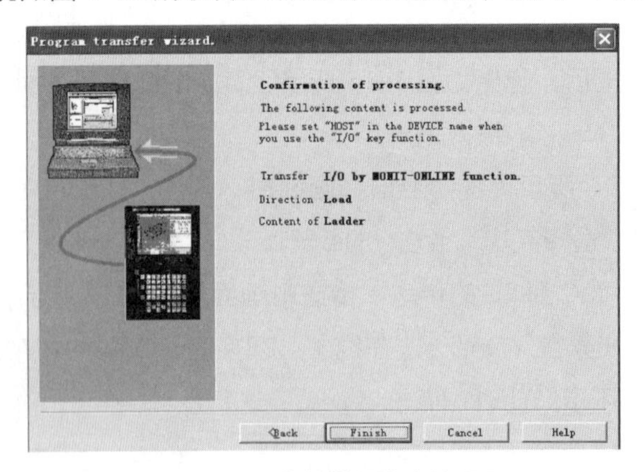

图 1-19 上载传送设定确认画面

④ 开始进行从 PMC 到 PC 的传送，传送中画面如图 1-17 所示。

⑤ 传送结束，如果在“Online（在线）”，切换为“Offline（离线）”，即出现反编译画面，如图 1-18 所示。此时，点击“Yes”，进行反编译。

⑥ 将上载的 PMC 程序进行保存。

（3）将 PMC 程序下载到 NC

1）未建立通信连接。

① 运行 FAPT LADDER-Ⅲ。

② 点击“Tool（工具）”菜单中“Store to PMC（下载 PMC）”，弹出如图 1-20 所示“Selection of transferred method（传送方式选择）”画面。

③ 勾选“I/O by MONIT-ONLINE function”，点击“Next”。此时，弹出如图 1-13 所示通信对话框，询问是否连接 PMC，点击“Yes”。

④ 通信连接中，出现如图 1-14 所示画面。

⑤ 通信连接完成后，弹出如图 1-20 所示上载 / 下载选择画面，这里已经选择下载，因此直接点击“Next”，进入下一步。

⑥ 出现如图 1-16 所示传送内容选择画面时，勾选“Ladder”或“PMC Parameter”作为传送内容。选择完毕，点击“Next”。

⑦ 弹出如图 1-21 所示传送设定确认画面时，点击“Finish”。

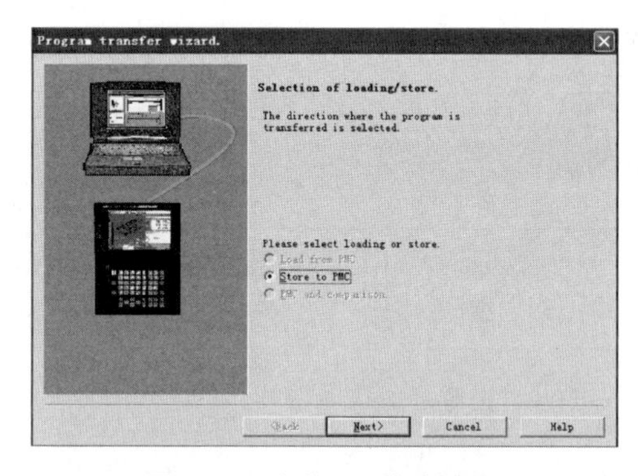

图 1-20　上载 / 下载选择画面

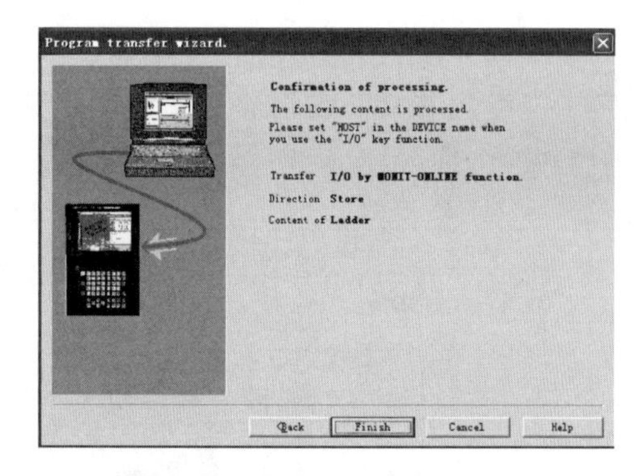

图 1-21　下载传送设定确认画面

⑧ 开始进行从 PC 到 PMC 的传送，传送中画面如图 1-22 所示。

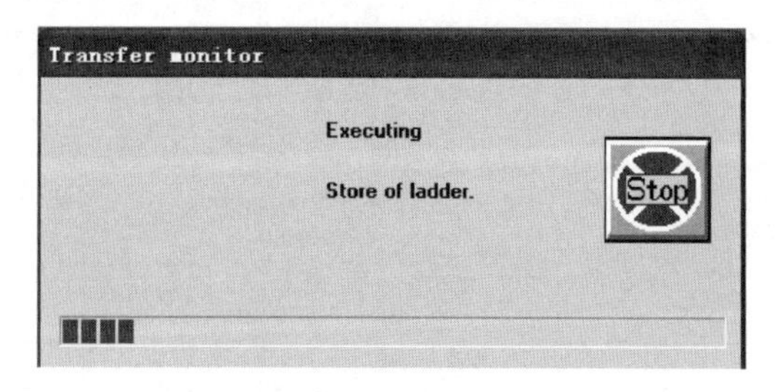

图 1-22　下载中画面

图 1-23 PMC 运行启动画面

⑨ 传送完毕，弹出如图 1-23 所示画面，询问是否启动 PMC 程序。如果点击 “Yes”，则立即运行 PMC 程序。

2）已建立通信连接。

① 运行 FAPT LADDER-Ⅲ。

② 点击 “Tool（工具）” 菜单中 “Store to PMC（下载 PMC）”，出现如图 1-16 所示传送内容选择画面时，勾选 “Ladder” 或 “PMC Parameter” 作为传送内容。选择完毕，点击 “Next”。

③ 然后弹出如图 1-21 所示传送设定确认画面时，点击 “Finish”。

④ 开始进行从 PC 到 PMC 的传送，传送中画面如图 1-22 所示。

⑤ 传送完毕，弹出如图 1-23 所示画面，询问是否启动 PMC 程序。如果点击 “Yes”，则立即运行 PMC 程序。

1.2.3 数控桁架机器人运行安全设计相关 PMC 指令

1.2.3.1 程序结束指令 END1/END2/END3/END

在第 1 级程序末尾给出 END1，在第 2 级程序末尾给出 END2，在第 3 级程序末尾给出 END3，分别表示第 1 级、第 2 级、第 3 级程序结束。在全部梯形图程序末尾给出 END，表示梯形图程序结束。END1/END2/END3/END 的梯形图格式见图 1-24。

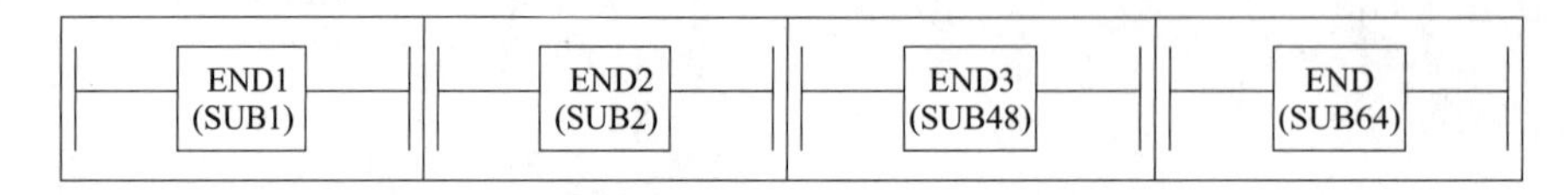

图 1-24 END1/END2/END3/END 指令格式

1.2.3.2 条件调用子程序指令 CALL

CALL 指令调用一子程序。在 CALL 中指定了子程序号，在条件满足的情况下发生一跳转。子程序号必须以地址形式指定，子程序号从 P1 开始。CALL 指令格式及举例见图 1-25。

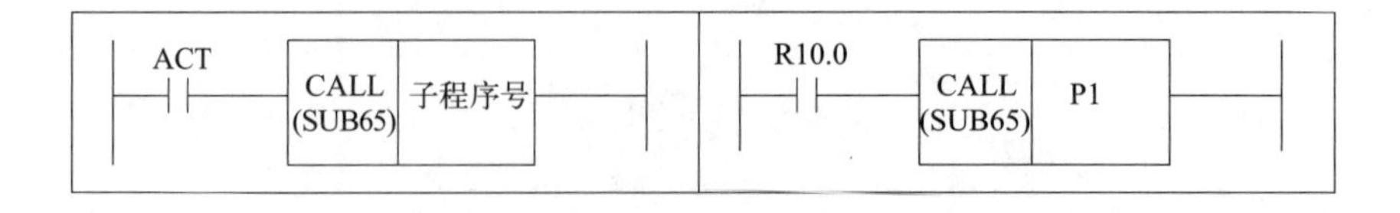

图 1-25 CALL 指令格式及举例

1.2.3.3　无条件调用子程序指令 CALLU

CALLU 指令无条件调用一个子程序。当指定了一个子程序号时，程序跳至子程序。子程序号必须以地址形式指定。CALLU 指令格式及举例见图 1-26。

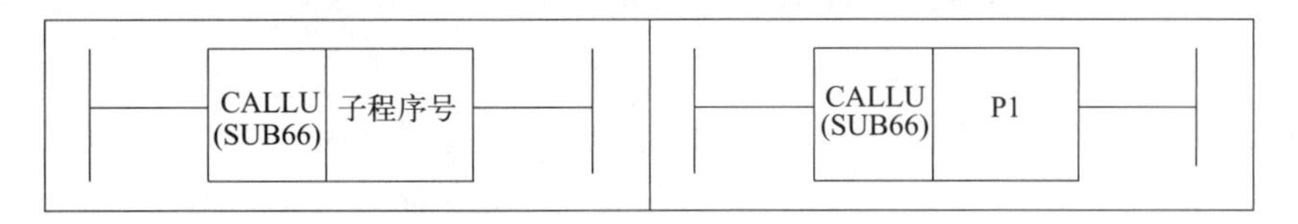

图 1-26　CALLU 指令格式及举例

1.2.3.4　计数器指令 CTR

CTR 计数器有如下功能。

1）预置型计数器：当达到预置值时输出一信号。预置值可通过 CRT/MDI 设置或在 PMC 程序中设置。

2）环型计数器：达到预置值后，通过给出另一计数信号返回初始值。

3）加 / 减计数器：计数可以做加或做减。

4）初始值的选择：可将 0 或 1 选为初始值。

CTR 指令梯形图表达格式如图 1-27 所示。

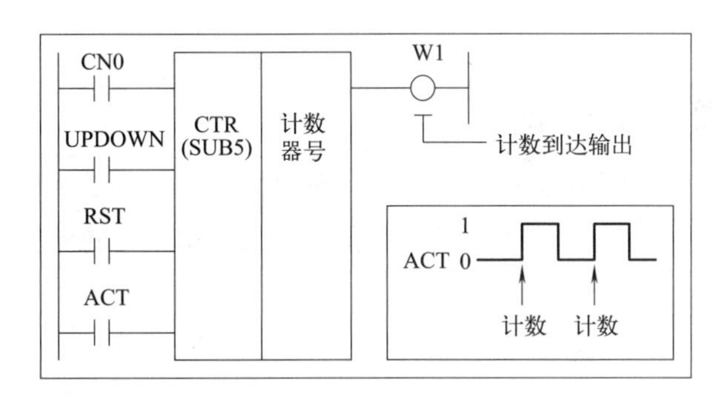

图 1-27　CTR 指令格式

控制条件说明如下：

1）指定初始值：CN0=0 计数由 0 开始，0 ~ n 循环；CN0=1 计数由 1 开始，1 ~ n 循环；n 是计数器预置值。

2）加 / 减计数：UPDOWN=0 加计数，初值为 0 或 1，取决于 CN0 的状态；UP-DOWN=1 减计数，初值为预置值。

3）复位：RST=0 解除复位；RST=1 复位。

4）计数信号 ACT。在 ACT 上升沿进行计数。

计数器号从 1 开始。加计数时，计数值达到预置值时，W1=1；减计数时，取决于 CN0 的设定，计数值达到 0 或 1 时，W1=1。

如果是 BCD 码计数器，计数值为 0 ~ 9999；如果是二进制计数器，计数值为 0 ~ 32767。

每个 CTR 计数器预置值和计数值均占 2 个字节，第 n 号 CTR 计数器预置值地址为 C(4n−4) ~ C(4n−3)，当前值地址为 C(4n−2) ~ C(4n−1)。即 1 号 CTR 计数器预置值地址为 C00 ~ C01，1 号 CTR 计数器当前值地址为 C02 ~ C03；2 号 CTR 计数器预置值地址为 C04 ~ C05，2 号 CTR 计数器当前值地址为 C06 ~ C07；依次类推。

1.2.3.5 上升沿检测指令 DIFU

DIFU 指令在输入信号上升沿的扫描周期中将输出信号设置为 1。DIFU 指令格式及举例见图 1-28。在一个程序中，上升沿检测号不能重复使用。

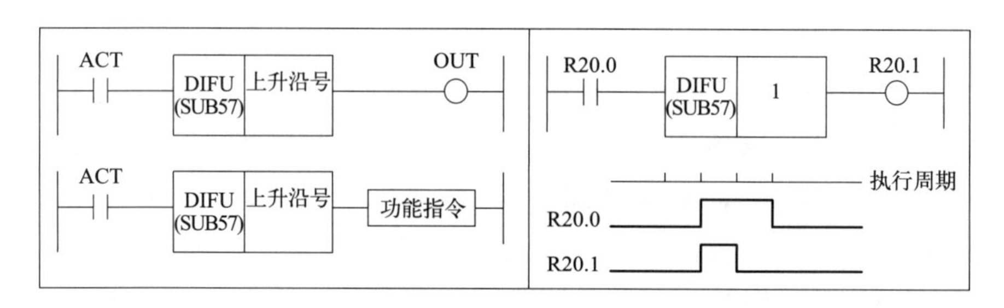

图 1-28 DIFU 指令格式及举例

1.2.3.6 信息显示指令 DISPB

DISPB（SUB41）指令用于在 LCD 上显示外部信息。可以通过指定信息号编制相应的报警信息。DISPB 指令的梯形图格式如图 1-29 所示。

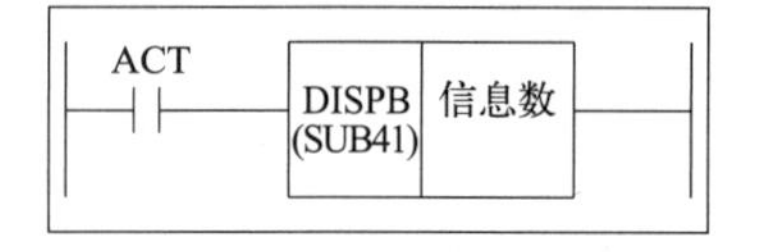

图 1-29 DISPB 指令格式

控制条件及参数说明：

1）如果 ACT=0，不显示任何信息；当 ACT=1，依据各信息显示请求地址位（地址 A0 ~ A749）的状态显示信息数据表中设定的信息，如图 1-30 所示。

2）信息显示请求地址从 A0 到 A749 共 6000 位，对应于 6000 个信息显示请求位。如果要在 LCD 上显示某一条信息，就将对应的信息显示请求位设置为“1”。如果置为“0”则清除相应的信息。

3）信息数据表中存储的信息分别对应于相应的信息显示请求位。每条信息最多 255 个字符。

4）在每条信息数据开始处定义信息号。信息号 1000 ~ 1999 产生报警信息，2000 ~ 2999 产生操作信息，见表 1-4。

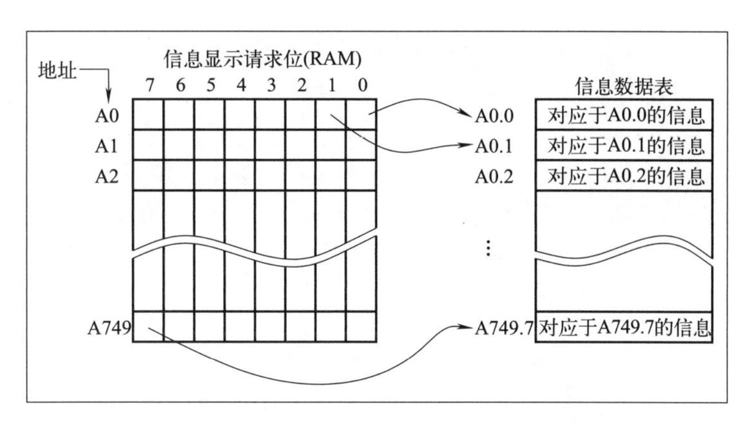

图 1-30　信息显示请求位与信息数据表的对应关系

表 1-4　信息号分类

信息号	CNC 屏幕	显示内容
1000 ~ 1999	报警信息屏（路径 1）	报警信息。CNC 路径 1 转到报警状态
2000 ~ 2099	操作信息屏	操作信息
2100 ~ 2999		操作信息（无信息号）
5000 ~ 5999	报警信息屏（路径 2）	报警信息。CNC 路径 2 转到报警状态
7000 ~ 7999	报警信息屏（路径 3）	报警信息。CNC 路径 3 转到报警状态

5）为了区分数值数据和其他信息数据，将数值数据写在信息中的“[ ]”中，如图 1-31 所示。

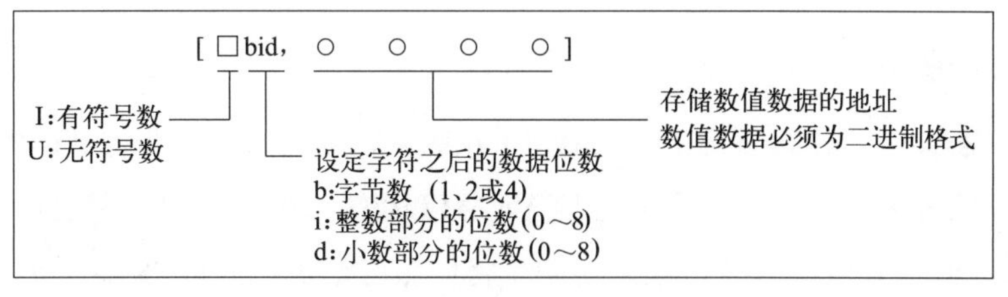

图 1-31　数值数据格式

6）CNC 必须有外部数据输入功能或外部信息显示的选项功能才可使用 DISPB。

例：A0.0 信息数据“2000 SPINDLE TOOL NO.=[I120, R100]” → 信息请求位 A0.0=1，假定 R100=15，屏幕显示“2000 SPINDLE TOOL NO.=15”。

7）如果要制作中文报警信息，可以借助“中英文字符编码查询”软件，编码类型选择“GBK 内码”，进制选择“十六进制”，在字符框输入中文报警信息，在编码框内显示译码字符，如图 1-32 所示。

将译码字符复制粘贴至 LADDER-Ⅲ 软件的信息编辑框，去掉字符中间的空格，在译码字符的首尾分别手动添加“@04”与“01@”，在整个报警信息的开头输入 4 位报警信息号“1234”，即“1234@04D2BAD1B9B1A8BEAF01@”，如图 1-33 所示。这样当 A0.0=1 时，CNC 报警画面则显示“AL1234 液压报警”。

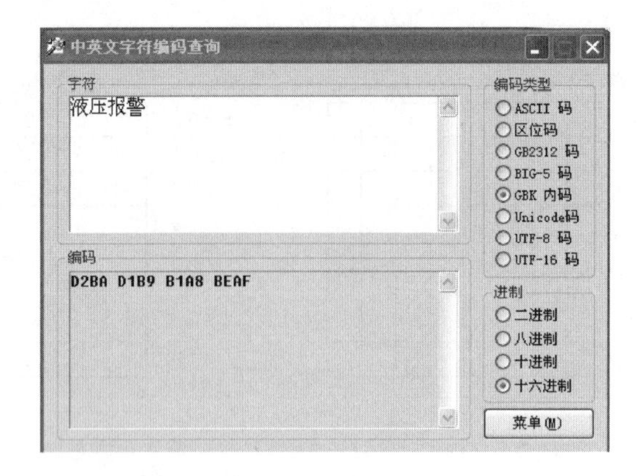

图 1-32　中英文字符编码查询

Message Editing
Search　Replace　A0.0

1	A0.0	1234@04D2BAD1B9B1A8BEAF01@
2	A0.1	
3	A0.2	
4	A0.3	
5	A0.4	

图 1-33　报警信息编辑画面

1.2.4　数控桁架机器人运行安全设计相关接口信号

1.2.4.1　急停信号

*ESP：急停信号，有硬件信号（X8.4）和软件信号（G8.4）两种。硬件急停信号和软件急停信号之一为 0 时，系统立即进入急停状态。进入急停时，伺服回路主接触器 MCC 将断开，并且伺服电机动态制动（将伺服电动机动力线进行相间短路，利用电机旋转产生的反电动势产生制动）。对于移动中的轴瞬时停止（CNC 不进行加减速处理），CNC 进入复位状态。

1.2.4.2　硬极限超程信号

*+Ln（G114）：正向硬极限超程信号。该信号为 0 时，轴正向移动禁止，并出现 #506 报警。参数 3004#5 置 1，此信号无效。

*-Ln（G116）：负向硬极限超程信号。该信号为 0 时，轴负向移动禁止，并出现 #507 报警。参数 3004#5 置 1，此信号无效。

1.2.4.3　方式选择信号

（1）方式选择信号

1）MD1、MD2、MD4（G43.0 ~ G43.2）：方式选择信号。用 MD1、MD2、MD4

三位代码信号进行组合来决定 CNC 的运转方式。信号与方式的对应关系见表 1–5。

2）ZRN（G43.7）：回参考点方式。

表 1–5 信号与方式的对应关系

运转方式	状态显示	方式确认信号	ZRN（G43.7）	MD4（G43.2）	MD2（G43.1）	MD1（G43.0）
程序编辑 EDIT	EDT	MEDT（F3.6）	—	0	1	1
存储器运转 MEM	MEM	MMEM（F3.5）	—	0	0	1
手动数据输入 MDI	MDI	MMDI（F3.3）	—	0	0	0
手轮进给 增量进给	HND INC	MH（F3.1） MINC（F3.0）	—	1	0	0
手动连续进给 JOG	JOG	MJ（F3.2）	0	1	0	1
回参考点 REF	REF	MREF（F4.6）	1	1	0	1
JOG 示教	TJOG	MTCHIN（F3.7） MJ（F3.2）	0	1	1	0
手轮示教	THND	MTCHIN（F3.7） MH（F3.1）	0	1	1	1

（2）方式确认信号

1）MEDT（F3.6）：编辑方式。可进行 CNC 程序的编辑和数据的输入输出。

2）MMEM（F3.5）：存储器运转方式。执行存储于存储器的 CNC 程序。

3）MMDI（F3.3）：手动数据输入方式，又称 MDI 方式。用 MDI 键输入程序直接进行运转或进行参数的设定与调整。

4）MH（F3.1）：手轮进给方式。转动手轮使轴移动。

5）MINC（F3.0）：增量进给方式。按手动进给按钮（+X、–X 等）时，轴移动一步。

6）MJ（F3.2）：手动连续进给方式，又称 JOG 方式。按手动进给按钮（+X、–X 等）时，轴便移动。

7）MREF（F4.6）：回参考点方式。用手动操作使轴回到参考点。

1.2.5 数控桁架机器人运行安全设计相关系统参数

数控桁架机器人安全运行相关系统参数如表 1–6 所示。为了确保安全，通常情况下将 3004#5 设定为“0”，以便进行超程信号的检查。

表 1–6 数控桁架机器人安全运行相关系统参数

参数号	参数设定说明
3004#5	0：*+Ln（G114.0 ~ G114.7）、*–Ln（G116.0 ~ G116.7）信号有效 1：*+Ln（G114.0 ~ G114.7）、*–Ln（G116.0 ~ G116.7）信号无效

1.3 项目实施

1.3.1 数控桁架机器人运行安全设计方案

（1）硬件连接方案

1）数控桁架机器人运行安全硬件方案如图 1-34 所示。通过 I/O LINK 连接 2 组分线盘 I/O 模块，0 组 4 个模块，1 组 2 个模块，其中模块 0-1 和模块 1-1 为基本模块，有 I/O LINK 接口；其他 I/O 模块均为扩展模块，无 I/O LINK 接口。

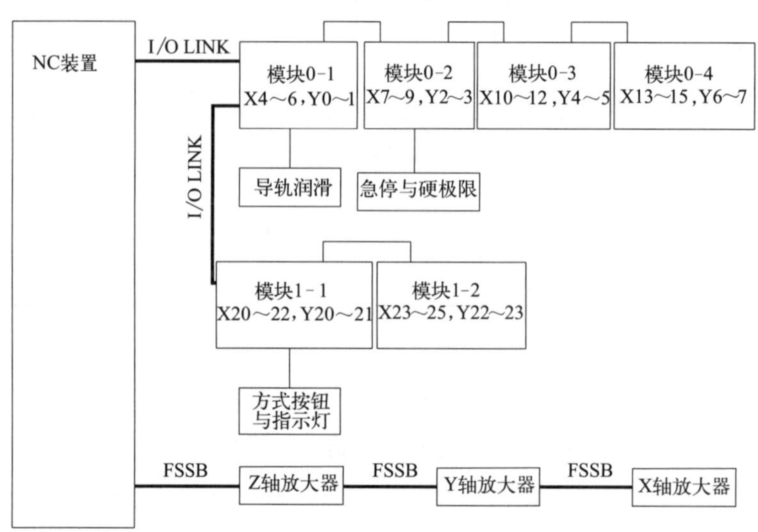

图 1-34 数控桁架机器人运行安全设计硬件连接方案

2）每个分线盘 I/O 模块拥有 3 个字节输入和 2 个字节输出，图 1-35 所示为各输入输出信号的管脚分布图，输入第一个字节 42 ~ 49 脚，输入第二个字节 25 ~ 32 脚，输入第三个字节 10 ~ 17 脚，输出第一个字节 34 ~ 41 脚，输出第二个字节 02 ~ 09 脚。输入信号全部采用漏型接法，输出信号全部采用源型接法。

33	DOCOM	CB150		01	DOCOM
34	Yn+0.0	19	0V	02	Yn+1.0
35	Yn+0.1	20	0V	03	Yn+1.1
36	Yn+0.2	21	0V	04	Yn+1.2
37	Yn+0.3	22	0V	05	Yn+1.3
38	Yn+0.4	23	0V	06	Yn+1.4
39	Yn+0.5	24	DICOM0	07	Yn+1.5
40	Yn+0.6	25	Xm+1.0	08	Yn+1.6
41	Yn+0.7	26	Xm+1.1	09	Yn+1.7
42	Xm+0.0	27	Xm+1.2	10	Xm+2.0
43	Xm+0.1	28	Xm+1.3	11	Xm+2.1
44	Xm+0.2	29	Xm+1.4	12	Xm+2.2
45	Xm+0.3	30	Xm+1.5	13	Xm+2.3
46	Xm+0.4	31	Xm+1.6	14	Xm+2.4
47	Xm+0.5	32	Xm+1.7	15	Xm+2.5
48	Xm+0.6			16	Xm+2.6
49	Xm+0.7			17	Xm+2.7
50	+24V			18	+24V

图 1-35 CB150 管脚分配

3）0 组模块输入首字节 X4，输出首字节 Y0；1 组模块输入首字节 X20，输出首字节 Y20。

4）急停与硬极限信号接入模块 0-2；方式按钮与指示灯接入模块 1-1；导轨润滑则由模块 0-1 控制。急停信号分硬件信号和软件信号，其中硬件信号将直接切断伺服动力电源。

5）数控装置通过 FSSB 总线连接三个伺服放大器，其连接顺序为：Z 轴、Y 轴和 X 轴。

6）操作盒一共有 16 个带灯按钮和 6 个按钮，项目一定义 6 个带灯按钮，如图 1-36 所示。

编辑 X20.5 Y20.5	MDI X20.1 Y20.1	JOG X20.2 Y20.2	全自动 X20.3 Y20.3	半自动 X20.4 Y20.4	手轮 X20.5 Y20.5	X20.6 Y20.6	X20.7 Y20.7	X21.0 Y21.0	X21.1 Y21.1	X21.2 Y21.2
X21.3 Y21.3	X21.4 Y21.4	X21.5 Y21.5	X21.6 Y21.6	X21.7	X22.0	X22.1	X22.2	X22.3	X22.4	X22.5 Y21.7

图 1-36　项目一操作盒

（2）软件方案

1）PMC 程序设计中，急停与硬极限信号的处理放在第一级程序；方式选择、润滑控制、报警信息等程序放在第二级程序中，以子程序形式编程实现。

2）在按钮操作盒上共设置 6 个带灯按钮，分别用于编辑、MDI、手摇、JOG、半自动、全自动等 6 个方式选择和方式状态指示，所有按钮均为瞬时按钮。其中半自动与全自动均为存储器运行方式。

3）系统采用绝对编码器进行位置检测，坐标轴零点建立采取设零点的方式，因此不考虑设置回零方式。

4）各坐标轴正向和负向均设置硬极限开关，当它们被触发时，系统出现相应硬极限报警，并限制其超程方向的运动。

5）当润滑油位低时，产生报警信息，并有报警灯指示。

6）数控桁架机器人安全运行设计相关系统接口信号如表 1-7 所示。

表 1-7　数控桁架机器人安全运行相关系统接口信号

序号	地址	符号名	说明	序号	地址	符号名	说明
1	G8.4	*ESP	急停	11	F3.1	MH	手轮方式确认
2	G114.0	*+LX	X+ 极限	12	F3.2	MJ	JOG 方式确认
3	G114.1	*+LY	Y+ 极限	13	F3.3	MMDI	MDI 方式确认
4	G114.2	*+LZ	Z+ 极限	14	F3.5	MMEM	存储器方式确认
5	G116.0	*-LX	X- 极限	15	F3.6	MEDT	编辑方式确认
6	G116.1	*-LY	Y- 极限				
7	G116.2	*-LZ	Z- 极限				
8	G43.0	MD1	方式选择 1				
9	G43.1	MD2	方式选择 2				
10	G43.2	MD4	方式选择 4				

1.3.2 数控桁架机器人运行安全设计相关 I/O 地址

（1）0 组模块 I/O 地址

数控桁架机器人安全运行设计 0 组模块 I/O 地址见表 1-8。

表 1-8 数控桁架机器人安全运行 0 组 I/O 地址

序号	地址	符号名	模块接口	管脚号	线号	元件号	说明
1	X7.6	-LZ-SQ	CB150-2	48	X76	-SQ76	Z- 极限
2	X8.0	-LX-SQ	CB150-2	25	X80	-SQ80	X- 极限
3	X8.1	+LX-SQ	CB150-2	26	X81	-SQ81	X+ 极限
4	X8.2	+LY-SQ	CB150-2	27	X82	-SQ82	Y+ 极限
5	X8.3	-LY-SQ	CB150-2	28	X83	-SQ83	Y- 极限
6	X8.4	ESP-KA	CB150-2	29	X84	-KA102	急停
7	X7.2	SQ72	CB150-2	44	X72	-SQ72	抓手碰撞
8	X13.0	ERS-PB	CB150-4	42	X130	-SB130	报警复位
9	Y2.0	AL-HL	CB150-2	34	Y20	-HL20	报警灯

（2）1 组模块 I/O 地址

用按钮实现方式选择信号输入，并用指示灯表示当前方式状态，输入输出信号均接入 1 组 I/O 模块。数控桁架机器人安全运行 1 组模块 I/O 地址见表 1-9。

表 1-9 数控桁架机器人安全运行 1 组 I/O 地址

序号	地址	符号名	模块接口	管脚号	线号	元件号	说明
1	X20.0	EDT-PB	CB150-5	42	X200	-SB200	编辑方式按钮
2	X20.1	MDI-PB	CB150-5	43	X201	-SB201	MDI 方式按钮
3	X20.2	JOG-PB	CB150-5	44	X202	-SB202	JOG 方式按钮
4	X20.3	FULL-AUT-PB	CB150-5	45	X203	-SB203	全自动方式按钮
5	X20.4	SEMI-AUT-PB	CB150-5	46	X204	-SB204	半自动方式按钮
6	X20.5	MPG-PB	CB150-5	47	X205	-SB205	手轮方式按钮
7	Y20.0	EDT-HL	CB150-5	34	Y200	-HL200	编辑方式灯
8	Y20.1	MDI-HL	CB150-5	35	Y201	-HL201	MDI 方式灯
9	Y20.2	JOG-HL	CB150-5	36	Y202	-HL202	JOG 方式灯
10	Y20.3	FULL-AUT-HL	CB150-5	37	Y203	-HL203	全自动方式灯
11	Y20.4	SEMI-AUT-HL	CB150-5	38	Y204	-HL204	半自动方式灯
12	Y20.5	MPG-HL	CB150-5	39	Y205	-HL205	手轮方式灯

1.3.3 数控桁架机器人运行安全设计相关电气原理图

1.3.3.1 数控与伺服装置上电电路

数控与伺服装置上电电路如图 1-37 所示。当按下“上电”按钮 SB1 时，继电器

KA101 线圈得电，松开 SB1，由 KA101 触点自保持，KA101 持续得电，其常开触点闭合，输出 DC24V 电源。当按下“停电”按钮 SB2，KA101 失电，数控装置和伺服装置均断开控制电源。

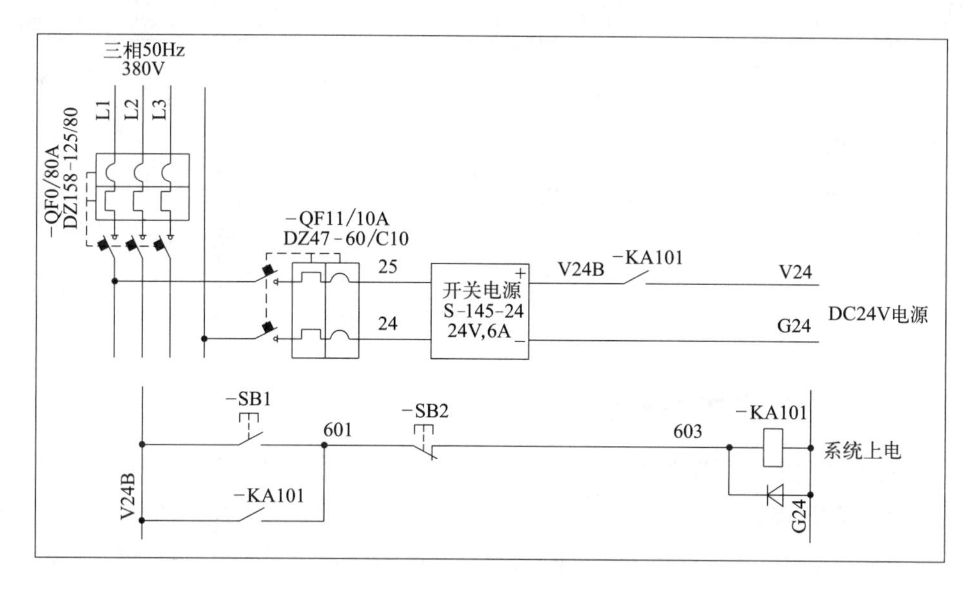

图 1-37 数控与伺服装置上电

数控与伺服装置供电电路如图 1-38 所示。数控装置 DC24V 电源从 CP1 接口输入。伺服装置 DC24V 控制电源从 Z 轴放大器 CXA19B 接口输入，Y 轴放大器控制电源从 Z 轴放大器 CXA19A 输入，X 轴放大器控制电源从 Y 轴放大器 CXA19A 输入。当系统停电时，6V 电池电压经 X 轴放大器 CXA19A 接口输入，并提供给 Y 轴和 Z 轴放大器，以维持伺服电机绝对编码器的供电。

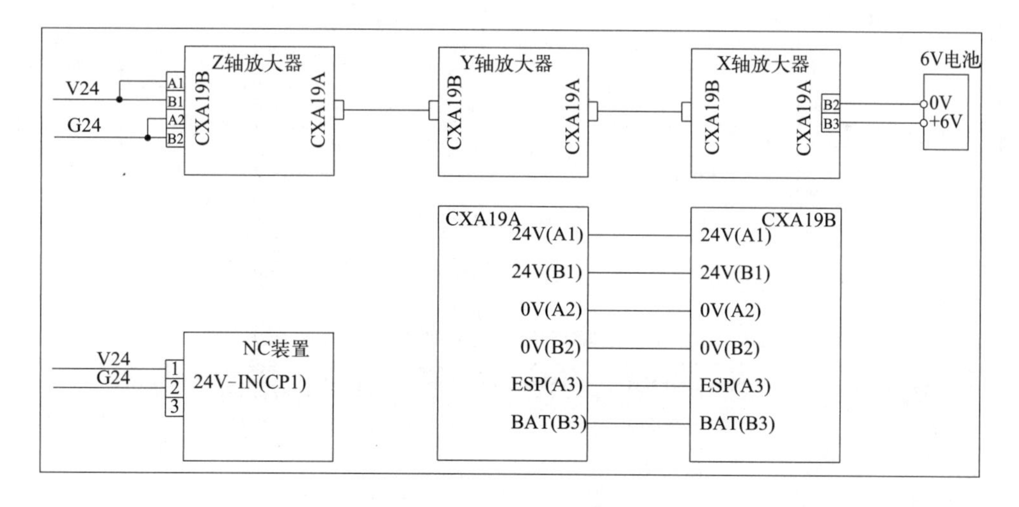

图 1-38 数控与伺服装置供电

分线盘 I/O 模块供电电路如图 1-39 所示。分线盘 I/O 模块的工作电源为 DC24V，CB150 接口 18 脚或 50 脚接电源正，19 ~ 23 脚接电源负。

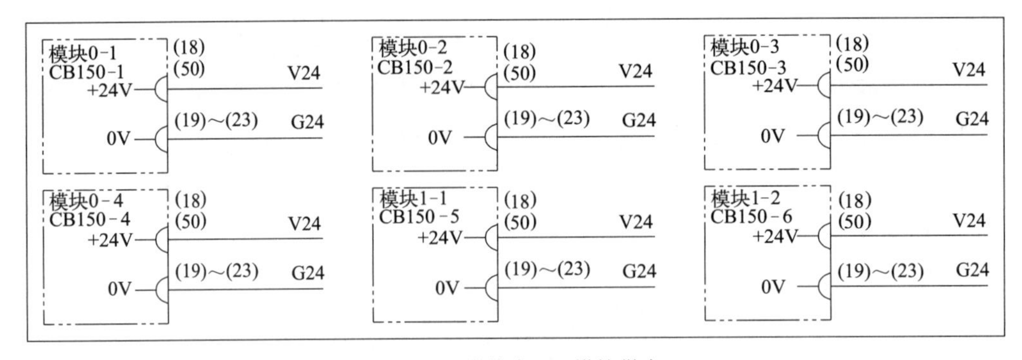

图 1-39 分线盘 I/O 模块供电

1.3.3.2 数控系统总体连接

数控系统总体连接如图 1-40 所示。除 DC24V 电源连接外，主要包括 I/O 模块和伺服放大器的连接。

1）分线盘 I/O 模块通过 I/O LINK 与数控装置连接。分为 2 个组：0 组 4 个模块，地址范围 X4 ~ X15，Y0 ~ Y7；1 组 2 个模块，地址范围 X20 ~ X25，Y20 ~ Y23。手轮 1 和手轮 2 接 0 组第一个扩展模块。

2）伺服放大器通过 FSSB 伺服总线与数控装置连接，从 NC 出来的连接顺序是 Z 轴、Y 轴和 X 轴。

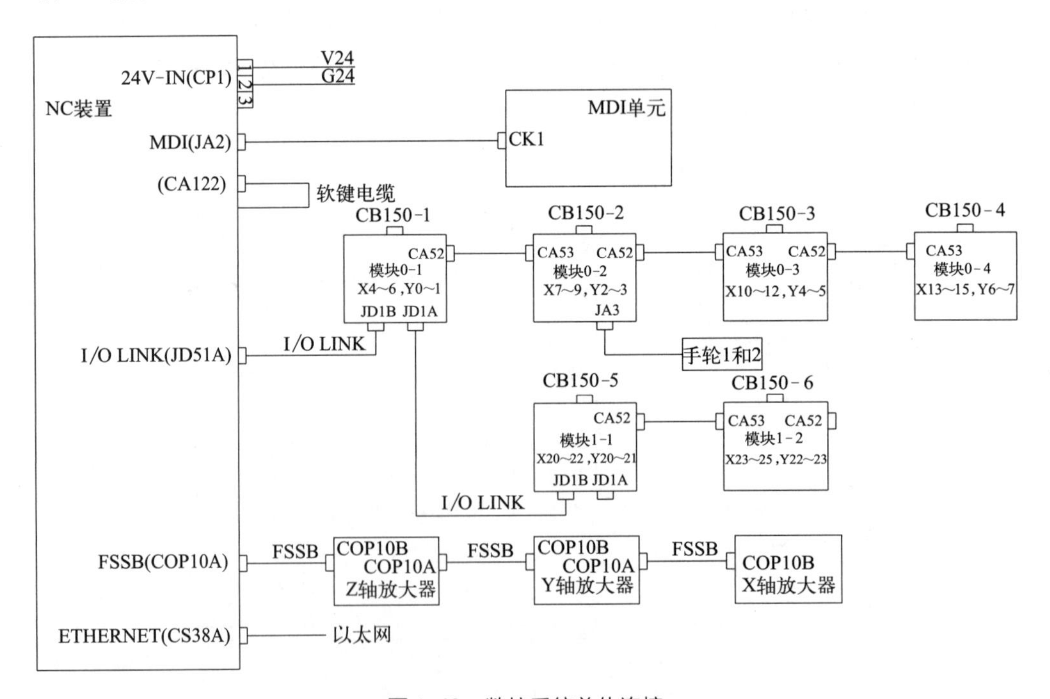

图 1-40 数控系统总体连接

1.3.3.3 急停电路

（1）急停继电器电路

急停继电器电路如图 1-41 所示。急停按钮 SB3 接常闭触点，按下急停按钮时，急停继电器 KA102 失电。一般急停按钮为自锁按钮，需旋转释放。正常情况下，急停继电器 KA102 线圈得电。

图 1-41 急停继电器

（2）伺服放大器急停电路

伺服急停及伺服动力电源供电如图 1-42 所示。急停继电器 KA102 的常开触点接伺服放大器 CX30 接口，当急停时，即 KA102 的常开触点断开，KM1 线圈将失电，进而切断放大器的动力电源。

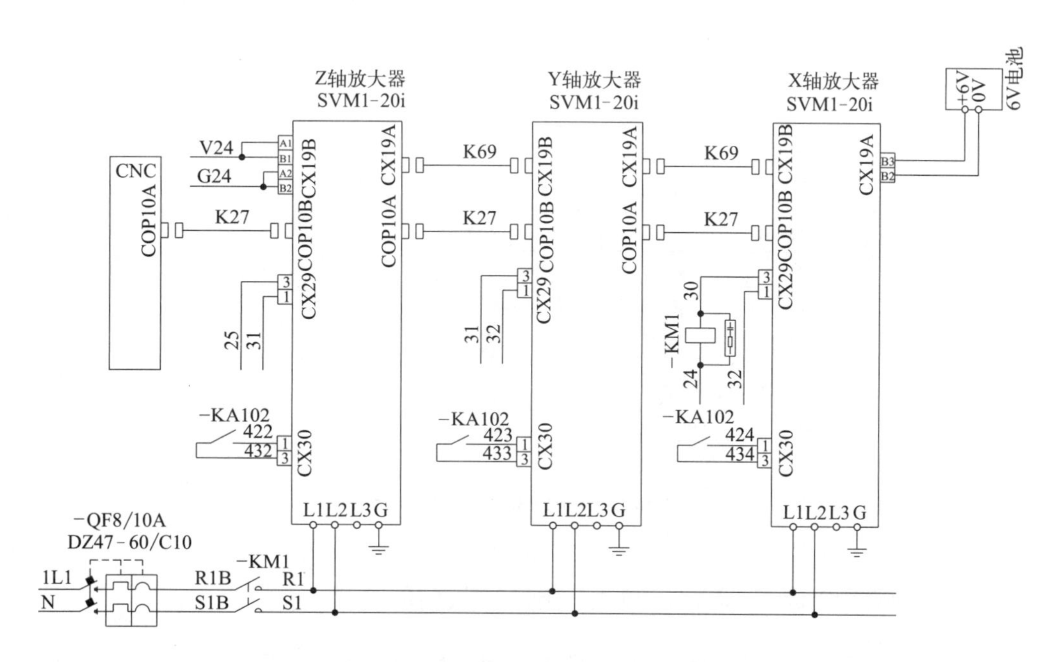

图 1-42 伺服急停及伺服动力电源供电

（3）系统急停信号连接

系统急停信号连接如图 1-43 所示。急停继电器常开触点接入 CB150-2 的 29 脚，该信号为固定地址，必须为 X8.4。

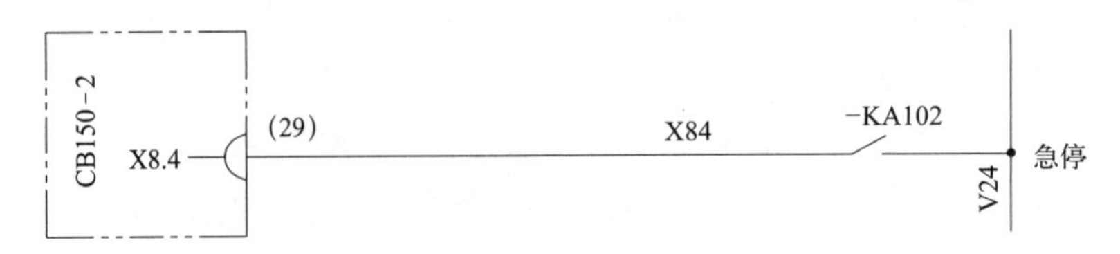

图 1-43 系统急停信号连接

1.3.3.4 硬极限开关电气连接

坐标轴硬极限开关电气连接如图 1-44 所示。3 个坐标轴一共连接了 5 个硬极限开关，其中 Z 轴正向未安装。因为模块 0-2 输入信号采用漏型接法，PNP 常闭型的 X+ 极限和 Y- 极限开关可以直接接入，而 NPN 常开型的 X- 极限、Y+ 极限、Z- 极限均接了一个 2kΩ 左右的上拉电阻。

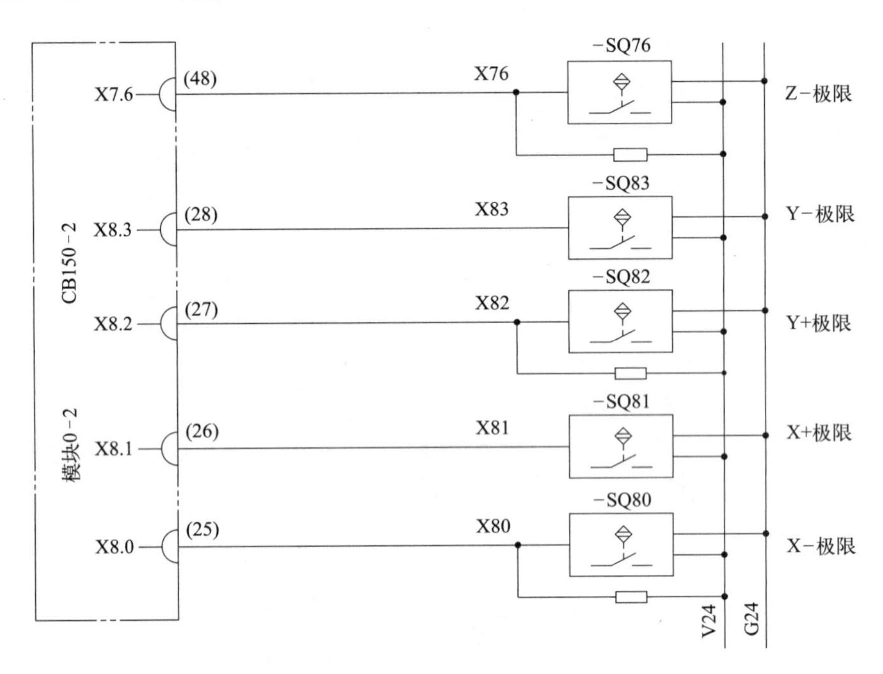

图 1-44 硬极限开关电气连接

1.3.3.5 方式选择与指示灯输入输出电气连接

方式选择与指示灯输入输出电气连接如图 1-45 所示。6 个方式按钮及指示灯接入 1 组模块 CB150-5，按钮信号漏型接法，其公共端 DICOM0 接 0V；指示灯源型接法。

1.3.3.6 润滑回路电气原理图

导轨润滑电气原理图如图 1-46 所示。PMC 输出地址 Y0.7 控制导轨润滑继电器 KA07 接通或断开。当继电器 KA07 线圈得电，KA07 常开触点闭合，交流接触器 KM2 线圈得电，KM2 主触点闭合，导轨润滑电机接通 AC220V 电源，导轨润滑启动。

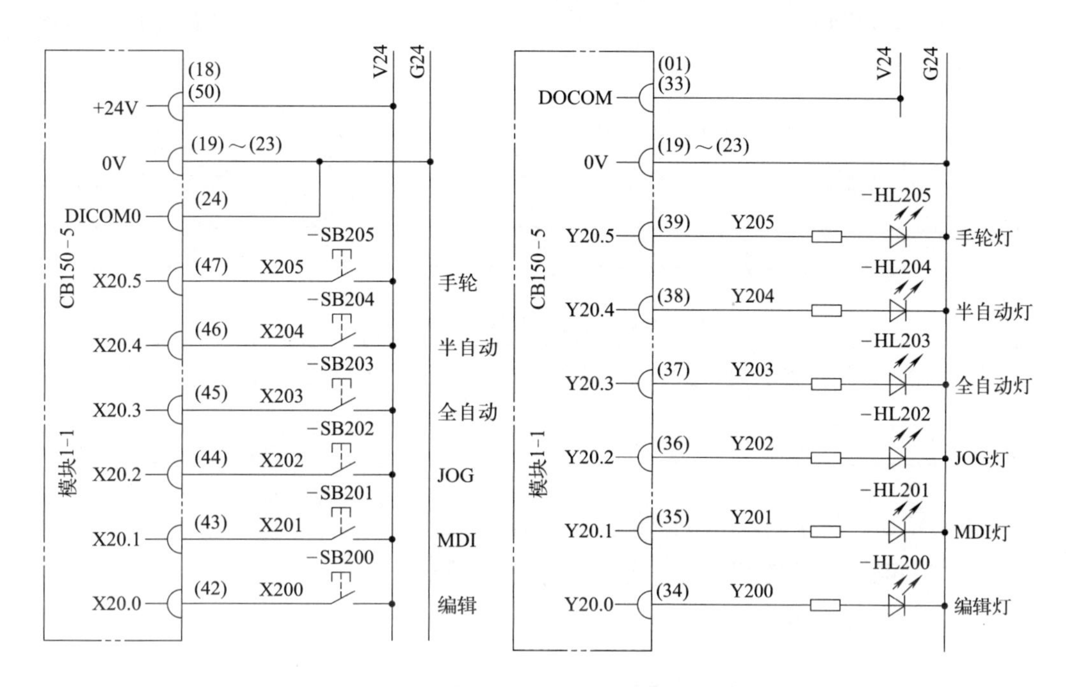

图 1-45　方式选择与指示灯输入输出电气连接

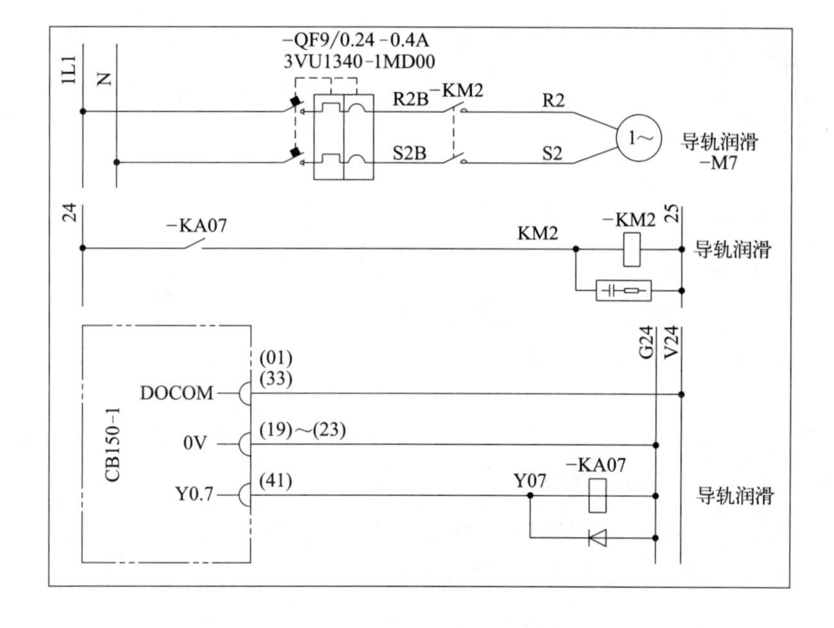

图 1-46　导轨润滑电气原理图

1.3.4 数控桁架机器人运行安全设计相关 PMC 程序

1.3.4.1 I/O 模块地址分配

参数 No.11933#0=0，按 I/O LINK 设定模块地址。各组模块 I/O LINK 地址具体设定分别见表 1-10 和表 1-11。

表 1-10 各模块 I/O LINK 输入地址具体设定

组号 . 基座号 . 槽号	实际模块名称	设定模块名称	输入首字节	字节长度	备注
0.0.1	分线盘 I/O	CM16I	X4	16 字节	0.0.1.CM16I
1.0.1	分线盘 I/O	CM06I	X20	6 字节	1.0.1.CM06I

表 1-11 各模块 I/O LINK 输出地址具体设定

组号 . 基座号 . 槽号	实际模块名称	设定模块名称	输出首字节	字节长度	备注
0.0.1	分线盘 I/O	CM08O	Y0	8 字节	0.0.1.CM08O
1.0.1	分线盘 I/O	CM04O	Y20	4 字节	0.0.1.CM04O

在 LADDER-III 中的设定步骤如下：

1）打开梯形图列表页面，如图 1-47 所示，双击 I/O Module，弹出编辑 I/O 模块页面，如图 1-48 所示。

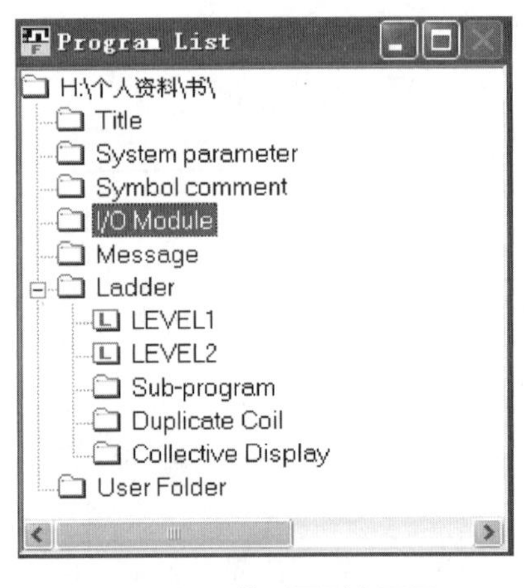

图 1-47 梯形图列表页面

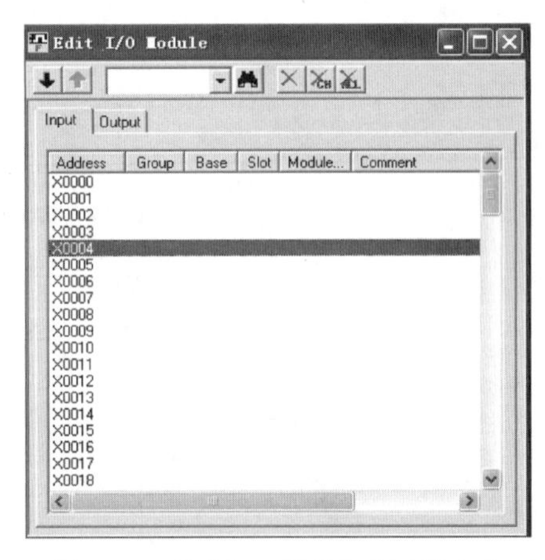

图 1-48 编辑 I/O 模块页面（输入）

2）双击图 1-48 中 0 组模块首字节 X0004，弹出模块设定页面，如图 1-49 所示。确认组号、基座号、槽号，然后点击 Connection Unit，并选中模块 CM16I。

3）点击图 1-49 中 OK，即完成 0 组模块输入地址的分配，如图 1-50 所示。

4）依次按照表 1-10，设定 1 组模块输入地址分配，方法类同，不再赘述。

5）输入设定完毕，即可开始输出设定。此时需点击图 1-48 中 Output，切换到输出设定画面，如图 1-51 所示。

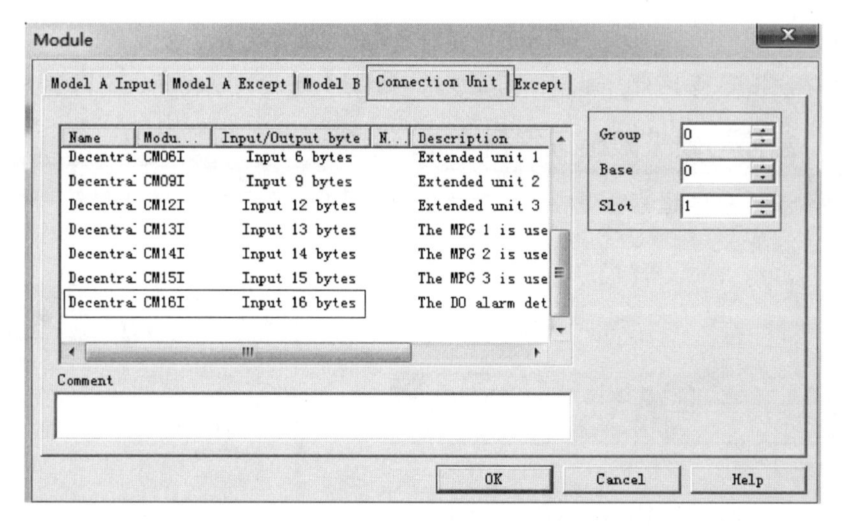

图 1-49　输入设定页面

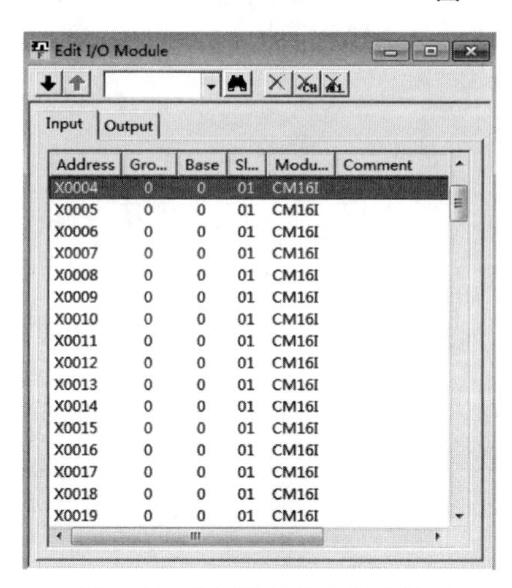

图 1-50　0 组模块输入设定结果

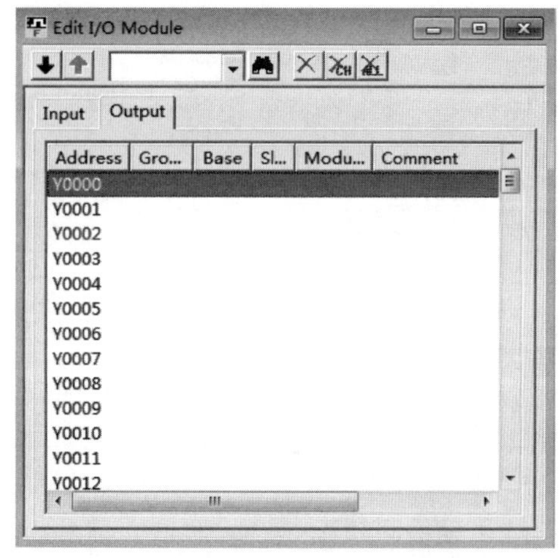

图 1-51　编辑 I/O 模块页面（输出）

6）双击图 1-51 中组 0 组模块首字节 Y0，弹出模块设定画面，如图 1-52 所示。修改并确认组号、基座号、插槽号，然后点击 Connection Unit，并选中模块 CM08O。

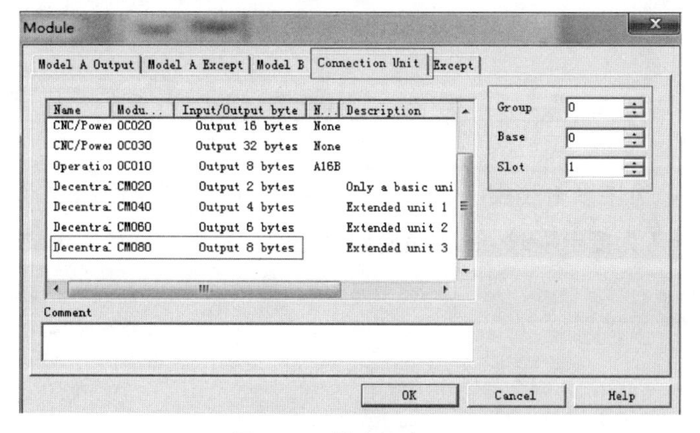

图 1-52　输出设定页面

7）点击图 1-52 中 OK，即完成 0 组模块输出地址的分配，如图 1-53 所示。

8）依次按照表 1-11，设定 1 组模块输出地址分配，方法类同，不再赘述。

1.3.4.2 急停与硬极限超程报警 PMC 程序

急停与硬极限超程报警 PMC 程序全部放到第一级程序，即放到图 1-54 中 LEVEL1。

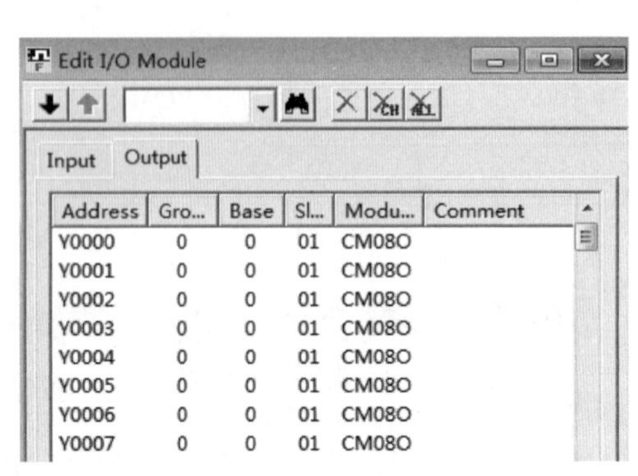

图 1-53　0 组模块输出设定结果

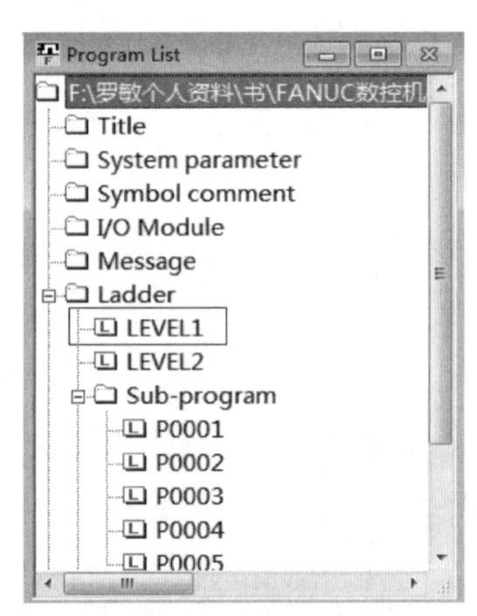

图 1-54　第一级程序

（1）急停程序

#ESP（G8.4）为急停软件信号，与急停硬件信号 X8.4，为低电平时，系统均进入急停状态。

X0008.4　ESP-KA —| |— G0008.4　*ESP　急停

（2）硬极限超程

1）X 轴正、负硬极限超程。G114.0 为低电平时，X 轴正向超程报警，禁止 X 轴正向运动；G116.0 为低电平时，X 轴负向超程报警，禁止 X 轴负向运动。

X0008.1　+LX_SQ —| |— G0114.0　*+LX　X+极限

X0008.0　-LX_SQ —| |— G0116.0　*-LX　X-极限

2）Y 轴正、负硬极限超程。G114.1 为低电平时，Y 轴正向超程报警，禁止 Y 轴正向运动；G116.1 为低电平时，Y 轴负向超程报警，禁止 Y 轴负向运动。

X0008.2　+LY_SQ —| |— G0114.1　*+LY　Y+极限

X0008.3　-LY_SQ —| |— G0116.1　*-LY　Y-极限

3）Z 轴正、负硬极限超程。Z 轴无正极限开关，用“1”信号屏蔽 Z+ 极限信号 *+LZ（G114.2）。G116.2 为低电平时，Z 轴负向超程报警，禁止 Z 轴负向运动。

```
R9091.1                                   G0114.2
--| |-------------------------------------( )--  Z+极限
L1                                        *+LZ

X0007.6                                   G0116.2
--| |-------------------------------------( )--  Z-极限
-LZ_SQ                                    *-LZ
```

1.3.4.3　方式选择 PMC 程序

（1）PMC 程序

1）检测是否有方式按钮被按下。

```
X0020.0                                   R0025.0
--| |-------------------------------------( )--  方式按钮按下
EDT-PB                                    MDOR
X0020.1
--| |--
MDI-PB
X0020.2
--| |--
JOG-PB
X0020.3
--| |--
FULL-AUT
-PB
X0020.4
--| |--
SEMI-AUT
-PB
X0020.5
--| |--
MPG-PB
```

2）检测 MDOR（R25.0）上升沿。

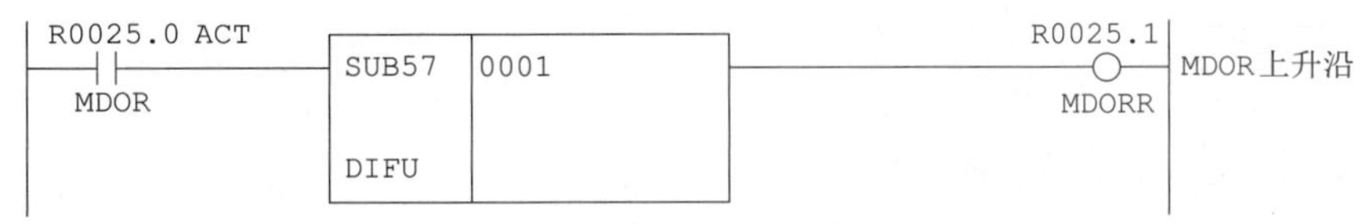

3）编辑、存储器运行、JOG 方式下 MD1（G43.0）置 1。半自动和全自动均为存储器运行方式。

```
X0020.0    R0025.1                        G0043.0
--| |--------| |--------------------------( )--  方式选择1
EDT-PB     MDORR                          MD1
X0020.3
--| |--
FULL-AUT
-PB
X0020.4
--| |--
SEMI-AUT
-PB
X0020.2
--| |--
JOG-PB
G0043.0    R0025.1
--| |--------|/|--
MD1        MDORR
```

4）仅编辑方式下 MD2（G43.1）置 1。

X0020.0 EDT-PB　R0025.1 MDORR　G0043.1 MD2　方式选择2
G0043.1 MD2　R0025.1 MDORR

5）手轮、JOG 方式下 MD4（G43.2）置 1。

X0020.5 MPG-PB　R0025.1 MDORR　G0043.2 MD4　方式选择4
X0020.2 JOG-PB
G0043.2 MD4　R0025.1 MDORR

（2）方式指示灯

1）全自动有效。

X0020.3 FULL-AUT-PB　X0020.4 SEMI-AUT-PB　R0025.3 FULL-AUT　全自动
R0025.3 FULL-AUT

2）全自动灯和半自动灯。

R0025.3 FULL-AUT　F0003.5 MMEM　Y0020.3 FULL-AUT-HL　全自动灯
R0025.3 FULL-AUT　F0003.5 MMEM　Y0020.4 SEMI-AUT-HL　半自动灯

3）编辑、MDI、JOG、手轮方式灯。

F0003.6 EDT　Y0020.0 EDT-HL　编辑灯
F0003.3 MMDI　Y0020.1 MDI-HL　MDI灯
F0003.2 MJ　Y0020.2 MJ-HL　JOG灯
F0003.1 MH　Y0020.5 MH-HL　手轮灯

1.3.4.4　润滑控制 PMC 程序

1）1 号计数器进行润滑接通计数，计数信号为系统定时器 1 秒（s）脉冲信号

R9091.6，因此计量单位为秒。

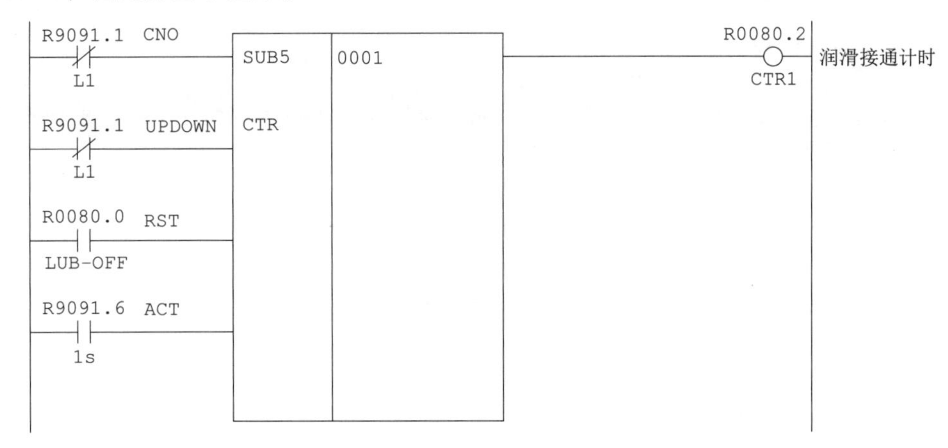

2）2 号计数器进行润滑停止计数，计数信号为 1 秒脉冲信号，因此计量单位为秒。

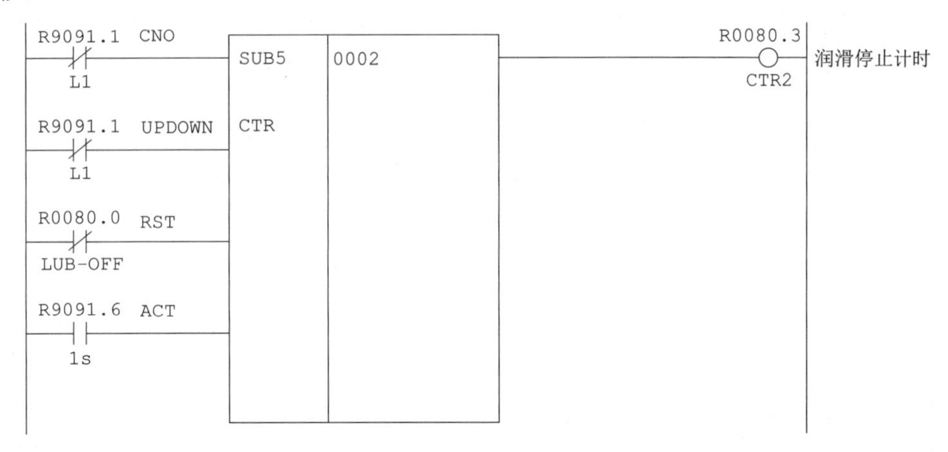

3）导轨润滑关闭 LUB-OFF（R80.0）。1 号计数器计数到该信号置 1，1 号计数器复位，不计数，同时 2 号计数器开始计数；2 号计数器计数到该信号复位，1 号计数器开始计数，同时 2 号计数器复位，不计数。

R0080.2
CTR1
R0080.0 R0080.3
LUB-OFF CTR2
R0080.0
LUB-OFF
润滑关闭

4）导轨润滑启动与指示灯点亮。

R9091.6 R0080.0
1s LUB-OFF
Y0000.7
KM02
Y0000.7
KM02
导轨润滑
Y0003.4
LUB-HL
导轨润滑灯

1.3.4.5 报警信息显示 PMC 程序

（1）报警信息编辑

在如图 1-55 所示梯形图列表页面，点击 Message，弹出信息编辑画面，如图 1-56 所示。

图 1-55　梯形图列表页面

在信息编辑画面编辑输入 A0.0 和 A0.1 对应的报警信息“2000 GRIP COLLISION”和“2001 LUB OIL LEVEL LOW”，其中 2000 和 2001 为信息号。

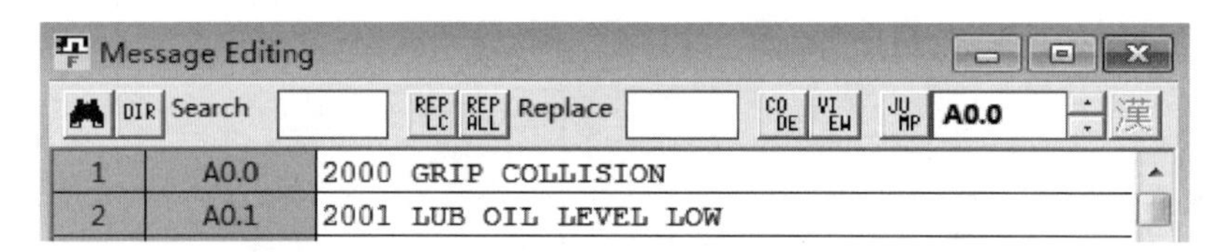

图 1-56　信息编辑画面

（2）PMC 程序

1）启动信息显示，最多 20 条。

2）抓手碰撞报警信息请求 A0.0。

3）润滑油位低报警信息请求 A0.1。

X0007.3　X0013.0　A0000.1
SQ73　ERS-PB　AL2001　润滑油位低
A0000.1
AL2001

4）项目 1 报警。

```
A0000.0                                   R0010.1
--| |--+----------------------------------( )--   报警-项目1
AL2000 |                                  ALARM1
A0000.1|
--| |--+
AL2001
```

5）报警灯 AL-HL（Y2.0）。为项目二～项目五分别分配报警信号 ALARM2～ALARM5（R10.2～R10.5）。

```
R0010.1                                   Y0002.0
--| |--+----------------------------------( )--   报警灯
ALARM1 |                                  AL-HL
R0010.2|
--| |--+
ALARM2 |
R0010.3|
--| |--+
ALARM3 |
R0010.4|
--| |--+
ALARM4 |
R0010.5|
--| |--+
ALARM5
```

1.4　项目验证

1.4.1　急停功能验证

按下“急停”按钮，系统进入急停状态，NC 显示器状态栏显示“EMG”，如图 1-57 所示；且伺服主回路接触器断开，切断图 1-57 中 X、Y、Z 三个轴伺服驱动器的动力电源。

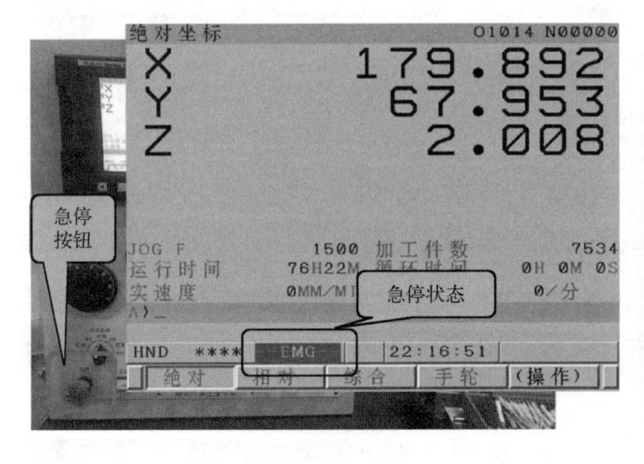

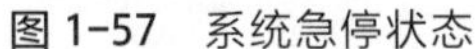
图 1-57　系统急停状态

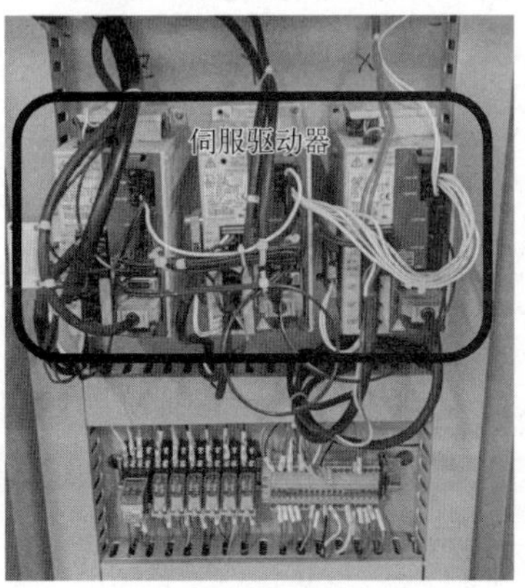

图 1-58　伺服驱动器

1.4.2 硬极限超程报警验证

X、Y、Z 三个轴正负方向设置 5 个硬极限开关，如图 1–59 所示，全部是三线式接近开关。有 2 种规格，X–、Y+、Z+ 极限使用 NPN 常开接近开关，X+、Y– 极限使用 PNP 常闭接近开关。

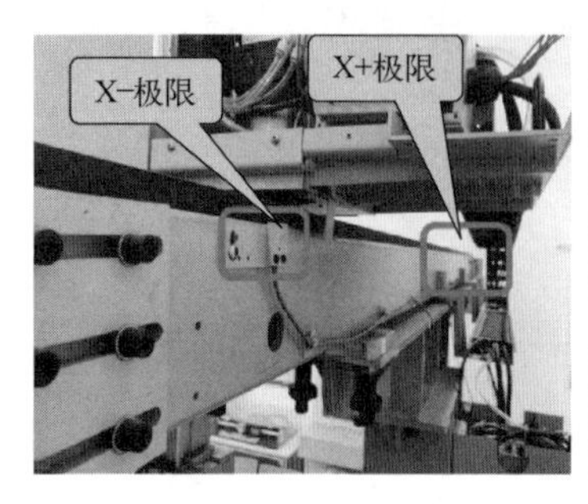

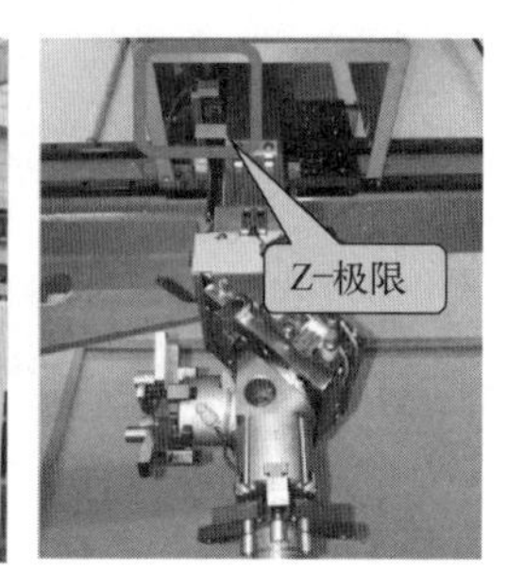

图 1–59　坐标轴硬极限开关

因项目一还未设计坐标轴运动功能，可以用螺丝刀或其他金属物品去触发硬极限开关信号，进而触发硬极限报警，如图 1–60 所示，正向超程报警号为 OT0506，负向超程报警号为 OT0507，并限制其超程方向的运动。

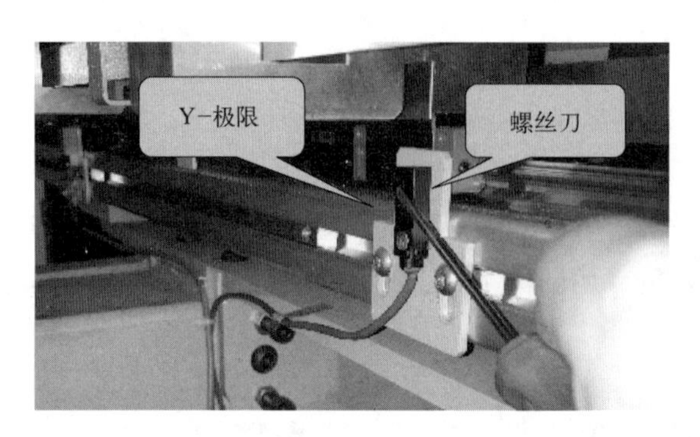

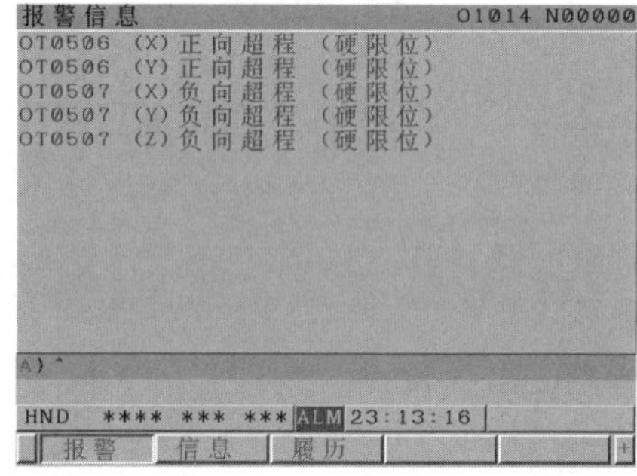

图 1–60　硬极限超程报警

1.4.3 方式切换验证

在按钮操作盒上共设置 6 个带灯按钮，分别用于编辑、MDI、手摇、JOG、半自动、全自动等 6 个方式选择和方式状态指示。其中半自动与全自动均为存储器运行方式。

编辑方式，在系统状态栏显示“编辑”，如图 1–61 所示。MDI 方式，在系统状态栏显示“MDI”，如图 1–62 所示。

JOG 方式，在系统状态栏显示“JOG”，如图 1–63 所示。手轮方式，系统状态栏显示“HND”，如图 1–64 所示。

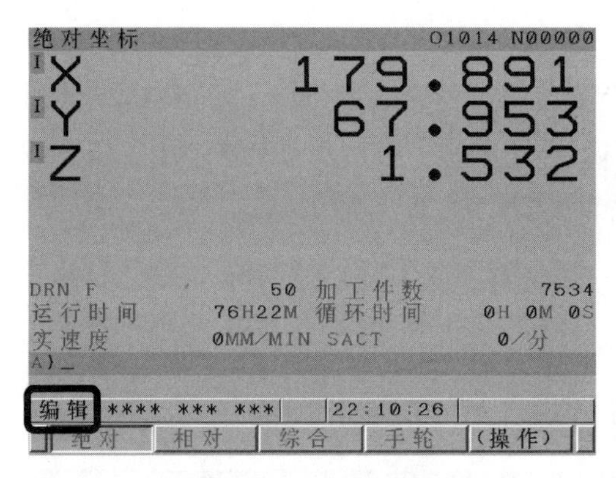

图 1-61 编辑方式

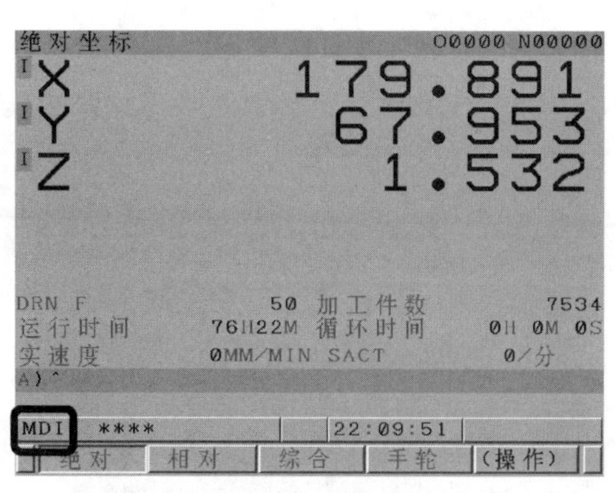

图 1-62 MDI 方式

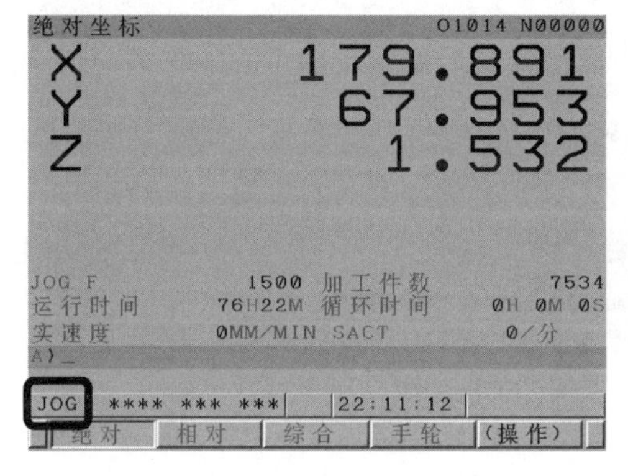

图 1-63 JOG 方式

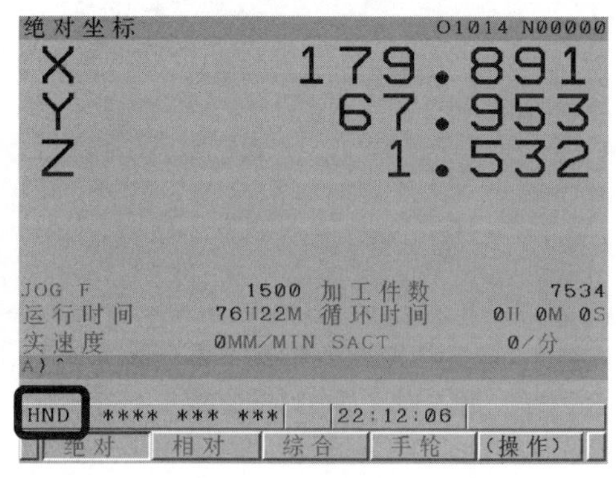

图 1-64 HND 方式

半自动和全自动方式，均为存储器方式，系统状态栏显示“MEM”，如图 1-65 所示。它们之间的区分还需依靠指示灯。

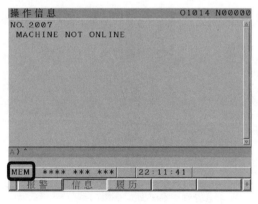

图 1-65 MEM 方式

1.4.4 润滑功能验证

导轨润滑装置为某机械公司的产品，型号为 SLRH-08C，如图 1-66 所示，采用间歇供油方式，单相交流电机驱动。

系统中共设置了 2 个计数器，即计数器 1（C1）和计数器 2（C2），如图 1-67 所示，每隔 2h，即 7200s，打一次油（3s）。C2 计数期间，导轨润滑装置停止工作，C2 计数完成，开始打油，C1 计数确定打油时间（单位为 s）。

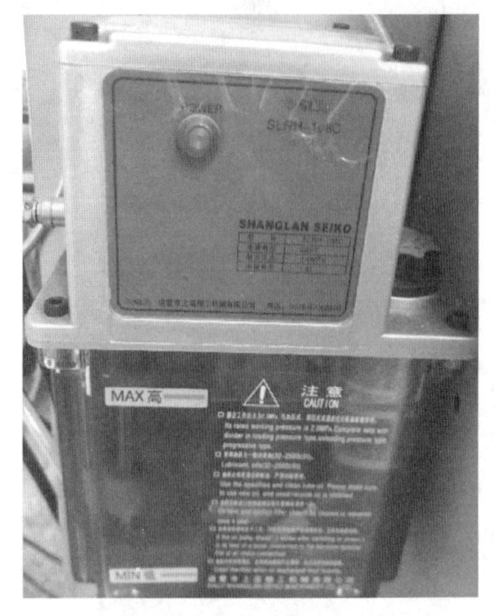

图 1-66 导轨润滑装置

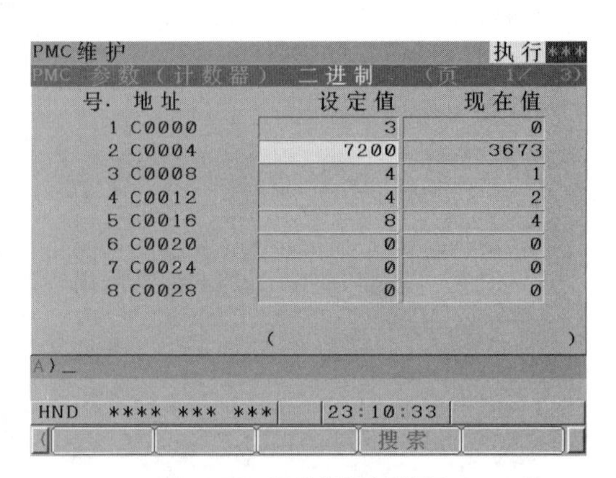

图 1-67 导轨润滑计数器

1.4.5 报警信息验证

1）X 轴正向进给出现碰撞时，有可能触发手爪防撞开关，产生报警信息 2000，验证功能可以用螺丝刀或其他金属物品去触发该接近开关，如图 1-68 所示。

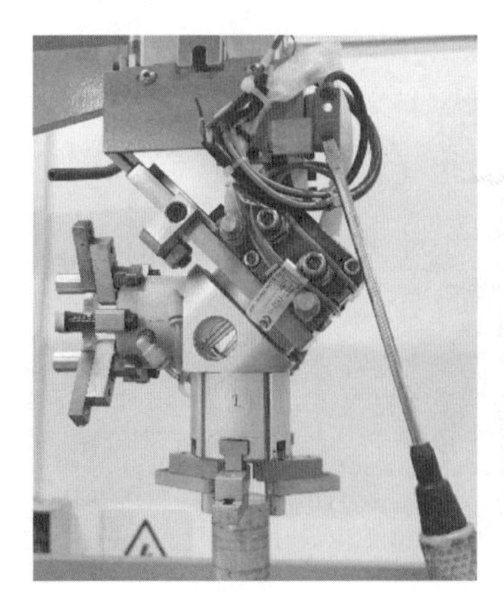

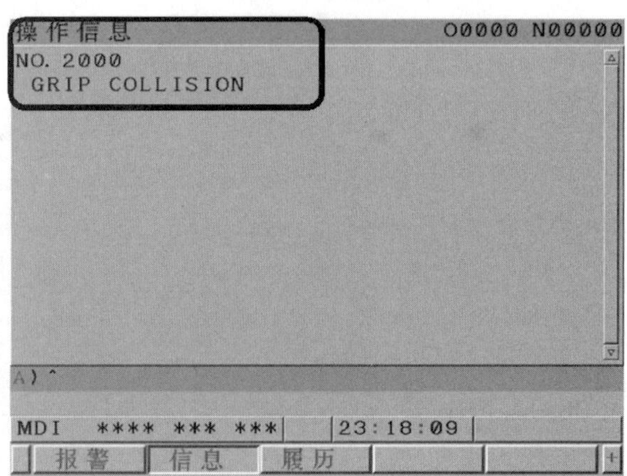

图 1-68 手爪碰撞报警

2）润滑油位报警信号强制。该报警信号的触发可以运用 PMC 信号强制功能来模拟。在“Diagnose”菜单下，点击“Signal Status”，调出信号状态监控画面，如

图 1-69 所示。然后在 A 地址画面中，将 A0.1 的状态强制置为“1”。

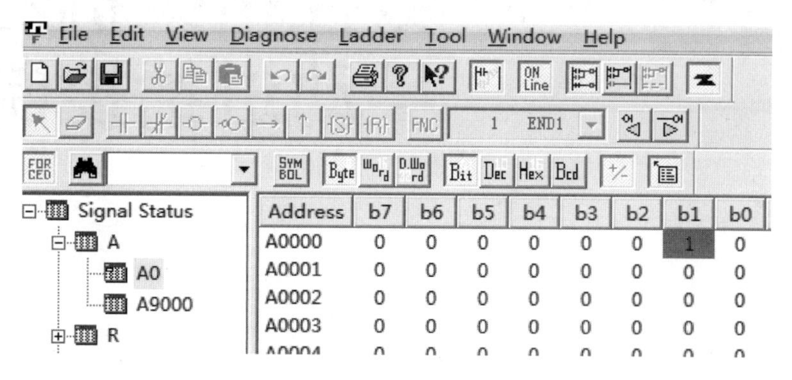

图 1-69　信号状态监控画面

3）A0.1 置 1 后，即可触发润滑油位低报警，如图 1-70 所示，信息显示“LUB OIL LEVEL LOW”，提示润滑油箱缺油。

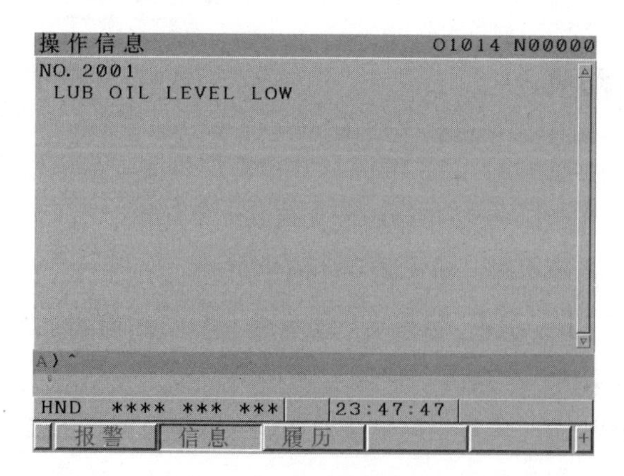

图 1-70　润滑油位低报警

项目二 数控桁架机器人手动进给控制

2.1 项目要求

在项目一的基础上，项目二主要围绕数控桁架机器人坐标轴手轮运行和 JOG 运行开展设计。通过项目二，数控桁架机器人具备如下功能：

1）坐标轴手轮进给功能，且手轮进给倍率可调。

2）坐标轴 JOG 进给功能，且有高 / 低两挡 JOG 进给倍率。

3）坐标轴软极限保护功能。

4）JOG 和手轮进给时具备坐标轴互锁功能，以保证操作的安全与便利。

5）手动误操作报警功能。

2.2 相关知识

2.2.1 数控桁架机器人手动进给控制相关 PMC 指令

2.2.1.1 二进制常数定义指令 NUMEB

该指令用于指定 1、2 或 4 字节长二进制常数。NUMEB 指令格式及举例如图 2-1 所示。二进制常数定义指令 NUMEB 举例中，将 1 字节二进制数据 R100 定义为常数 12，即 R100=(0000 1100 $)_2$。

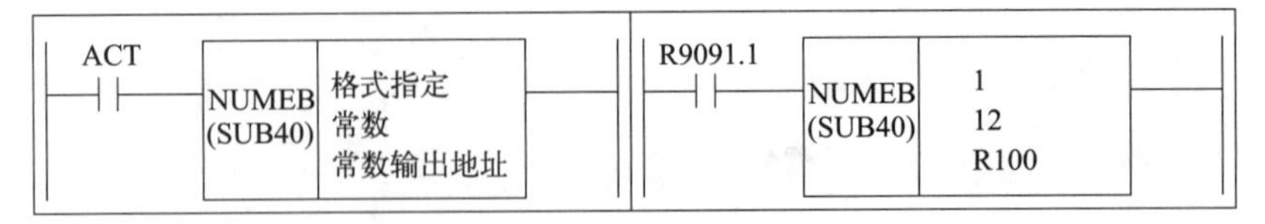

图 2-1 NUMEB 指令格式及举例

控制条件及参数说明：

1）格式指定：指定数据长度。可设定为 1、2 或 4。

2）常数：用十进制形式指定常数。

2.2.1.2 窗口读数据指令 WINDR

通过窗口功能允许 PMC 经由窗口，使用 WINDR 指令读取 CNC 多种数据。常用窗口读功能见表 2-1。

表 2-1 窗口读功能列表

组别	序号	功能	功能代码	R/W（读 / 写）	响应
CNC 信息	1	读取 CNC 系统信息	0	R	高速
	2	读取工件原点偏置值	15	R	高速
	3	读取参数	17	R	高速
	4	读取设定数据	19	R	高速
	5	读取宏变量	21	R	高速
	6	读取 CNC 报警信息	23	R	高速
	7	读取当前程序号	24	R	高速
	8	读取当前顺序号	25	R	高速
	9	读取模态数据	32	R	高速
	10	读取诊断数据	33	R	低速
	11	读取 P 代码宏变量的数值	59	R	高速
	12	读取 CNC 状态信息	76	R	高速
	13	读取当前程序号	90	R	高速
	14	读取时钟数据（日期和时间）	151	R	高速
轴信息	1	读取各轴的实际速度值	26	R	高速
	2	读取各轴的绝对坐标值	27	R	高速
	3	读取各轴的机械坐标值	28	R	高速
	4	读取各轴 G31 跳步时的坐标值	29	R	高速
	5	读取伺服延时量	30	R	高速
	6	读取各轴的加 / 减速延时量	31	R	高速
	7	读取伺服电机负载电流值（A/D 变换数据）	34	R	高速
	8	读取各轴的相对坐标值	74	R	高速
	9	读取剩余移动量	75	R	高速
	10	读取各轴的实际速度	91	R	高速
	11	读取预测扰动转矩值	211	R	高速

WINDR 分为两类。一类在一段扫描时间内完成读取数据，称为高速响应功能；另一类在几段扫描时间内完成读取数据，称为低速响应功能。WINDR 指令格式见图 2-2。

ACT=0，不执行 WINDR 功能；ACT=1，执行 WINDR 功能。使用高速响应功能，有可能通过一直保持 ACT 接通来连续读取数据。然而在低速响应功能时，一旦读取一个数据结束，应立即将 ACT 复位一次。控制数据结构如图 2-3 所示。功能代码、数据号、数据属性这些输入数据设定值在读操作完成输出数据时保持不变。读功能不同，控制数据块长度会不同。

图 2-2　WINDR 指令格式

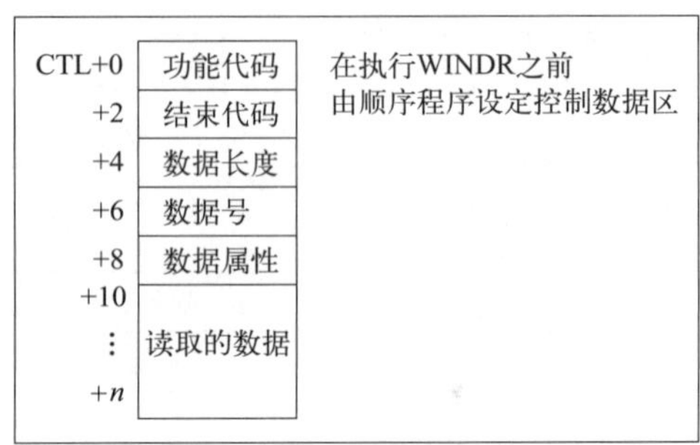

图 2-3　WINDR 控制数据结构

W1=0 表示 WINDR 未被执行或正在被执行。W1=1 表示数据读取结束。读操作结束代码的含义见表 2-2。

表 2-2　窗口功能结束代码列表

结束代码	意义
0	正常结束
1	出错（无效的功能代码）
2	出错（无效的数据长度）
3	出错（无效的数据号）
4	出错（无效的数据属性）
5	出错（无效的数据）
6	出错（必选项缺失）
7	出错（写保护）
113	出错（写入的 CNC 状态数据不被允许）

2.2.1.3　二进制数据比较指令 COMPB

COMPB 指令比较 1、2 或 4 字节长的二进制数据之间的大小，比较结果存放在 R9000 中。COMPB 指令的梯形图格式及举例如图 2-4 所示。

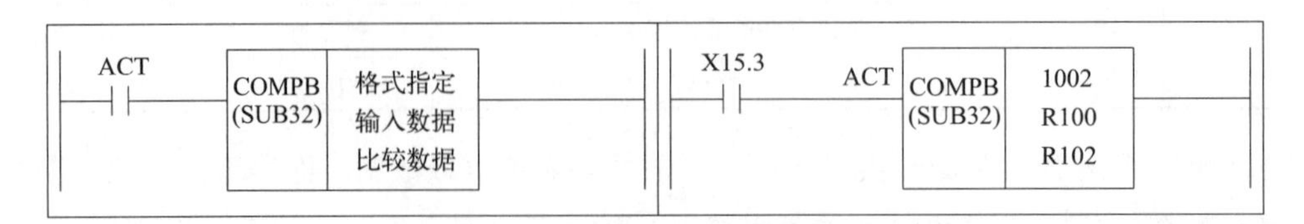

图 2-4　COMPB 指令格式及举例

格式指定及运算结果寄存器说明如图 2-5 所示。

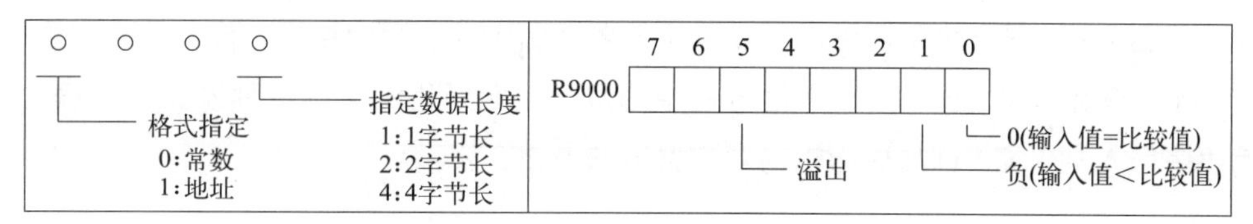

图 2-5 COMPB 格式指定及运算结果寄存器

图 2-4 中 COMPB 指令举例：X15.3 接通时，对 R100-R101 和 R102-R103 的 2 字节的数据值进行比较。值相等时，R9000.0=1；R100-R101<R102-R103 时，R9000.1=1。

2.2.2 数控桁架机器人手动进给控制相关接口信号

2.2.2.1 CNC 就绪信号

1）MA（F1.7）：控制装置准备就绪信号。通电后，CNC 控制装置进入可运转状态，即准备完成状态，MA 信号变为“1”。

2）SA（F0.6）：伺服准备就绪信号。当所有轴的伺服系统处于正常运转状态时，该信号变为“1”。一般用此信号解除伺服电机抱闸。

2.2.2.2 轴互锁信号

1）*IT（G8.0）：互锁信号。该信号为“0”时，手动运转、自动运转所有轴禁止移动。正在移动的轴减速停止。信号变为“1”后，立即重新启动中断的轴进行移动。系统参数 3003#0 置 1 可使 *IT 信号无效。

2）*ITn（G130）：各轴互锁信号。该信号为“0”时，手动运转、自动运转禁止对应的轴移动。系统参数 3003#2 置 1 可使 *ITn 信号无效。

3）+MITn（G132）：各轴正向互锁信号。该信号为“1”时，手动运转、自动运转禁止对应的轴正向移动。系统参数 3003#3 置 1 可使 +MITn 信号无效。

4）-MITn（G134）：各轴负向互锁信号。该信号为“1”时，手动运转、自动运转禁止对应的轴负向移动。系统参数 3003#3 置 1 可使 -MITn 信号无效。

2.2.2.3 手轮轴选信号

手轮进给方式下，通过手轮进给轴选择（简称轴选）信号选定移动坐标轴后，旋转手摇脉冲发生器，可以进行微量移动。手摇脉冲发生器旋转一个刻度（一格），轴移动量等于最小输入增量。另外，每旋转一个刻度，轴移动量也可以选择 10 倍或其他倍数（由参数 7113 和 7114 所定义的倍数）的最小输入增量。

参数 JHD（7100#0）可选择在 JOG 方式下手轮进给是否有效。

参数 HNGX（7102#0）可以改变旋转手轮时坐标轴的移动方向，从而使手轮旋转方向与轴移动方向相对应。

HSnA ~ HSnD：手轮进给轴选择信号。这些信号选择手轮进给作用于哪一坐标轴，见图 2-6。每一个手摇脉冲发生器（最多 3 台）与一组信号相对应，每组信号包括 4 个，分别是 A、B、C、D，信号名中的数字表明所用的手摇脉冲发生器的编号。编码信号 A、B、C、D 与进给轴的对应关系如表 2-3 所示。

	#7	#6	#5	#4	#3	#2	#1	#0
G18	HS2D	HS2C	HS2B	HS2A	HS1D	HS1C	HS1B	HS1A
G19					HS3D	HS3C	HS3B	HS3A

图 2-6　手轮进给轴选择信号

表 2-3　手轮进给轴选择信号

手摇进给轴选择				进给轴
HSnD	HSnC	HSnB	HSnA	
0	0	0	0	不选择（无进给轴）
0	0	0	1	第 1 轴
0	0	1	0	第 2 轴
0	0	1	1	第 3 轴
0	1	0	0	第 4 轴
0	1	0	1	第 5 轴
0	1	1	0	第 6 轴
0	1	1	1	第 7 轴
1	0	0	0	第 8 轴

2.2.2.4　手轮倍率信号

MP1，MP2（G19.4，G19.5）：手轮进给倍率选择信号。

MP21，MP22（G87.0，G87.1）：第 2 手轮进给倍率选择信号。

MP31，MP32（G87.3，G87.4）：第 3 手轮进给倍率选择信号。

此 3 组信号用于确定手摇脉冲发生器所产生的每个脉冲的移动距离。手轮倍率信号和位移量的对应关系见表 2-4。

表 2-4　手轮倍率信号和位移量的对应关系

手轮倍率信号						移动距离
MP2（G19.5）	MP22（G87.1）	MP32（G87.4）	MP1（G19.4）	MP21（G87.0）	MP31（G87.3）	手轮进给
0			0			最小输入增量 ×1
0			1			最小输入增量 ×10
1			0			最小输入增量 ×*m*
1			1			最小输入增量 ×*n*

参数 7100#5（MPX）用于选择哪组倍率信号有效。参数 7100#5=0，手轮倍率信号 MP1、MP2 作用于所有手轮；参数 7100#5=1，各个手轮的倍率信号独立，手轮倍率信号 MP1、MP2 只作用于第 1 手轮，具体见表 2-5。

表 2-5　参数 7100#5 与手轮倍率信号的对应关系

参数 7100#5	手轮	手轮倍率	设定倍率参数	
			m	*n*
0	所有手轮	MP1、MP2	№ 7113	№ 7114
1	第 1 手轮	MP1、MP2	№ 7113	№ 7114
	第 2 手轮	MP21、MP22	№ 7131	№ 7132
	第 3 手轮	MP31、MP32	№ 7133	№ 7134

2.2.2.5　JOG 方向信号

在 JOG 方式下，进给轴方向选择信号置为 1，将会使坐标轴沿着所选方向连续移动。一般，手动 JOG 进给，在同一时刻，仅允许一个轴移动，但通过设定参数 1002#0（JAX）也可选择 3 个轴同时移动。JOG 进给速度由参数 1423 来定义。使用 JOG 进给速度倍率开关可调整 JOG 进给速度。

JOG 进给中，当 +Jn 或 -Jn 进给轴方向选择信号为 1 时，坐标轴连续进给。

+Jn（G100）或 -Jn（G102）：轴进给方向信号。信号名中的信号（+ 或 -）指明进给方向。J 后所跟数字表明控制轴号，见图 2-7。

	#7	#6	#5	#4	#3	#2	#1	#0
G100	+J8	+J7	+J6	+J5	+J4	+J3	+J2	+J1
G102	–J8	–J7	–J6	–J5	–J4	–J3	–J2	–J1

图 2-7　轴进给方向信号

2.2.2.6　JOG 倍率信号

*JV0 ~ *JV15（G10 ~ G11）：手动进给速度倍率信号。该信号用来选择 JOG 进给或增量进给方式的速率。这些信号是 16 位的二进制编码信号，它对应的倍率如下所示：

$$倍率值（\%）=0.01\% \times \sum_{i=0}^{15} \left|2^i \times V_i\right|$$

此处，当 *JVi 为“1”时，V_i=0；当 *JVi 为“0”时，V_i=1。

当所有的信号（*JV0 ~ *JV15）全部为“1”或“0”时，倍率值为 0，在这种情况下，进给停止。倍率可以 0.01% 为单位在 0% ~ 655.34% 的范围内定义。

*JV15 ~ *JV0 倍率信号与倍率值的关系见表 2-6。

表 2-6　JOG 倍率信号与倍率值的关系

*JV15 ~ *JV0（G10 ~ G11）				倍率值/%
#15 ~ #12	#11 ~ #8	#7 ~ #4	#3 ~ #0	
1111	1111	1111	1111	0
1111	1111	1111	1110	0.01
1111	1111	1111	0101	0.10
1111	1111	1001	1011	1.00
1111	1100	0001	0111	10.00
1101	1000	1110	1111	100.00
0110	0011	1011	1111	400.00
0000	0000	0000	0001	655.34
0000	0000	0000	0000	0

2.2.2.7　软极限切换信号

EXLM（G7.6）：软极限切换信号。用于软极限参数 1320、1321 和软极限参数 1326、1327 的切换。该信号为“0”时，参数 1320、1321 有效；该信号为“1”时，参数 1326、1327 有效。

2.2.3　数控桁架机器人手动进给控制相关系统参数

数控桁架机器人手动进给控制相关系统参数包括轴互锁、手轮进给、JOG 进给、软极限等相关参数，见表 2-6。

1）轴互锁相关系统参数见表 2-7。

表 2-7　轴互锁相关系统参数

序号	参数号	参数设定说明
1	3003#0	0：*IT（G8.0）所有轴互锁信号有效 1：*IT（G8.0）所有轴互锁信号无效
2	3003#2	0：*ITn（G130.0 ~ G130.7）轴互锁信号有效 1：*ITn（G130.0 ~ G130.7）轴互锁信号无效
3	3003#3	0：+MIT（G132）、-MIT（G134）轴方向互锁信号有效 1：+MIT（G132）、-MIT（G134）轴方向互锁信号无效
4	3003#4	0：+MIT（G132）、-MIT（G134）轴方向互锁信号手动有效，自动无效 1：+MIT（G132）、-MIT（G134）轴方向互锁信号手动和自动均有效

2）手轮进给相关系统参数见表 2-8。

表 2-8　手轮进给相关系统参数

序号	参数号	参数设定说明
1	7100#5	0：手轮倍率信号 MP1、MP2 作用于所有手轮 1：各个手轮倍率信号独立

续表

序号	参数号	参数设定说明
2	7102#0	0：坐标轴移动方向与手轮旋转相 1：坐标轴移动方向与手轮旋转相反
3	7113	手轮倍率 *m*
4	7114	手轮倍率 *n*
5	7131	#2 手轮独立倍率 *m*
6	7132	#2 手轮独立倍率 *n*
7	12350	各轴手轮倍率 *m*。本参数设定为 0 时，参数 7113 有效
8	12351	各轴手轮倍率 *n*。本参数设定为 0 时，参数 7114 有效

3）JOG 进给相关系统参数见表 2-9。

表 2-9　JOG 进给相关系统参数

序号	参数号	参数设定说明
1	1402#1	0：JOG 倍率有效 1：JOG 倍率无效，被固定在 100%
2	1402#4	0：JOG 进给选择每分进给 1：JOG 进给选择每转进给
3	1423	各轴 JOG 速度（mm/min）
4	1624	各轴 JOG 进给加 / 减速的时间常数（ms）

4）软极限相关系统参数见表 2-10。

表 2-10　软极限相关系统参数

序号	参数号	参数设定说明
1	1300#2	0：EXLM（G7.6）软极限切换信号无效 1：EXLM（G7.6）软极限切换信号有效
2	1300#7	0：轴进入软极限禁区后停止 1：轴进入软极限禁区前停止
3	1301#4	0：需复位消除软极限报警 1：轴回到可移动范围自动消除软极限报警
4	1320	EXLM（G7.6）为 0 时，各轴正向软极限
5	1321	EXLM（G7.6）为 0 时，各轴负向软极限
6	1326	EXLM（G7.6）为 1 时，各轴正向软极限
7	1327	EXLM（G7.6）为 1 时，各轴负向软极限

2.3　项目实施

2.3.1　数控桁架机器人手动进给控制方案

（1）硬件连接方案

数控桁架机器人手动进给控制硬件连接方案如图 2-8 所示。

1）为方便操作，设置 2 个手轮，#1 手轮为固定手轮，#2 手轮为便携式移动手轮。手轮脉冲信号均接 0 组第一个扩展模块，即模块 0–2。#1 手轮倍率开关和轴选开关分别接模块 0–1 和模块 0–4。#2 手轮倍率开关和轴选开关分别接模块 0–2 和模块 0–4。

2）X、Y、Z 三个轴中，Z 轴伺服电机内置抱闸，以防止停电后手爪自由下落。Z 轴抱闸解除通过模块 0–3 控制。

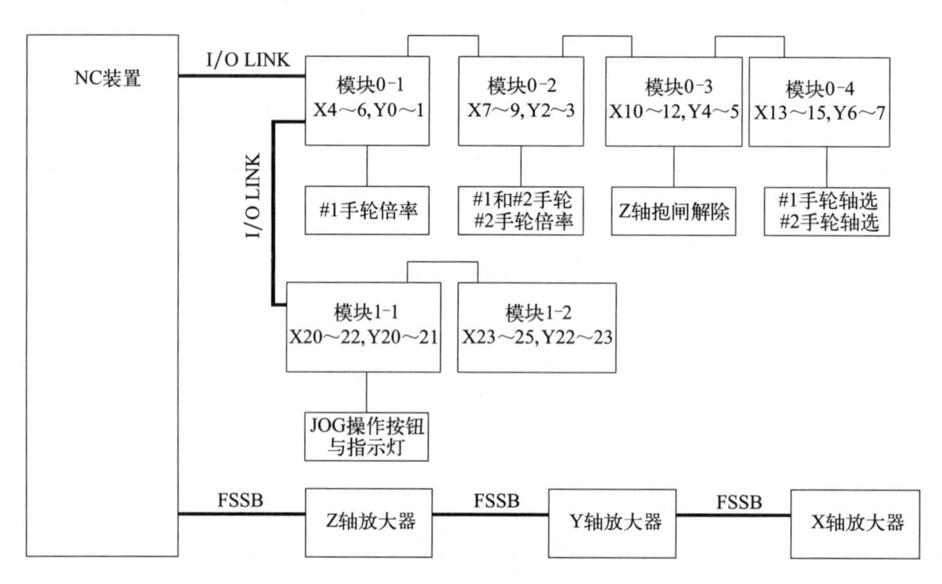

图 2–8　数控桁架机器人手动进给控制硬件连接方案

3）操作盒在项目一的基础上增加 4 个带灯按钮和 2 个不带灯按钮，如图 2–9 所示。JOG 轴选、JOG 方向、JOG 高低速等 JOG 操作按钮与指示灯均接 1 组模块 1–1。

编辑 X20.5 Y20.5	MDI X20.1 Y20.1	JOG X20.2 Y20.2	全自动 X20.3 Y20.3	半自动 X20.4 Y20.4	手轮 X20.5 Y20.5	高速 X20.6 Y20.6	X20.7 Y20.7	X21.0 Y21.0	X21.1 Y21.1	X21.2 Y21.2
X21.3 Y21.3	X轴 X21.4 Y21.4	Y轴 X21.5 Y21.5	Z轴 X21.6 Y21.6	正向 X21.7	负向 X22.0	X22.1	X22.2	X22.3	X22.4	X22.5 Y21.7

图 2–9　项目二操作盒

（2）软件方案

1）项目二 PMC 程序全部放到子程序 P2 中，由二级程序调用。

2）所有轴互锁信号 *IT 不使用，直接屏蔽。手轮模式下，用手轮方式状态信号解除各轴互锁 *Itn。JOG 模式下，Z 坐标≤ 50mm，解除 X 轴和 Y 轴互锁；JOG 模式下，X 轴在料盘区或机床区，即 5mm ≤ X 坐标≤ 395，或 1450 ≤ X 坐标≤ 1550，解除 Z 轴互锁。X、Y、Z 实时坐标通过读窗口指令 WINDR 获取。

3）当抓手碰撞开关触发时，禁止 X 轴正向移动。

4）通过软极限信号 G7.6 动态切换软极限。料盘区使用软极限参数 1320 和

1321，机床区使用软极限参数 1326 和 1327，主要是 Z 轴正向行程不一样。

5）双手轮独立进给倍率，均为 3 挡倍率。

6）JOG 速度考虑二挡速度，即高速和低速，通过 1 个高速带灯按钮进行切换操作。

7）JOG 进给时，如果移动条件不满足，产生报警信息，并有报警灯指示。

8）数控桁架机器人手动进给控制相关系统接口信号如表 2-11 所示。

表 2-11　数控桁架机器人手动进给控制相关系统接口信号

序号	地址	符号名	说明	序号	地址	符号名	说明
1	G8.0	*IT	所有轴互锁	11	G100.0	+JX	X 轴 JOG+
2	G130.0	*ITX	X 轴互锁	12	G100.1	+JY	Y 轴 JOG+
3	G130.1	*ITY	Y 轴互锁	13	G100.2	+JZ	Z 轴 JOG+
4	G130.2	*ITZ	Z 轴互锁	14	G102.0	-JX	X 轴 JOG-
5	G18.4	HS2A	#2 手轮轴选 A	15	G102.1	-JY	Y 轴 JOG-
6	G18.5	HS2B	#2 手轮轴选 B	16	G102.2	-JZ	Z 轴 JOG-
7	G18.6	HS2C	#2 手轮轴选 C	17	G10 ~ G11	*JV	JOG 倍率
8	G18.7	HS2D	#2 手轮轴选 D	18	G7.6	EXLM	软极限切换
9	G87.0	MP21	#2 手轮倍率 1	19	G132.0	+MITX	X 轴正向互锁
10	G87.1	MP22	#2 手轮倍率 2				

2.3.2　数控桁架机器人手动进给控制相关 I/O 地址

1）数控桁架机器人手动进给控制 0 组模块 I/O 地址见表 2-12。

表 2-12　数控桁架机器人手动进给 0 组模块 I/O 地址

序号	地址	符号名	模块接口	管脚号	线号	元件号	说明
1	X6.5		CB150-1	15	X65	-SA65	#1 手轮倍率 1
2	X6.6		CB150-1	16	X66	-SA65	#1 手轮倍率 10
3	X6.7		CB150-1	17	X67	-SA65	#1 手轮倍率 100
4	X13.2		CB150-4	44	X132	-SA132	#1 手轮选择 X
5	X13.3		CB150-4	45	X133	-SA132	#1 手轮选择 Y
6	X13.4		CB150-4	46	X134	-SA132	#1 手轮选择 Z
7	X9.0	#2-H1-PB	CB150-2	10	X90	-SA90	#2 手轮倍率 1
8	X9.1	#2-H10-PB	CB150-2	11	X91	-SA90	#2 手轮倍率 10
9	X9.2	#2-H100-PB	CB150-2	12	X92	-SA90	#2 手轮倍率 100
10	X15.0	#2-HX-PB	CB150-4	10	X150	-SA150	#2 手轮选择 X
11	X15.1	#2-HY-PB	CB150-4	11	X151	-SA151	#2 手轮选择 Y
12	X15.2	#2-HZ-PB	CB150-4	12	X152	-SA152	#2 手轮选择 Z
13	Y5.1	ZBRK-KA	CB150-3	03	KA51	-KA51	Z 轴抱闸

2）JOG 进给和 JOG 倍率用按钮实现操作，相关输入输出信号均接入 1 组模块，地址见表 2-13。

表 2-13　数控桁架机器人手动进给 1 组模块 I/O 地址

序号	地址	符号名	模块接口	管脚号	线号	元件号	说明
1	X21.4	X-PB	CB150-5	29	X214	-SB214	X 轴按钮
2	X21.5	Y-PB	CB150-5	30	X215	-SB215	Y 轴按钮
3	X21.6	Z-PB	CB150-5	31	X216	-SB216	Z 轴按钮
4	X21.7	P-PB	CB150-5	32	X217	-SB217	正向按钮
5	X22.0	N-PB	CB150-5	10	X220	-SB220	负向按钮
6	X20.6	HIGH-PB	CB150-5	48	X206	-SB206	高速按钮
7	Y21.4	X-HL	CB150-5	06	Y214	-HL214	X 轴灯
8	Y21.5	Y-HL	CB150-5	07	Y215	-HL215	Y 轴灯
9	Y21.6	Z-HL	CB150-5	08	Y216	-HL216	Z 轴灯
10	Y20.6	HIGH-HL	CB150-5	40	Y206	-HL206	高速灯

2.3.3　数控桁架机器人手动进给控制相关电气原理图

2.3.3.1　伺服放大器与伺服电机连接

X 轴和 Y 轴伺服放大器与伺服电机连接如图 2-10 所示。X 轴和 Y 轴伺服放大器均为 AC200V 模块，因此经 CZ7 端口供给单相 AC200V 电源。图中 JF1 为电机编码器接口。

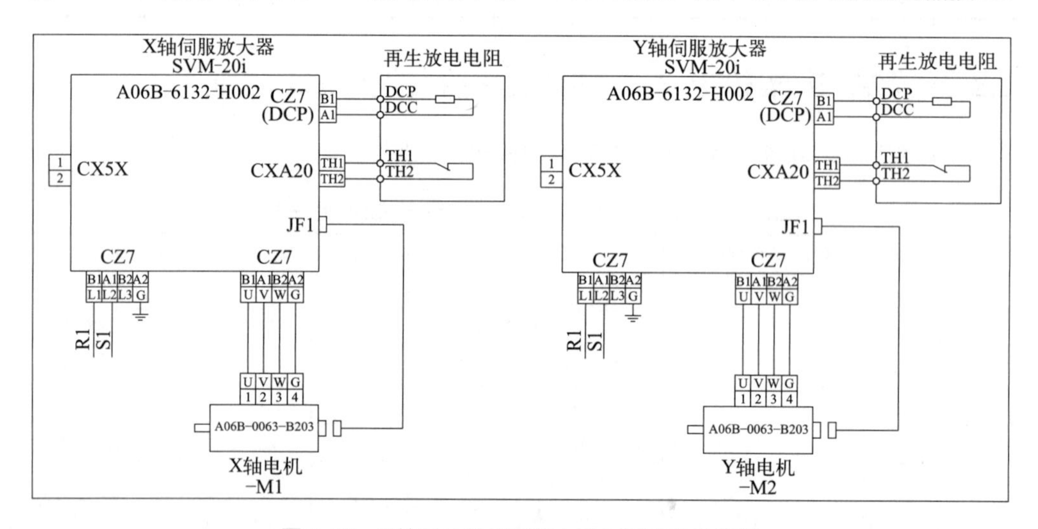

图 2-10　X 轴和 Y 轴伺服放大器与伺服电机连接

Z 轴伺服放大器与伺服电机连接如图 2-11 所示。Z 轴伺服电机含内置 DC24V 抱闸，通过继电器 KA51 控制其解除。电机抱闸为得电解除。

2.3.3.2　手轮轴选与手轮倍率开关输入信号电气原理图

手轮 1 为固定手轮，电气原理图如图 2-12 所示。手轮 1 脉冲信号 TTL 电平 AB 相正脉冲，接模块 0-2 的 JA3 接口。手轮 1 轴选开关和倍率开关，采用了编码输入，分别接入模块 0-1 和模块 0-4。X13 字节输入漏型接法，DICOM0 接 G24。

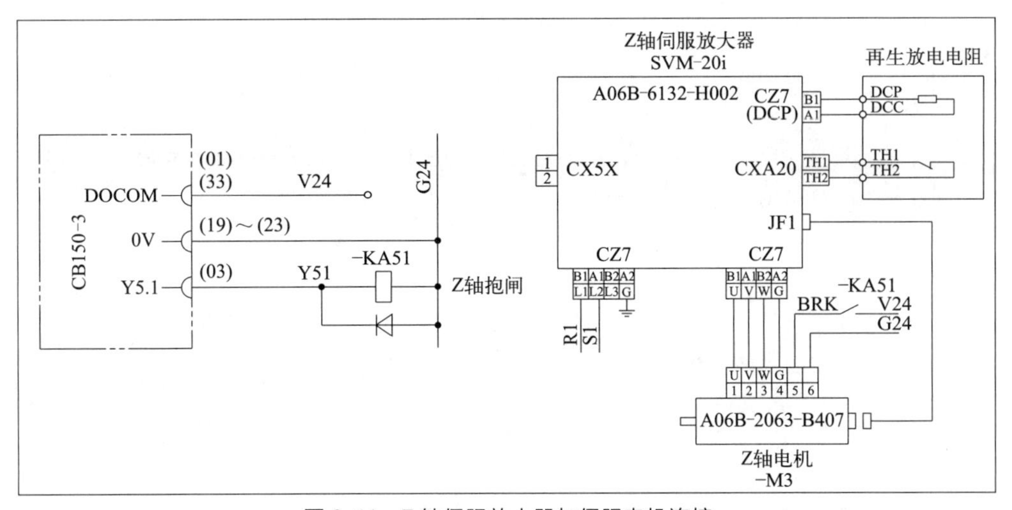

图 2-11　Z 轴伺服放大器与伺服电机连接

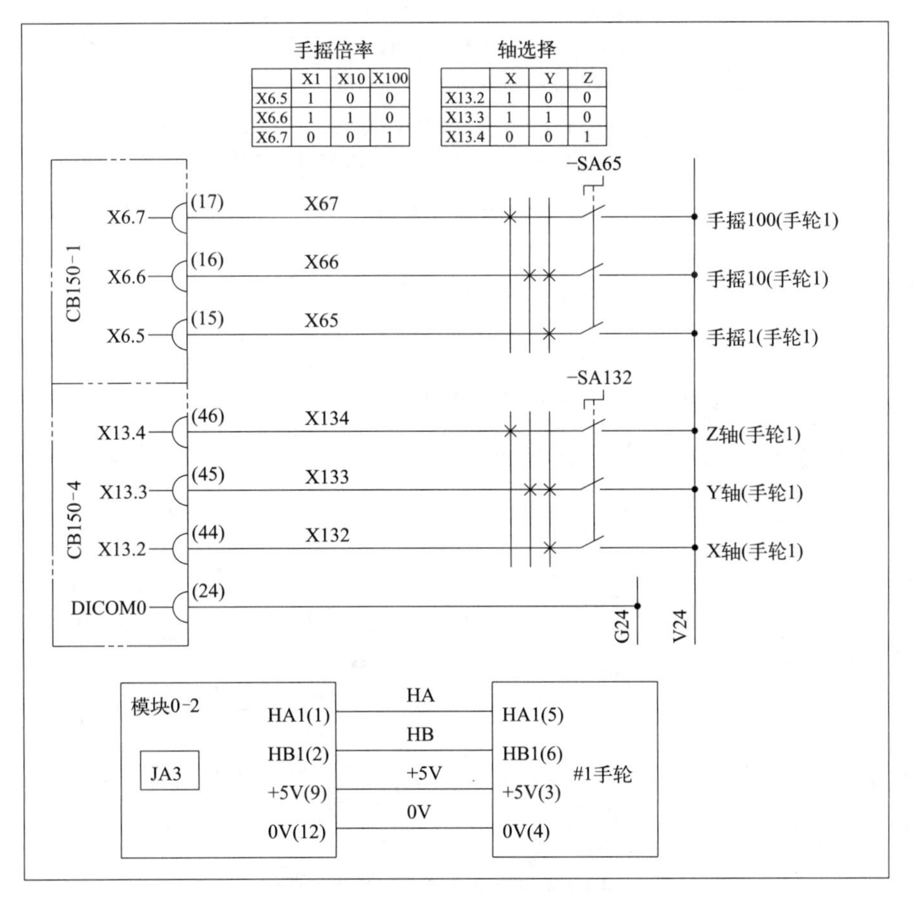

	X1	X10	X100
X6.5	1	0	0
X6.6	1	1	0
X6.7	0	0	1

	X	Y	Z
X13.2	1	0	0
X13.3	1	1	0
X13.4	0	0	1

图 2-12　手轮 1 电气原理图

手轮 2 为便携式移动手轮，电气原理图如图 2-13 所示。手轮 2 脉冲信号 TTL 电平 AB 相正脉冲，接模块 0-2 的 JA3 接口。手轮 2 轴选开关和倍率开关，分别接入模块 0-2 和模块 0-4。

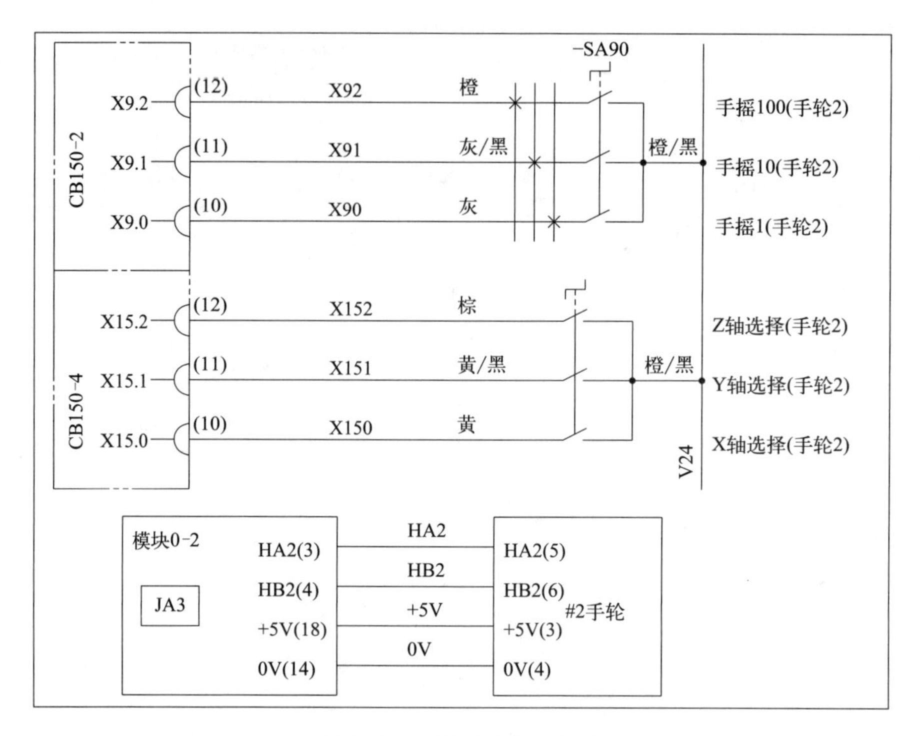

图 2-13 手轮 2 电气原理图

2.3.3.3 JOG 进给方向输入输出信号电气原理图

JOG 轴选和 JOG 方向输入输出电气原理图如图 2-14 所示。5 个按钮及 3 个指示灯接入 1 组模块 CB150-5，按钮信号漏型接法，指示灯源型接法。

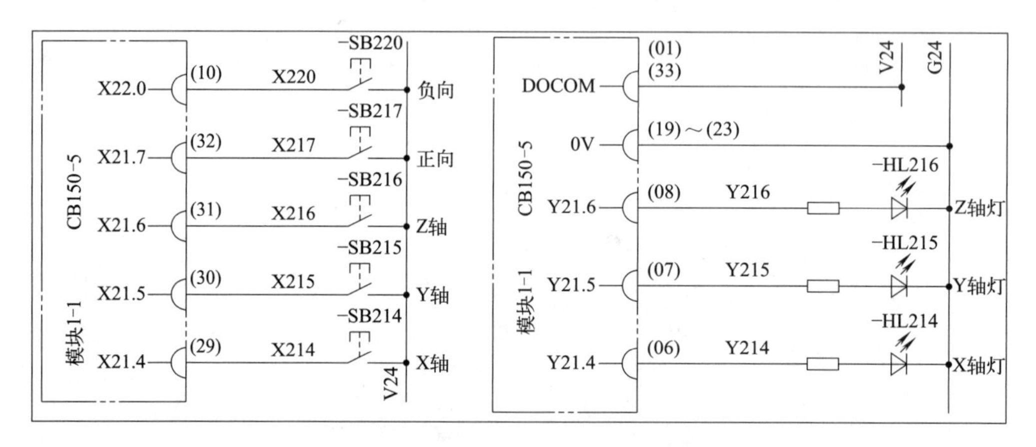

图 2-14 JOG 进给方向输入输出电气原理图

2.3.3.4 高低速输入输出电气原理图

高低速电气原理图如图 2-15 所示。高速按钮与指示灯均接入 1 组模块 CB150-5，按钮信号漏型接法，指示灯源型接法。

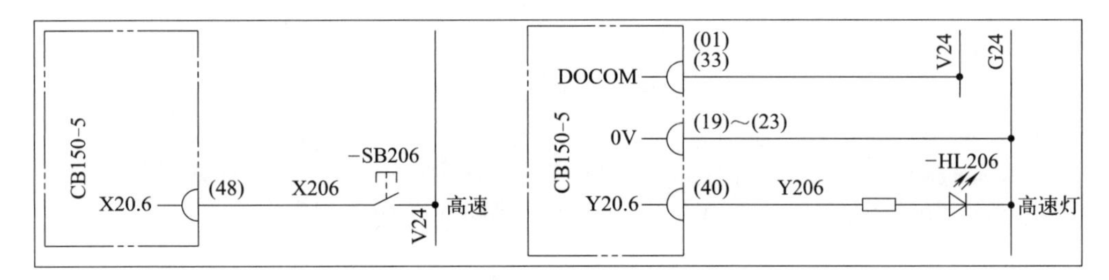

图 2-15　高低速输入输出电气原理图

2.3.4　数控桁架机器人手动进给控制相关 PMC 程序

2.3.4.1　伺服电机抱闸释放 PMC 程序

伺服准备好信号 SA（F0.6）用于释放 Z 轴抱闸。

```
F0000.6                                    Y0005.1
--| |--------------------------------------( )--   Z轴抱闸
  SA                                       ZBRK_KA
```

2.3.4.2　读取所有轴实时机械坐标 PMC 程序

（1）读坐标轴机械坐标控制数据块

读坐标轴机械坐标控制数据块如图 2-16 所示，首地址为 R100，一共 22 个字节。结束代码与数据长度无需设定；轴号设 -1 表示读取所有轴的坐标；每个轴读回的坐标值占 4 个字节，有符号二进制数据。

地址	输入数据块	地址	输出数据块
R100+0	功能码(28)	R100+0	功能码(28)
+2	不设定	+2	结束代码
+4	不设定	+4	数据长度(12)
+6	数据号(0)	+6	数据号(0)
+8	轴号(−1)	+8	轴号(−1)
+10	数据区(不设定)	+10	X轴机械坐标(4字节)
+14	数据区(不设定)	+14	Y轴机械坐标(4字节)
+18～+21	数据区(不设定)	+18～+21	Z轴机械坐标(4字节)

图 2-16　读坐标轴机械坐标控制数据块

（2）读坐标轴机械坐标 PMC 程序

1）读机械坐标 CNC 窗口操作代码 28，按 2 字节设定到 R100。

```
R9091.1 ACT      SUB40   0002
                 NUMEB   0000000028
                         R0100
```

2）读取所有坐标轴，轴号 -1，按 2 字节设定到 R108。

```
R9091.1 ACT      SUB40   0002
                 NUMEB   -000000001
                         R0108
```

3）窗口读取轴机械坐标操作。结果存放在 R110 ~ R121。其中 R110 ~ R113 存放 X 坐标；R114 ~ R117 存放 Y 坐标；R118 ~ R121 存放 Z 坐标。

```
R0027.0 ACT      SUB51   R0100                R0027.0
                 WINDR
```

2.3.4.3 软位置开关 PMC 程序

（1）软位置开关（$Z \leqslant 50$mm）

4 字节数据 R118 为 Z 轴机械坐标，单位：0.001mm。

```
R9091.1 ACT      SUB32   0004
                 COMPB   0000050000
                         R0118
R9000.1                                       R0027.1
                                                       Z<=50
```

（2）桁架料盘区软位置开关（5mm $\leqslant X \leqslant$ 395mm）

1）软位置开关（5mm $\leqslant X$）。4 字节数据 R110 为 X 轴机械坐标，单位：0.001mm。

```
R9091.1 ACT      SUB32   0004
                 COMPB   0000005000
                         R0110
R9000.1                                       R0027.2
                                                       X>=5
R9000.0
```

2）软位置开关（$X \leqslant$ 395mm）。

```
R9091.1 ACT      SUB32   0004
                 COMPB   0000395000
                         R0110
R9000.1                                       R0027.3
                                                       X<=395
```

3）软位置开关（5mm ≤ X ≤ 395mm）。

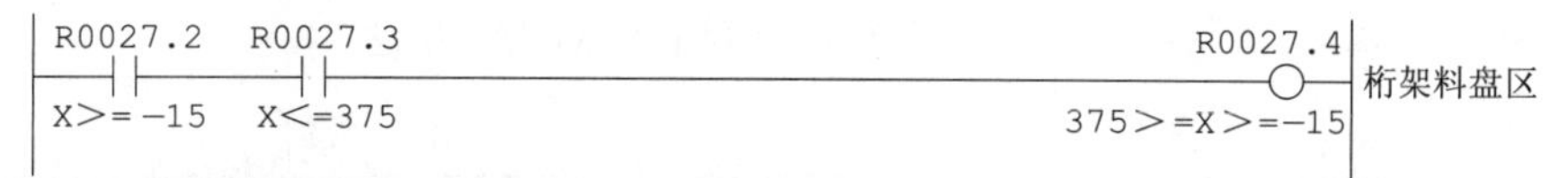

（3）桁架机床区软位置开关（1550mm ≤ X ≤ 1650mm）

1）软位置开关（1550mm ≤ X）。4字节数据R110为X轴机械坐标，单位：0.001mm。

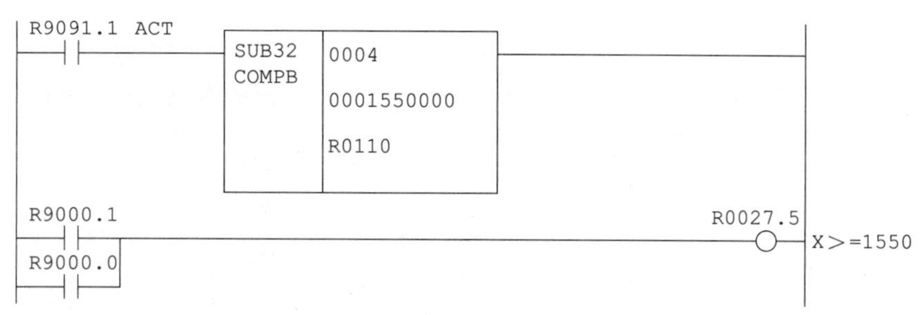

2）软位置开关（X ≤ 1650mm）。

```
R9091.1 ACT      SUB32   0004
                 COMPB   0001650000
                         R0110

R9000.1 (常闭)                                R0027.6   X<=1650
```

3）软位置开关（1550mm ≤ X ≤ 1650mm）。

```
R0027.5     R0027.6                           R0027.7   桁架机床区
X>=1550     X<=1650                   1550<=X<=1650
```

2.3.4.4 轴互锁PMC程序

1）所有轴互锁。*IT（G8.0）不使用，用“1”信号屏蔽之。

```
R9091.1                                       G0008.0   所有轴互锁
L1                                            *IT
```

2）X轴互锁。手轮方式直接解除X轴互锁；JOG方式需Z轴坐标≤ 50mm才解除X轴互锁。为存储器方式预分配X轴互锁信号ITX-MEM（R32.0）。

3）Y 轴互锁。手轮方式直接解除 Y 轴互锁；JOG 方式需 Z 轴坐标≤ 50mm 才解除 Y 轴互锁。为存储器方式预分配 Y 轴互锁信号 ITY-MEM（R32.1）。

```
F0003.1                                    G0130.1
MH                                         *ITY      Y轴互锁
F0003.2   R0027.1
MJ        Z<=50
F0003.5   R0032.1
MMEM      ITY-MEM
```

4）Z 轴互锁。手轮方式直接解除 Z 轴互锁；JOG 方式需 X 轴位于料盘区（5mm ≤ X ≤ 395mm）或机床区（1550mm ≤ X ≤ 1650mm）。

```
F0003.1                                    G0130.2
MH                                         *ITZ      Z轴互锁
F0003.2   R0027.4
MJ        5<=X<=395
          R0027.7
     1550<=X<=1650
F0003.5   R0032.2
MMEM      ITZ-MEM
```

5）X 正向互锁。抓手碰撞开关 SQ72 触发时低电平，取反后输出给 +MITX（G132.0），禁止 X 轴正向运动。

```
X0007.2                                    G0132.0
SQ72                                       +MITX     X+互锁
```

2.3.4.5 手轮轴选与手轮倍率 PMC 程序

（1）手轮 1 轴选与倍率

1）手轮 1 轴选译码。X13.4、X13.3、X13.2 信号状态为“011”时，手轮 1 选择 X 轴；信号状态为“010”时，手轮 1 选择 Y 轴；信号状态为“100”时，手轮 1 选择 Z 轴。

```
X0013.4   X0013.3   X0013.2                R0026.3
                                           MPG1-X    MPG1-X
X0013.4   X0013.3   X0013.2                R0026.4
                                           MPG1-Y    MPG1-Y
X0013.4   X0013.3   X0013.2                R0026.5
                                           MPG1-Z    MPG1-Z
```

2）手轮 1 选择 X 轴或 Z 轴时，HS1A（G18.0）置 1。

```
R0026.3  X0015.0  X0015.1  X0015.2                G0018.0
MPG1-X   #2-HX-PB #2-HY-PB #2-HZ-PB               HS1A     #1手轮轴选A
R0026.5
MPG1-Z
```

3）手轮 1 选择 Y 轴或 Z 轴时，HS1B（G18.1）置 1。

```
R0026.4  X0015.0  X0015.1  X0015.2                G0018.1
MPG1-Y   #2-HX-PB #2-HY-PB #2-HZ-PB               HS1B     #1手轮轴选B
R0026.5
MPG1-Z
```

4）HS1C（G18.2）和 HS1D（G18.3）不使用，均置 0。

```
R9091.1                                           G0018.2
L1                                                HS1C     #1手轮轴选C
R9091.1                                           G0018.3
L1                                                HS1D     #1手轮轴选D
```

5）手轮 1 倍率译码。X6.7、X6.6、X6.5 信号状态为“011”时，手轮 1 倍率选择 X1；信号状态为“010”时，手轮 1 倍率选择 X10；信号状态为“100”时，手轮 1 倍率选择 X100。

```
X0006.7  X0006.6  X0006.5                         R0026.0
                                                  MPG1-X1    MPG1-X1
X0006.7  X0006.6  X0006.5                         R0026.1
                                                  MPG1-X10   MPG1-X10
X0006.7  X0006.6  X0006.5                         R0026.2
                                                  MPG1-X10   MPG1-X100
```

6）手轮 1 倍率。参数 7113 设定值 100，即手轮 1 第三挡倍率为 100 倍。

```
R0026.1                                           G0019.4
MPG1-X10                                          MP1      #1手轮倍率1
R0026.2                                           G0019.5
MPG1-X100                                         MP2      #1手轮倍率2
```

（2）手轮 2 轴选与倍率

1）手轮 2 选择 X 轴或 Z 轴时，HS2A（G18.4）置 1。

```
X0015.0                                           G0018.4
#2-HX_PB                                          HS2A     #2手轮轴选A
X0015.2
#2-HZ_PB
```

2）手轮 2 选择 Y 轴或 Z 轴时，HS2B（G18.5）置 1。

X0015.1 G0018.5
#2-HY_PB HS2B #2手轮轴选B
X0015.2
#2-HZ_PB

3）HS2C（G18.6）和 HS2D（G18.7）不使用，均置 0。

R9091.1 G0018.6
L1 HS2C #2手轮轴选C
R9091.1 G0018.7
L1 HS2D #2手轮轴选D

4）手轮 2 倍率。参数 7131 设定值 1000，即手轮 2 第三挡倍率为 1000 倍。

X0009.1 G0087.0
#2-H10_PB MP21 #2手轮倍率1
X0009.2 G0087.1
#2-H100_PB MP22 #2手轮倍率2

2.3.4.6 JOG 进给方向与 JOG 倍率 PMC 程序

（1）JOG 轴进给方向

1）X 轴选择保持。

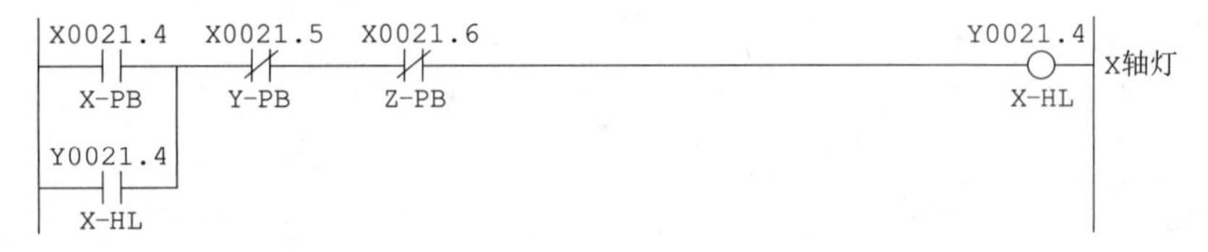

2）Y 轴选择保持。

X0021.5 X0021.4 X0021.6 Y0021.5
Y-PB X-PB Z-PB Y-HL Y轴灯
Y0021.5
Y-HL

3）Z 轴选择保持。

X0021.6 X0021.4 X0021.5 Y0021.6
Z-PB X-PB Y-PB Z-HL Z轴灯
Y0021.6
Z-HL

4）X 轴 JOG 正、负向进给。

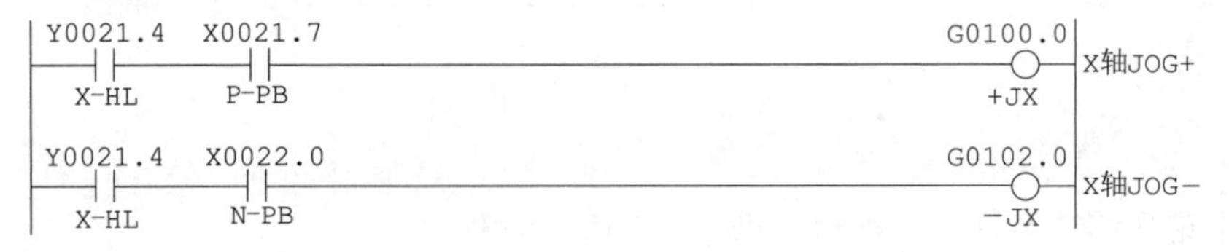

5）Y 轴 JOG 正、负向进给。

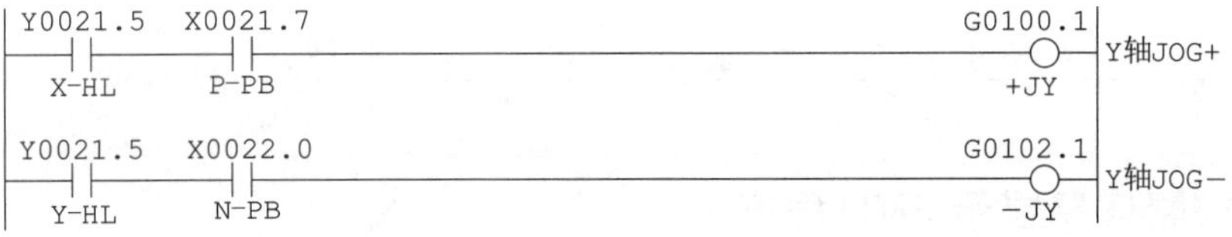

```
Y0021.5  X0021.7                              G0100.1
X-HL     P-PB                                 +JY      Y轴JOG+
Y0021.5  X0022.0                              G0102.1
Y-HL     N-PB                                 −JY      Y轴JOG−
```

6）Z 轴 JOG 正、负向进给。

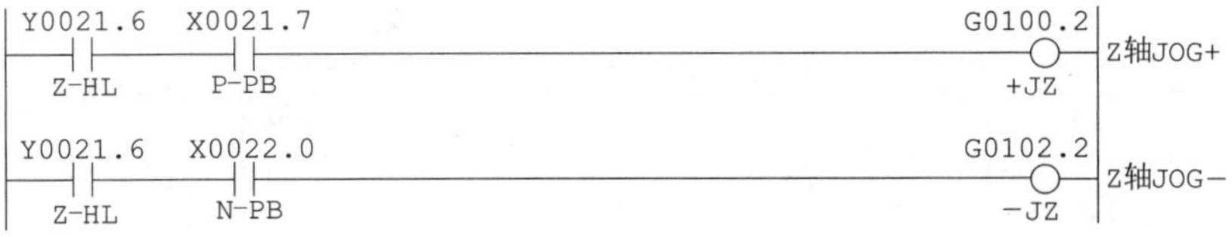

```
Y0021.6  X0021.7                              G0100.2
Z-HL     P-PB                                 +JZ      Z轴JOG+
Y0021.6  X0022.0                              G0102.2
Z-HL     N-PB                                 −JZ      Z轴JOG−
```

（2）JOG 倍率

1）高速按钮上升沿检测。

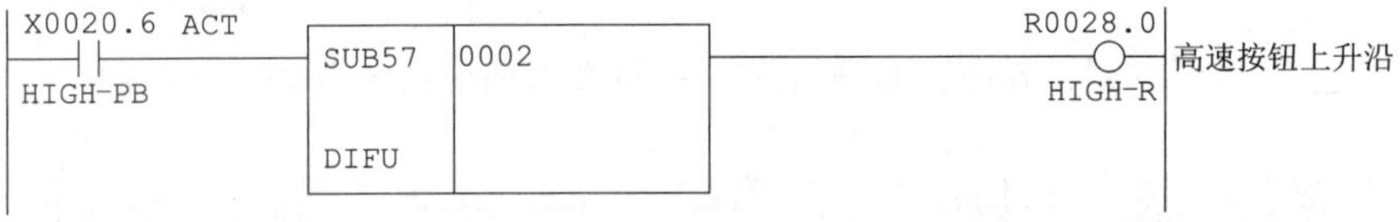

```
X0020.6 ACT    SUB57  0002                    R0028.0
HIGH-PB        DIFU                           HIGH-R   高速按钮上升沿
```

2）高速灯信号翻转，即每按一下“高速”按钮，就翻转一下高速灯的状态。

```
R0028.0  Y0020.6                              Y0020.6
HIGH-R   HIGH-HL                              HIGH-HL  高速灯
R0028.0  Y0020.6
HIGH-R   HIGH-HL
```

3）高速时，JOG 倍率 100%。参数 1423 设定 X 轴 8000mm/min，Y 轴 5000mm/min，Z 轴 5000mm/min。JOG 高速速度 X 轴 8000mm/min，Y 轴 5000mm/min，Z 轴 5000mm/min。

```
Y0020.6 ACT    SUB40   0002
               NUMEB   -000010001
                       G0010
```

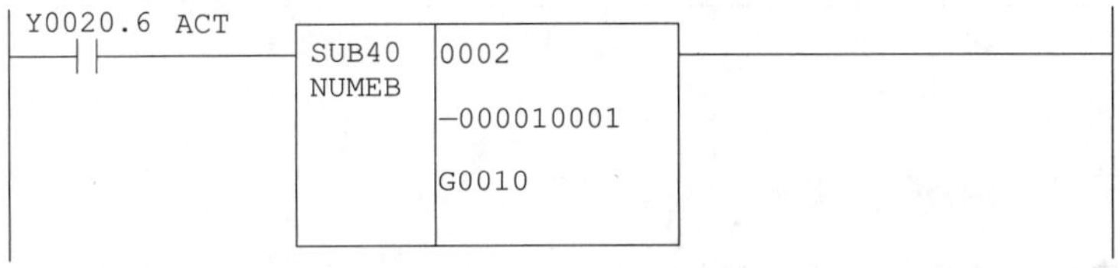

4）低速时，JOG 倍率 5%。JOG 低速速度 X 轴 400mm/min，Y 轴 250mm/min，Z 轴 250mm/min。

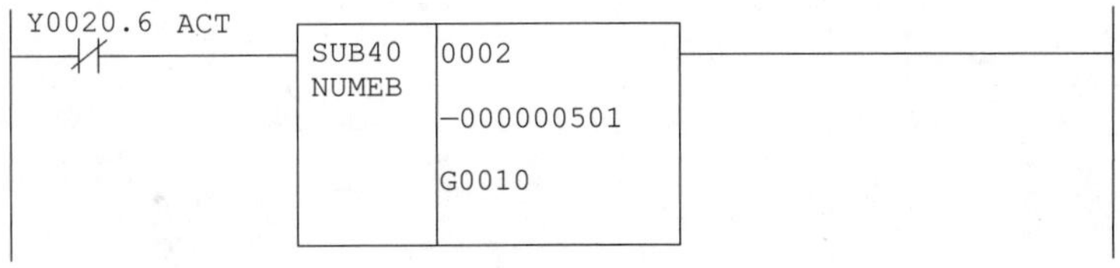

```
Y0020.6 ACT    SUB40   0002
               NUMEB   -000000501
                       G0010
```

2.3.4.7　软极限切换 PMC 程序

软极限切换。桁架在料盘区使用软极限 1 进行保护；桁架在机床区使用软极限 2

进行保护。

R0027.5
X >=1550
G0007.6
EXLM
软极限切换

2.3.4.8 报警信息显示 PMC 程序

1）当 Z>50mm 时，X 轴 JOG 不允许，并触发报警信息 AL2002（A0.2）。

Y0021.4 X-HL
X0021.7 P-PB
X0022.0 N-PB
R0027.1 Z<=50
X0013.0 ERS-PB
A0000.2 AL2002
A0000.2 AL2002
X轴JOG不允许

2）当 Z>50mm 时，Y 轴 JOG 不允许，并触发报警信息 AL2003（A0.3）。

Y0021.5 Y-HL
X0021.7 P-PB
X0022.0 N-PB
R0027.1 Z<=50
X0013.0 ERS-PB
A0000.3 AL2003
A0000.3 AL2003
Y轴JOG不允许

3）当 X 轴不在料盘区（R27.4=0）或 X 轴不在机床区（R27.7=0）时，Z 轴 JOG 不允许，并触发报警信息 AL2004（A0.4）。

Y0021.6 Z-HL
X0021.7 P-PB
X0022.0 N-PB
R0027.4 5<=X<=395
R0027.7 1550<=X<=1650
X0013.0 ERS-PB
A0000.4 AL2004
A0000.4 AL2004
Z轴JOG不允许

4）项目二报警信号 ALARM2（R10.2），项目一已预定义。

A0000.2 AL2002
A0000.3 AL2003
A0000.4 AL2004
R0010.2 ALARM2
报警-项目二

2.4　项目验证

2.4.1　坐标轴手轮进给验证

（1）手轮 1 进给功能验证

1）系统选择“手轮”方式。

2）手轮 2 的轴选择开关切换至“OFF”，如图 2-17 所示。

3）手轮 1 的轴选择开关选择“X”。

4）手轮 1 的倍率开关选择“ × 1”，转动手轮 1，如图 2-18 所示，每次顺时针或逆时针转动 1 格，从系统显示屏上观察 X 轴是否正向或负向移动 0.001mm。

图 2-17　手轮 2

图 2-18　手轮 1

5）手轮 1 倍率开关选择“ × 10”，转动手轮 1，每次顺时针或逆时针转动 1 格，从系统显示屏上观察 X 轴是否正向或负向移动 0.01mm。

6）手轮 1 倍率开关选择“ × 100”，转动手轮 1，每次顺时针或逆时针转动 1 格，从系统显示屏上观察 X 轴是否正向或负向移动 0.1mm。

7）Y 轴和 Z 轴的验证与 X 轴相似。

（2）手轮 2 进给功能验证

1）系统选择“手轮”方式。

2）手轮 2 的轴选择开关选择“X”。

3）手轮 2 的倍率开关选择“ × 1”，转动手轮 2，每次顺时针或逆时针转动 1 格，从系统显示屏上观察 X 轴是否正向或负向移动 0.001mm。

4）手轮 2 倍率开关选择“ × 10”，转动手轮 2，每次顺时针或逆时针转动 1 格，从系统显示屏上观察 X 轴是否正向或负向移动 0.01mm。

5）手轮 2 倍率开关选择“ × 100”，转动手轮 2，每次顺时针或逆时针转动 1 格，从系统显示屏上观察 X 轴是否正向或负向移动 0.1mm。

6）Y 轴和 Z 轴的验证与 X 轴相似。

2.4.2 坐标轴 JOG 进给验证

（1）X 轴 JOG 进给功能验证

1）系统选择“HDL”方式，用手轮将 Z 轴移动到 $Z \leqslant$ 50mm。

2）系统选择“JOG”方式。

3）按一下操作盒上“X 轴”按钮，“X 轴”指示灯点亮，表示 JOG 移动轴为 X 轴。

4）X 轴低速 JOG 移动。按住“正向”或“负向”按钮，X 轴低速运动，确认移动方向是否与所按的按钮方向一致，然后在系统显示屏上确认移动速度是否为 400mm/min，松开“正向”或“负向”按钮，X 轴停止运动。

5）X 轴高速 JOG 移动。按一下“高速”按钮，“高速”灯点亮，按住“正向”或“负向”按钮，X 轴高速运动，在系统显示屏上确认移动速度是否为 8000mm/min，松开“正向”或“负向”按钮，X 轴停止运动。

（2）Y 轴 JOG 进给功能验证

1）系统选择“HDL”方式，用手轮将 Z 轴移动到 $Z \leqslant$ 50mm。

2）系统选择“JOG”方式。

3）按一下操作盒上“Y 轴”按钮，“Y 轴”指示灯点亮，表示 JOG 移动轴为 Y 轴。

4）Y 轴低速 JOG 移动。按住“正向”或“负向”按钮，Y 轴低速运动，确认移动方向是否与所按的按钮方向一致，然后在系统显示屏上确认移动速度是否为 250mm/min，松开“正向”或“负向”按钮，Y 轴停止运动。

5）Y 轴高速 JOG 移动。按一下“高速”按钮，“高速”灯点亮，按住“正向”或“负向”按钮，Y 轴高速运动，在系统显示屏上确认移动速度是否为 5000mm/min，松开“正向”或“负向”按钮，Y 轴停止运动。

（3）Z 轴 JOG 进给功能验证

1）系统选择“HDL”方式，用手轮将 X 轴移动到 5mm $\leqslant X \leqslant$ 395mm 或 1550mm $\leqslant X \leqslant$ 1650mm。

2）系统选择“JOG”方式。

3）按一下操作盒上“Z 轴”按钮，“Z 轴”指示灯点亮，表示 JOG 移动轴为 Z 轴。

4）Z 轴低速 JOG 移动。按住“正向”或“负向”按钮，Z 轴低速运动，确认移动方向是否与所按的按钮方向一致，然后在系统显示屏上确认移动速度是否为 250mm/min，松开“正向”或“负向”按钮，Z 轴停止运动。

5）Z 轴高速 JOG 移动。按一下“高速”按钮，“高速”灯点亮，按住“正向”或“负向”按钮，Z 轴高速运动，在系统显示屏上确认移动速度是否为 5000mm/min，松开“正向”或“负向”按钮，Z 轴停止运动。

2.4.3　轴互锁验证

（1）手轮方式轴互锁验证

一旦进入手轮方式，X、Y、Z 三个坐标轴均解除互锁。如图 2-19 所示，在编辑方式下，X、Y、Z 三个坐标轴均被锁住，轴名左上角出现“I”。当进入手轮方式，X、Y、Z 三个坐标轴立即解锁，轴名左上角“I”消失。

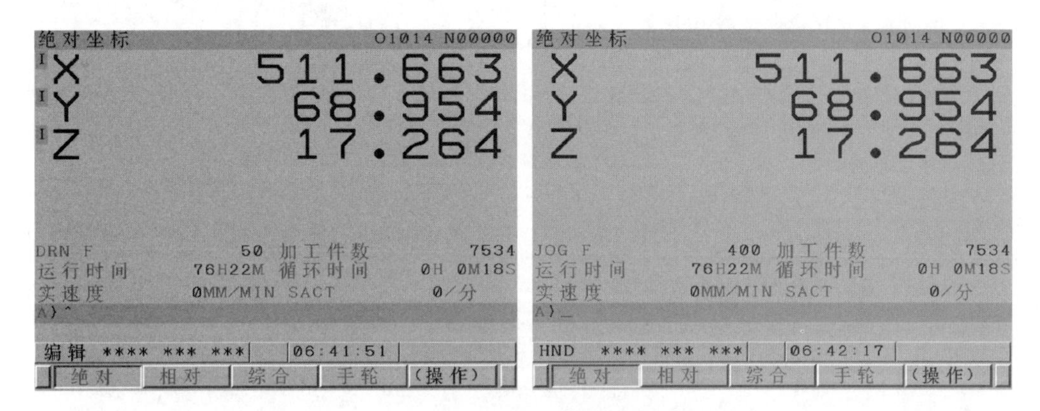

图 2-19　手轮方式解除互锁

（2）JOG 方式轴互锁验证

1）X、Y 轴互锁验证：

JOG 方式下，当 Z>50mm 时，X、Y 锁住，X、Y 轴名左上角出现“I”；当 $Z \leqslant$ 50mm 时，X、Y 轴解除互锁，X、Y 轴名左上角“I”消失，如图 2-20 所示。

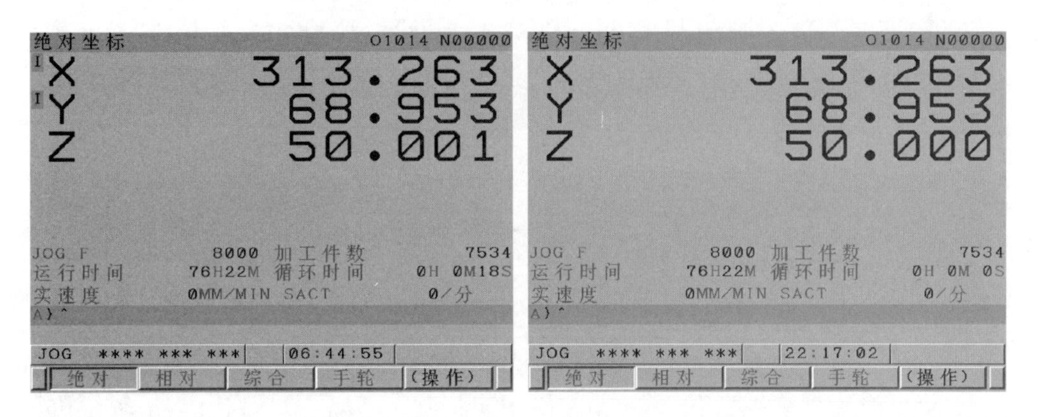

图 2-20　JOG 方式 X、Y 轴解除互锁

2）Z 轴互锁验证：

JOG 方式下，X 轴在料盘区，5mm $\leqslant X \leqslant$ 395mm，Z 轴解除互锁；X<5mm 或 X > 395mm，Z 轴锁住。JOG 方式料盘区右侧 Z 轴解除互锁如图 2-21 所示。

JOG 方式料盘区左侧 Z 轴解除互锁如图 2-22 所示。

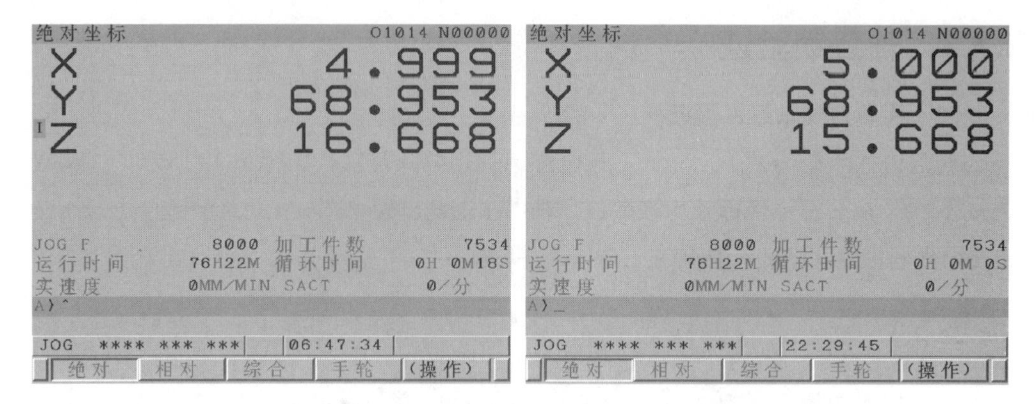

图 2-21 JOG 方式料盘区右侧 Z 轴解除互锁

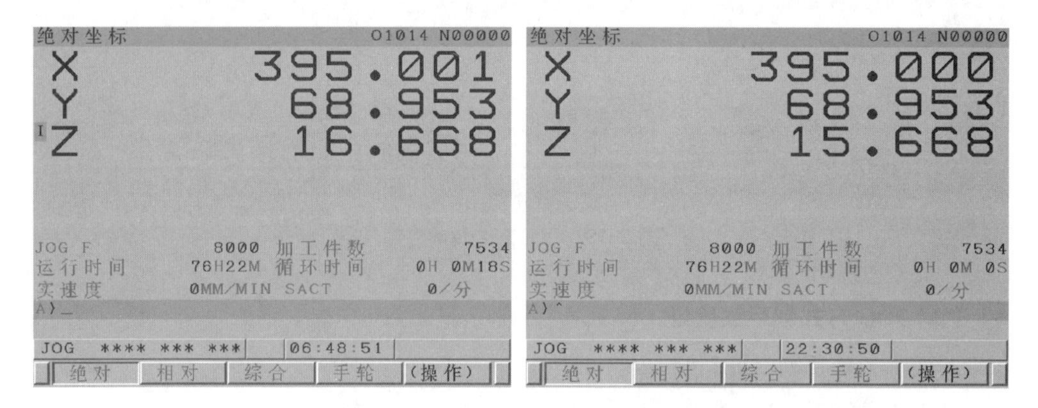

图 2-22 JOG 方式料盘区左侧 Z 轴解除互锁

JOG 方式下，X 轴在机床区，1550mm ≤ X ≤ 1650mm，Z 轴解除互锁；X<1550mm 或 X>1650mm，Z 轴锁住。JOG 方式机床区右侧 Z 轴解除互锁如图 2-23 所示。

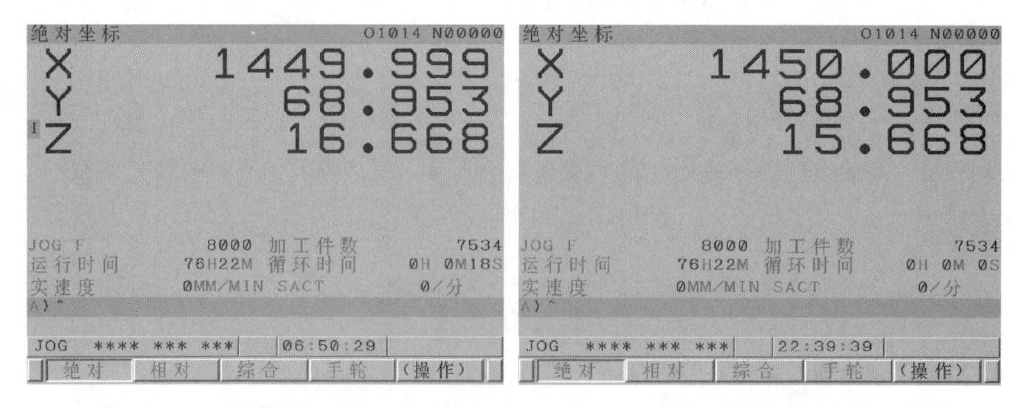

图 2-23 JOG 方式机床区右侧 Z 轴解除互锁

JOG 方式机床区左侧 Z 轴解除互锁如图 2-24 所示。

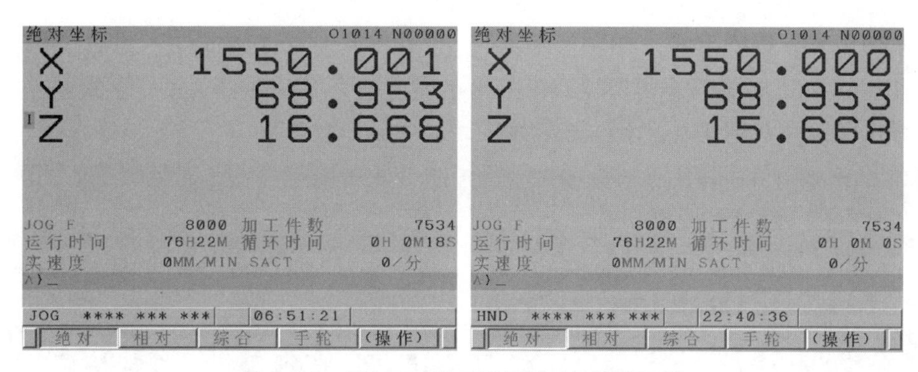

图 2-24　JOG 方式机床区左侧 Z 轴解除互锁

2.4.4　软极限保护验证

(1) X 轴软极限验证

1) X 轴正向软极限参数 1320 和 1326 的设定值为 2300mm，X 轴一旦超过该坐标值，即出现 OT0500 报警，X 轴减速停止，一般会稍微超过一小段距离，如图 2-25 所示。一旦坐标 X 轴负向退回到 2300mm 以内，OT0500 报警自动消失。

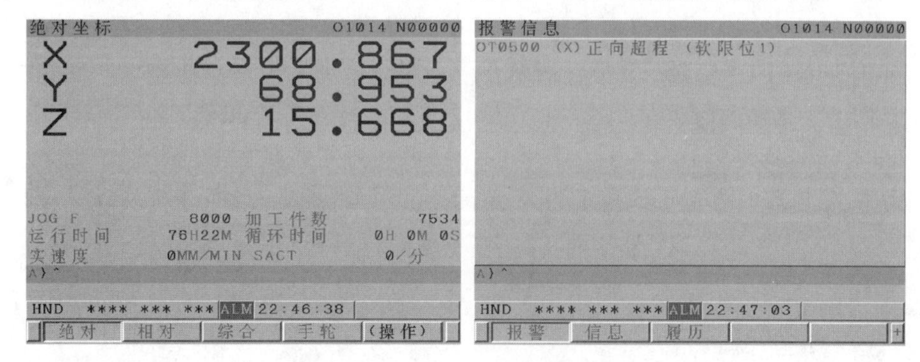

图 2-25　X 轴正向软极限超程报警

2) X 轴负向软极限参数 1321 和 1327 的设定值为 -5mm，X 轴一旦超过该坐标值，即出现 OT0501 报警，X 轴减速停止，一般会稍微超过一小段距离，如图 2-26 所示。一旦 X 轴正向退回到 -5mm 以内，OT0501 报警自动消失。

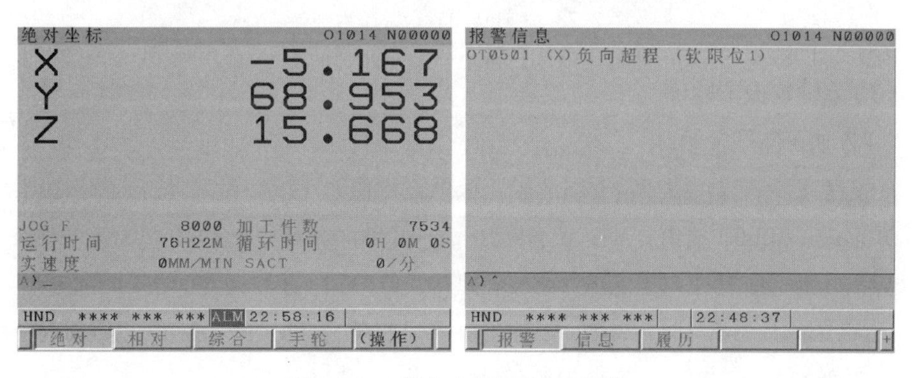

图 2-26　X 轴负向软极限超程报警

（2）Y 轴软极限验证

1）Y 轴正向软极限参数 1320 和 1326 的设定值为 300mm，X 轴一旦超过该坐标值，即出现 OT0500 报警，Y 轴减速停止，一般会稍微超过一小段距离，如图 2-27 所示。一旦坐标 Y 轴负向退回到 300mm 以内，OT0500 报警自动消失。

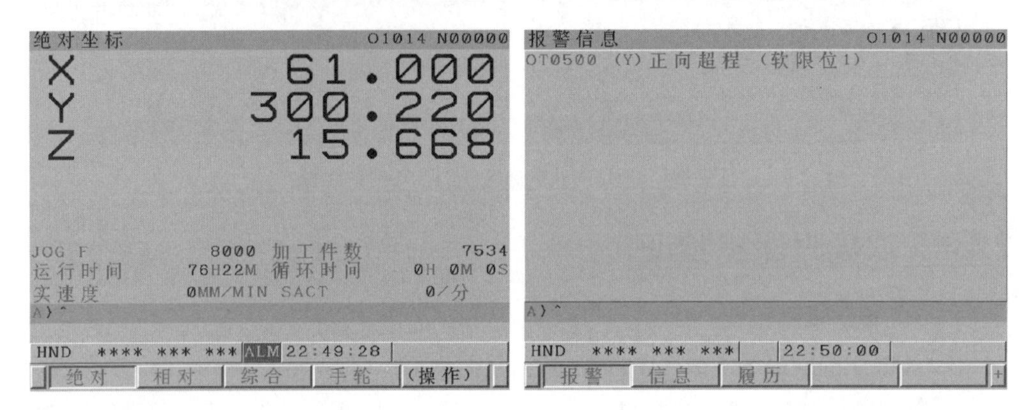

图 2-27　Y 轴正向软极限超程报警

2）Y 轴负向软极限参数 1321 和 1327 的设定值为 -20mm，Y 轴一旦超过该坐标值，即出现 OT0501 报警，Y 轴减速停止，一般会稍微超过一小段距离，如图 2-28 所示。一旦 X 轴正向退回到 -20mm 以内，OT0501 报警自动消失。

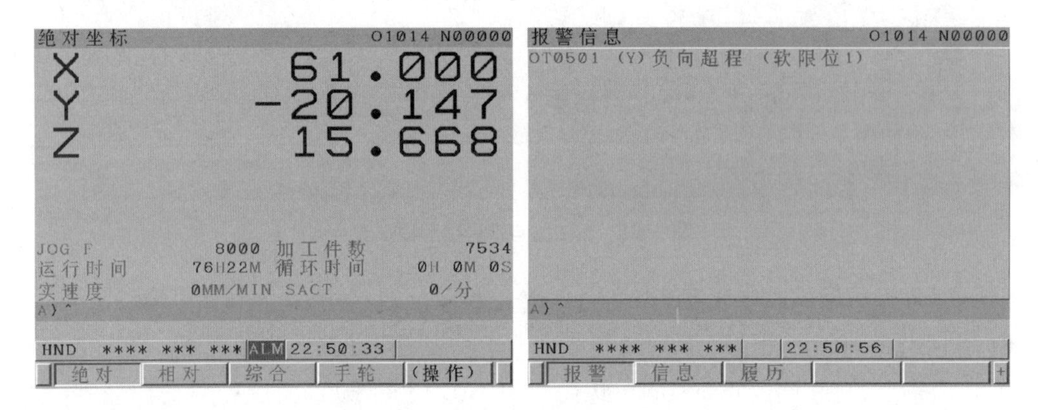

图 2-28　Y 轴负向软极限超程报警

（3）Z 轴软极限验证

1）Z 轴正向软极限：

① 料盘区：参数 1320 有效，Z 轴正极限设定值为 725mm。Z 轴一旦超过该坐标值，即出现 OT0500 报警，Z 轴减速停止，一般会稍微超过一小段距离，如图 2-29 所示。一旦坐标 Z 轴负向退回到 725mm 以内，OT0500 报警自动消失。

② 机床区：参数 1326 有效，Z 轴正极限设定值为 820mm。Z 轴一旦超过该坐标值，即出现 OT0500 报警，Z 轴减速停止，一般会稍微超过一小段距离，如图 2-30

所示。一旦坐标 Z 轴负向退回到 820mm 以内，OT0500 报警自动消失。

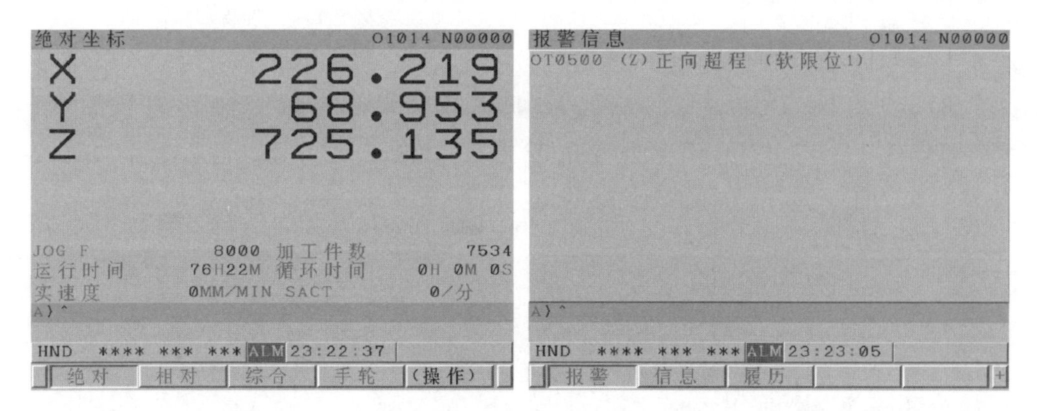

图 2-29　Z 轴料盘区正向软极限超程报警

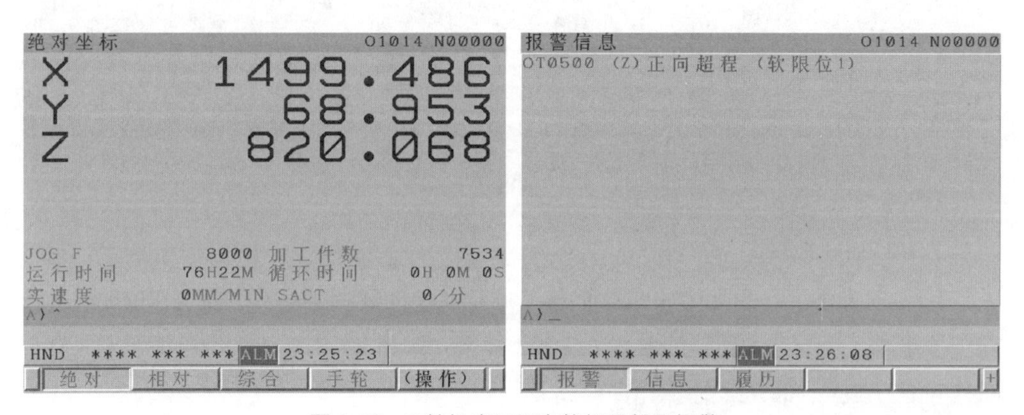

图 2-30　Z 轴机床区正向软极限超程报警

2）Z 轴负向软极限：

Z 轴负向软极限参数 1321 和 1327 的设定值为 -10mm，Z 轴一旦超过该坐标值，即出现 OT0501 报警，Z 轴减速停止，一般会稍微超过一小段距离，如图 2-31 所示。一旦 Z 轴正向退回到 -10mm 以内，OT0501 报警自动消失。

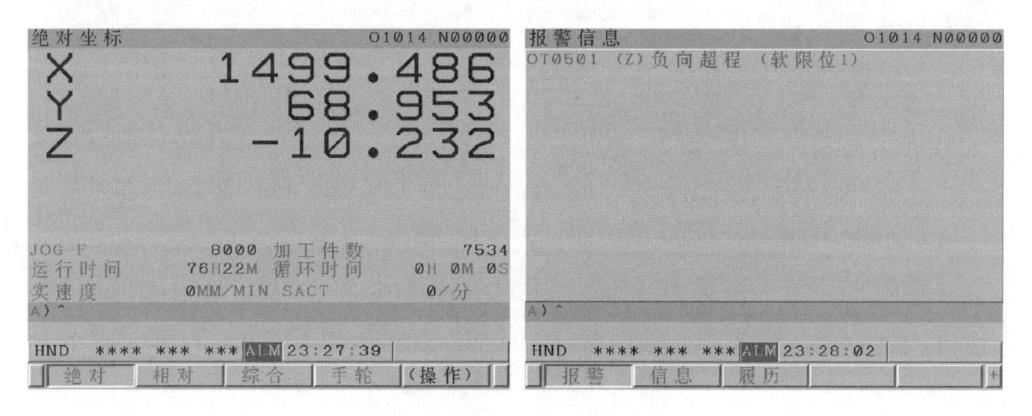

图 2-31　Z 轴负向软极限超程报警

2.4.5 报警信息验证

1）AL2002 报警：

JOG 方式下，Z>50mm，X 轴锁住，此时如果 JOG 选择“X 轴”，并按下“正向”按钮或“负向”按钮，即触发 AL2002 报警，如图 2-32 所示，信息提示“JOG-X NOT ALLOWED”，表示 X 轴不允许移动。

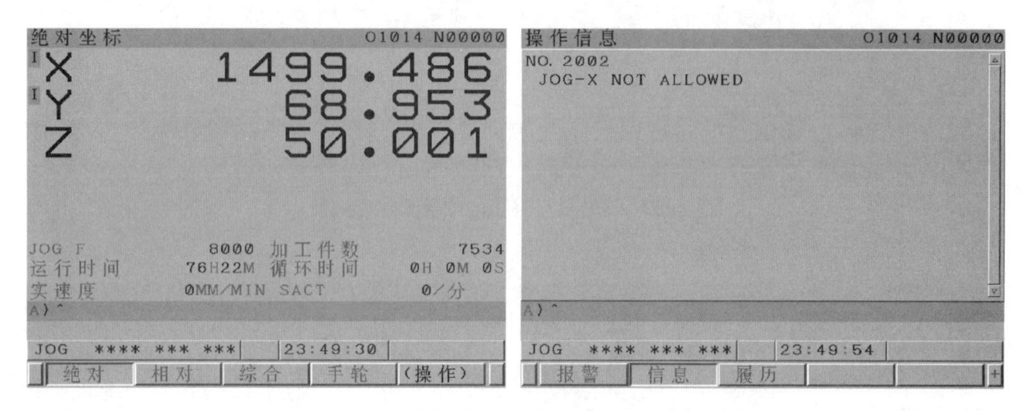

图 2-32 AL2002 报警

2）AL2003 报警：

JOG 方式下，Z>50mm，Y 轴锁住，此时如果 JOG 选择“Y 轴”，并按下“正向”按钮或“负向”按钮，即触发 AL2003 报警，如图 2-33 所示，信息提示“JOG-Y NOT ALLOWED”，表示 Y 轴不允许移动。

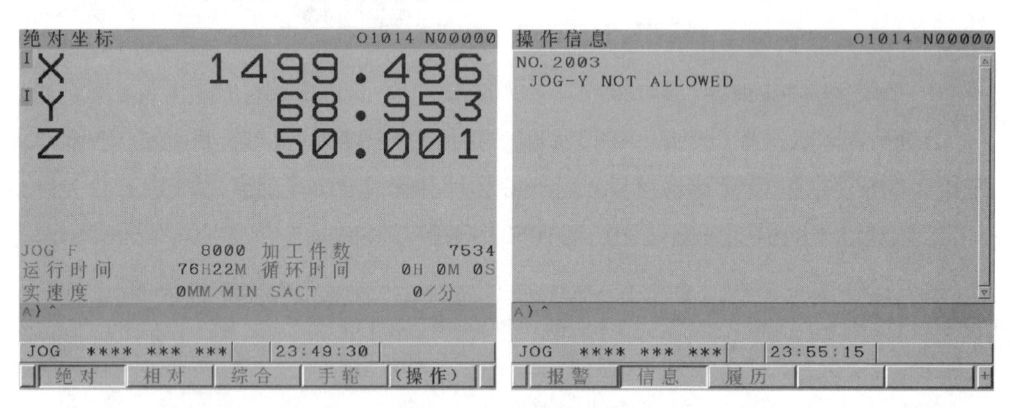

图 2-33 AL2003 报警

3）AL2004 报警：

JOG 方式下，X 轴不在料盘区（5mm ≤ X ≤ 395mm），也不在机床区（1550mm ≤ X ≤ 1650mm），Z 轴锁住，此时如果 JOG 选择“Z 轴”，并按下“正向”按钮或“负向”按钮，即触发 AL2004 报警，如图 2-34 所示，信息提示“JOG-Z NOT ALLOWED”，表示 Z 轴不允许移动。

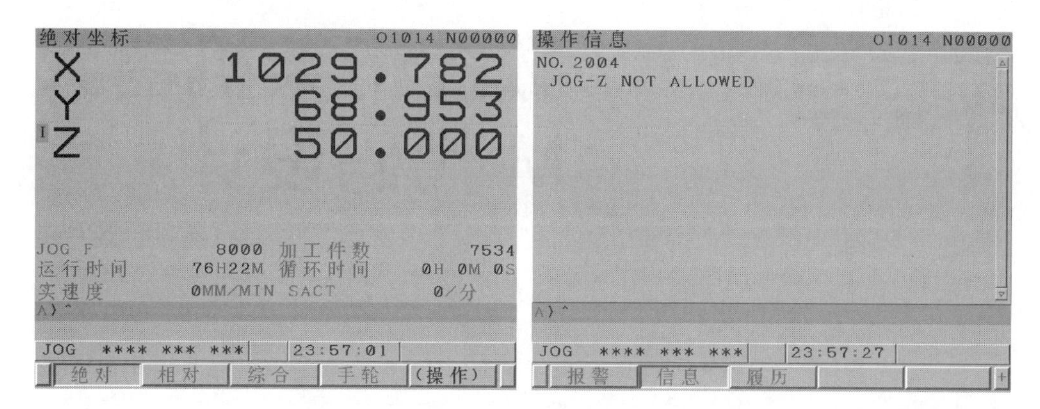

图 2-34　AL2004 报警

项目三　数控桁架机器人 M 代码设计

3.1　项目要求

项目三将通过 M 代码设计实现数控桁架机器人手爪等气缸动作的功能，包括：

1）M20：旋转气缸取料位；M21：旋转气缸放料位。

2）M22：手爪 1 张开；M23：手爪 1 闭合。

3）M24：手爪 2 张开；M25：手爪 2 闭合。

4）M26：机床卡盘张开；M27：机床卡盘闭合。

5）M14：手爪 1 有料设定；M15：手爪 1 无料设定。

6）M16：手爪 2 有料设定；M17：手爪 2 无料设定。

7）M02：主程序结束；M30：主程序结束。

8）手爪回转需要考虑一定安全策略。

9）具备 M 代码误操作报警功能。

3.2　相关知识

3.2.1　数控桁架机器人 M 代码设计相关 PMC 指令

3.2.1.1　二进制译码指令 DECB

DECB 可对 1、2、4 字节二进制代码数据译码，所指定的 8 位连续数据之一与代码数据相同时，对应的输出位为 1。没有相同的数时，输出数据为 0。主要用于 M 或 T 功能译码。格式说明如图 3-1 所示。

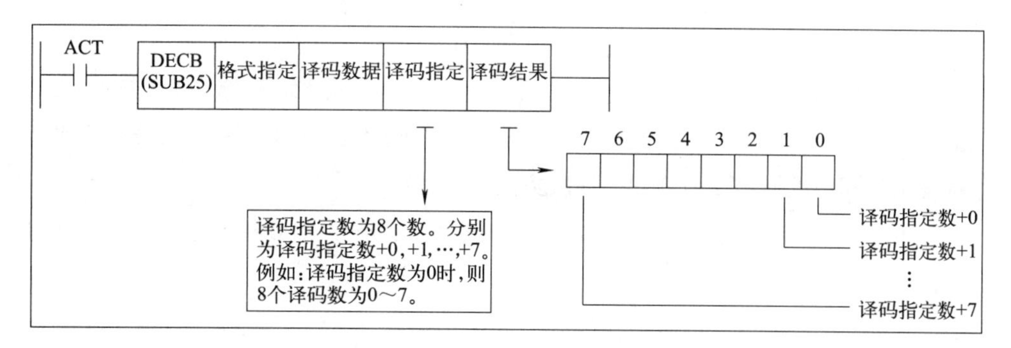

图 3-1　DECB 指令格式

ACT=0：将所有输出位复位。

ACT=1：进行数据译码，处理结果设置在输出数据地址。

参数说明如下。

1）格式指定。

0001：代码数据为 1 字节的二进制代码数据。

0002：代码数据为 2 字节的二进制代码数据。

0004：代码数据为 4 字节的二进制代码数据。

2）译码数据地址：给定一个存储代码数据的地址。

3）译码指定数：给定要译码的 8 位连续数字的第一位。

4）译码结果地址：给定一个输出译码结果的地址。存储区必须有一个字节的区域。

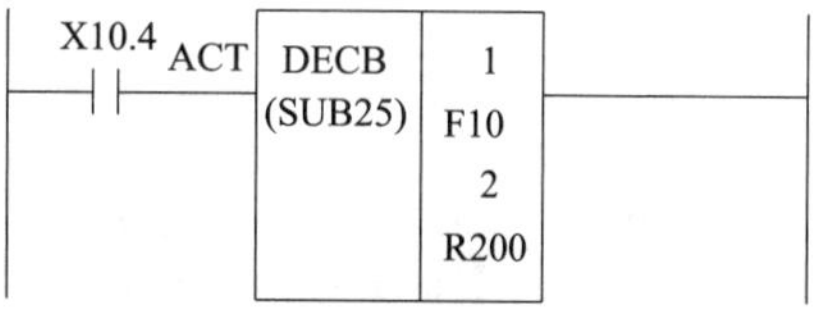

X10.4 ACT DECB (SUB25) 1 F10 2 R200

图 3-2　DECB 指令举例

DECB 译码指令举例见图 3-2。在 X10.4 接通后，对 1 个字节的数据 F10 进行译码，当译出结果在 2 ～ 9 范围内时，与 R200 对应的位变为 1。当 F10=2 时，R200.0 置 1；当 F10=3 时，R200.1 置 1；依次类推。

3.2.1.2　定时器指令 TMR/TMRB

（1）延时接通可变定时器 TMR

TMR 是延时接通定时器。当 ACT=1 达到预置的时间时，定时器接通。其梯形图格式见图 3-3。

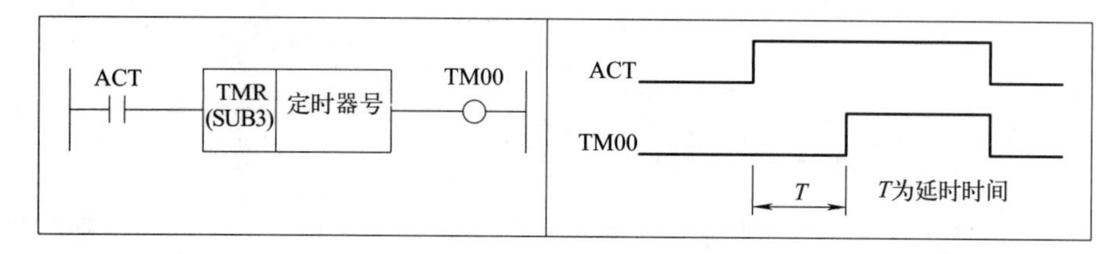

图 3-3　TMR 指令格式

TMR 定时器的精度可以设定为 1ms、10ms、100ms、1s 或 1min。

每个 TMR 定时器设定时间占 2 个字节，第 n 号 TMR 定时器设定时间地址为 T(2n−2)～T(2n−1)。即 1 号 TMR 定时器设定时间地址为 T00～T01；2 号 TMR 定时器设定时间地址为 T02～T03；依次类推。

TMR 指令举例见图 3-4。在 X10.0 接通后 480ms，R1.0 接通；X10.0 关断时，R1.0 也关断。

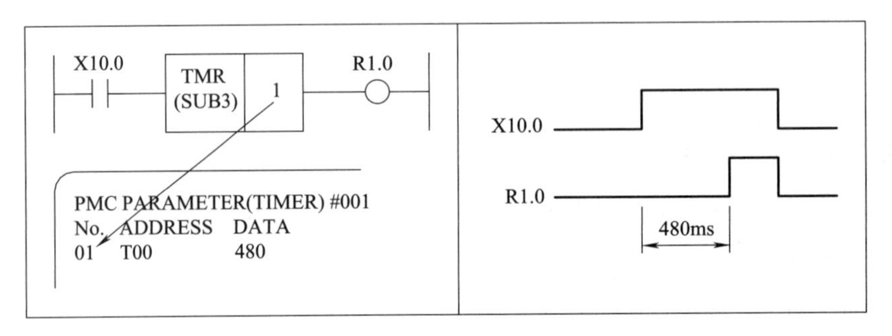

图 3-4 TMR 指令举例

(2) 延时接通固定定时器 TMRB

TMRB 指令的固定定时器的时间与 PMC 程序一起写入 ROM 中。此定时器也是延时接通定时器。TMRB 梯形图格式见图 3-5。

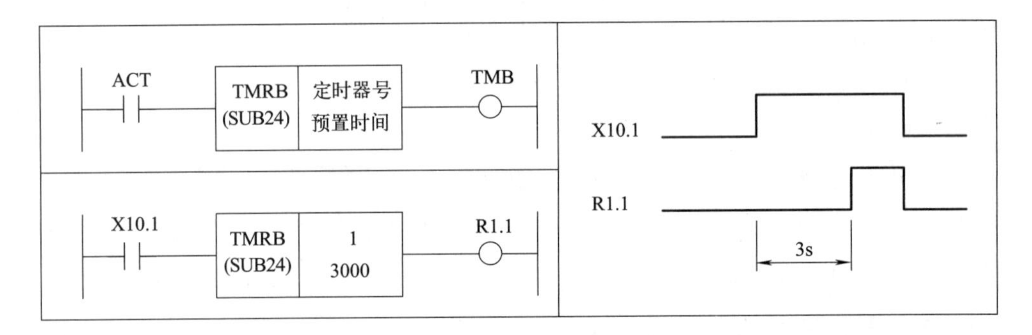

图 3-5 TMRB 指令格式及举例

TMRB 固定定时器号从 1 号开始。TMRB 预置时间 1～32760000ms。

ACT 为 1 后，经过指令中参数预先设定的时间后，定时器置为 ON。

图 3-5 中 TMRB 指令举例说明：在 X10.1 接通后经过 3s，R1.1 接通；X10.1 关断时，R1.1 也关断。

3.2.1.3 下降沿检测指令 DIFD

DIFD 指令在输入信号下降沿的扫描周期中将输出信号设置为 1。DIFD 指令格式见图 3-6。在一个程序中，下降升沿检测号不能重复使用。

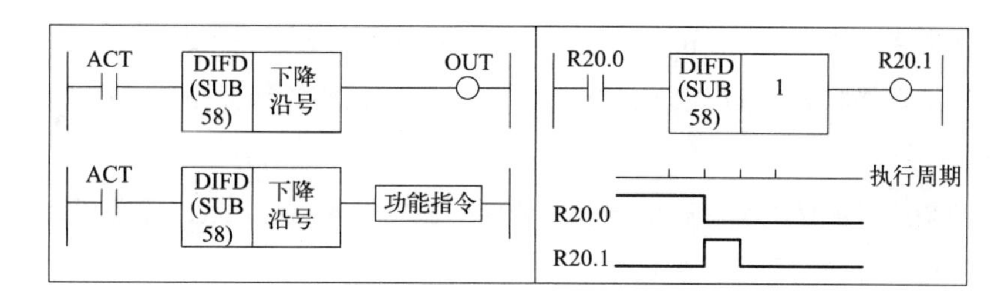

图 3-6　DIFD 指令格式及举例

3.2.2　数控桁架机器人 M 代码设计相关接口信号

3.2.2.1　循环启动 / 进给暂停接口信号

1）ST（G7.2）：循环启动信号。启动自动运行。在存储器方式（MEM）或手动数据输入方式（MDI）中，信号 ST 置 1，然后置为 0 时，CNC 进入循环启动状态并开始运行。ST 信号时序图如图 3-7 所示。

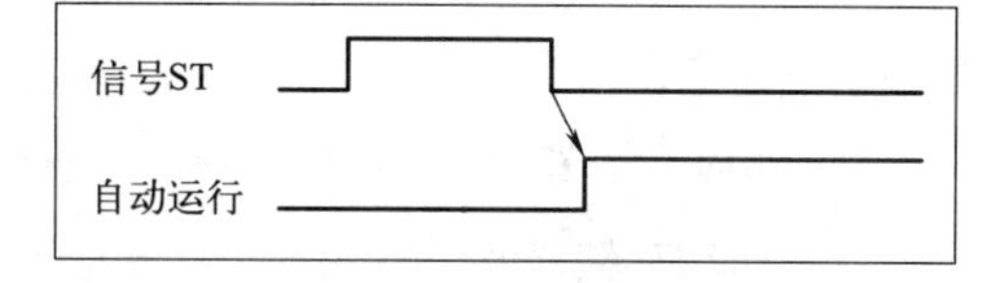

图 3-7　ST 信号时序图

2）*SP（G8.5）：进给暂停信号。暂停自动运行。自动运行期间，若 *SP 信号置为 0，CNC 将进入进给暂停状态且运行停止。*SP 信号置为 0 时，不能启动自动运行。*SP 信号时序图如图 3-8 所示。

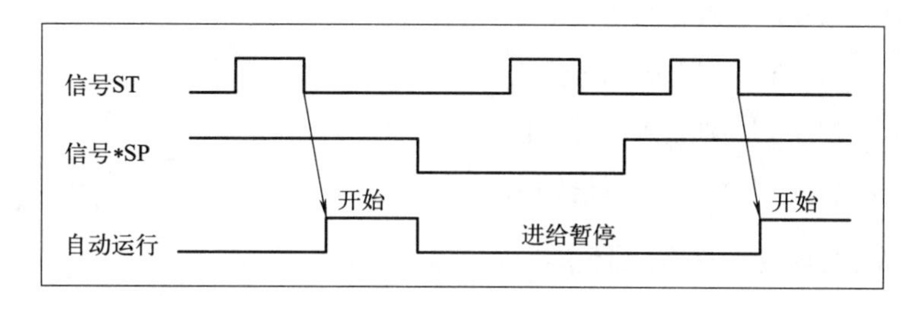

图 3-8　*SP 信号时序图

CNC 运行状态见表 3-1。

表 3-1　CNC 运行状态

信号状态	循环启动灯 STL（F0.5）	进给暂停灯 SPL（F0.4）	自动运行灯 OP（F0.7）
循环启动状态	1	0	1
进给暂停状态	0	1	1
自动运行停止状态	0	0	1
复位状态	0	0	0

CNC 各运行状态说明如下：

1）循环启动状态：CNC 正在执行存储器运行或手动数据输入运行指令。

2）进给暂停状态：指令处于执行保持时，CNC 既不执行存储器运行也不执行手动数据输入运行。

3）自动运行停止状态：存储器运行或手动数据输入运行已经结束且停止。

4）复位状态：自动运行被强行中止。

指示 CNC 运行状态的接口信号有：

1）OP（F0.7）：自动运行灯信号。该信号通知 PMC 正在执行自动运行。

2）STL（F0.5）：循环启动灯信号。该信号通知 PMC 已经启动了自动运行。

3）SPL（F0.4）：进给暂停灯信号。该信号通知 PMC 已经进入进给暂停状态。

3.2.2.2 系统复位接口信号

1）ERS（G8.7）：外部复位信号。该信号为“1”时，NC 变为复位状态，并输出复位中信号 RST。

2）RRW（G8.6）：复位反绕信号。该信号为“1”时，NC 变为复位状态，并且在存储器运转和存储器编辑方式下，将光标退回到程序的开头位置。

3）RST（F1.1）：复位中信号。该信号为“1”，表示系统正在复位中。

3.2.2.3 M00/M01/M02/M30 译码输出信号

M00、M01、M02、M30 等 4 个 M 代码系统给出了译码输出信号，分别是：

1）DM00（F9.7）：M00 的译码输出。

2）DM01（F9.6）：M01 的译码输出。

3）DM02（F9.5）：M02 的译码输出。

4）DM30（F9.4）：M30 的译码输出。

3.2.2.4 M 代码及相关接口信号

当 CNC 中指定了 M 代码时，代码信号和选通信号被送给 PMC。PMC 用这些信号启动或关断有关功能。通常，在 1 个程序段中只能指定 1 个 M 代码。但是，在某些情况下，最多可指定 3 个 M 代码。参数 3030 指定 M 代码数字的最大位数，如果指定的值超出了最大位数，就会发生报警。

M 指令的处理时序见图 3-9。其基本处理过程如下：

1）假定在程序中指定 M××：对于 ××，各功能可指定的位数分别用参数 3030 ~ 3033 设定，如果指定的位数超过了设定值，就发生报警。

2）送出代码信号 M00 ~ M31（F10 ~ F13）后，经过参数 3010 设定的时间 TMF（标准值为 16ms），选通信号 MF（F7.0）置为 1。代码信号是用二进制表达的程序指令值 ××。如果移动、暂停、主轴速度或其他功能与辅助功能在同一程序段被执行，当送出辅助功能的代码信号时，开始执行其他功能。

3）当选通信号 MF（F7.0）置 1 时，PMC 读取代码信号并执行相应的操作。

4）在一个程序段中指定的移动、暂停或其他功能结束后，需等待分配结束信号 DEN（F1.3）置 1，才能执行另一个操作。

5）操作结束后，PMC 将结束信号 FIN（G4.3）设定为 1。结束信号用于 M 功能、S 功能、T 功能、B 功能的结束。如果同时执行这些功能，必须等到所有功能都结束后，结束信号才能设定为 1。

6）如果结束信号 FIN（G4.3）为 1 的持续时间超过了参数 3011 所设定的时间周期 TFIN（标准值为 16ms），CNC 将选通信号 MF（F7.0）置为 0，并通知已收到了结束信号。

7）当选通信号 MF（F7.0）为 0 时，在 PMC 中将结束信号 FIN（G4.3）置为 0。

8）当结束信号 FIN（G4.3）为 0 时，CNC 将所有代码信号置为 0，并结束辅助功能的全部顺序操作。

9）一旦同一程序段中的其他指令操作都已完成，CNC 就执行下一个程序段。

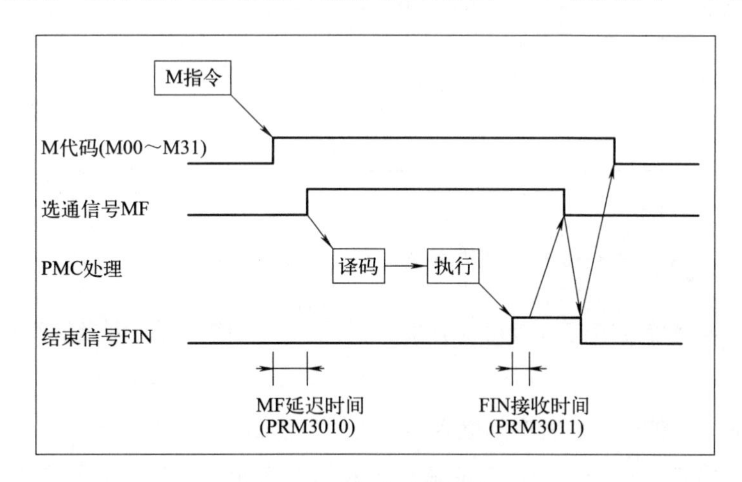

图 3-9 M 指令的处理时序

3.2.3 数控桁架机器人 M 代码设计相关系统参数

数控桁架机器人 M 代码设计相关系统参数如表 3-2 所示。

表 3-2 数控桁架机器人 M 代码设计相关系统参数

序号	参数号	参数设定说明
1	3010	选通脉冲信号 MF、SF、TF、BF 的迟延时间（ms）。设定值为 0，视为 8ms
2	3011	M、S、T、B 功能结束信号（FIN）的可接受宽幅（ms）。设定值为 0，视为 8ms
3	3030	M 代码的允许位数。最多 8 位。设定值为 0，视为 8 位

3.3 项目实施

3.3.1 数控桁架机器人 M 代码设计方案

（1）硬件连接方案

数控桁架机器人 M 代码设计硬件连接方案如图 3-10 所示。

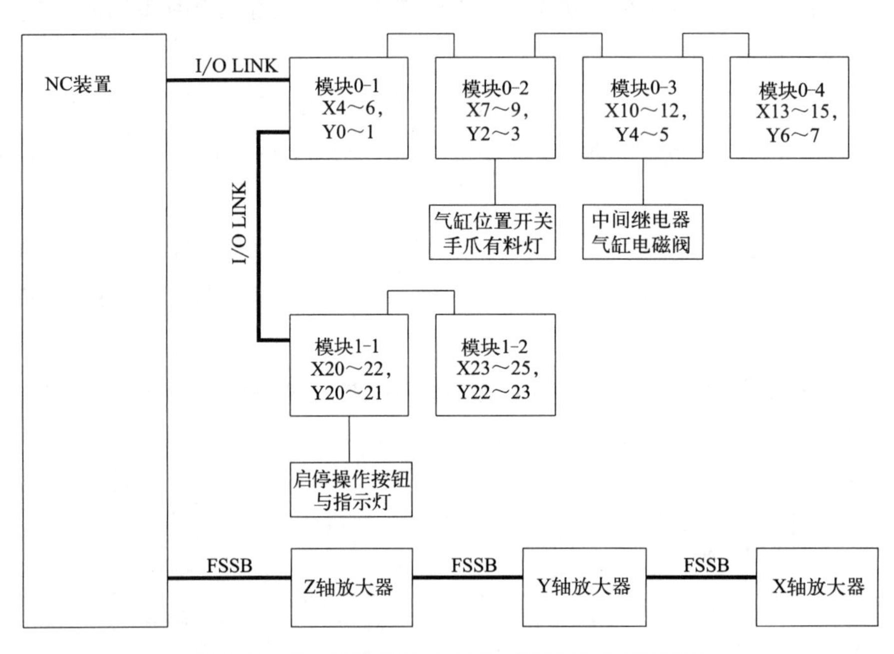

图 3-10　数控桁架机器人 M 代码设计硬件连接方案

1）手爪姿态旋转气缸位置检测开关、手爪 1 有料指示灯、手爪 2 有料指示灯等信号接模块 0-2。

2）模块 0-3 的输出控制中间继电器，进而控制各个气缸电磁阀。

3）操作盒在项目一、项目二的基础上新增 2 个带灯按钮，如图 3-11 所示。循环启动、进给暂停等按钮与指示灯接模块 1-1。

编辑 X20.5 Y20.5	MDI X20.1 Y20.1	JOG X20.2 Y20.2	全自动 X20.3 Y20.3	半自动 X20.4 Y20.4	手轮 X20.5 Y20.5	高速 X20.6 Y20.6	X20.7 Y20.7	X21.0 Y21.0	X21.1 Y21.1	循环启动 X21.2 Y21.2
X21.3 Y21.3	X轴 X21.4 Y21.4	Y轴 X21.5 Y21.5	Z轴 X21.6 Y21.6	正向 X21.7	负向 X22.0	X22.1	X22.2	X22.3	X22.4	进给暂停 X22.5 Y21.7

图 3-11　项目三操作盒

（2）软件方案

1）项目三 PMC 程序全部放到子程序 P3 中，由二级程序调用。

2）M 代码定义见表 3-3。

表 3-3　M 代码定义

序号	M 代码	译码地址	说明	序号	M 代码	译码地址	说明
1	M20	R20.0	手爪放料位	9	M14	R43.4	手爪 1 有料设定
2	M21	R20.1	手爪取料位	10	M15	R43.5	手爪 1 无料设定
3	M22	R20.2	手爪 1 松开	11	M16	R43.6	手爪 2 有料设定
4	M23	R20.3	手爪 1 夹紧	12	M17	R43.7	手爪 2 无料设定
5	M24	R20.4	手爪 2 松开				
6	M25	R20.5	手爪 2 夹紧				
7	M26	R20.6	卡盘松开				
8	M27	R20.7	卡盘夹紧				

3）为避免干涉，手爪回转设置一定条件：①$Z \leqslant 50$mm；②料盘区，Z 轴上升到 700mm 以上，即 $Z \leqslant 700$mm；③机床区，1450mm $\leqslant X \leqslant$ 1550mm。

4）手爪取料姿态在料盘区，当 Z 轴下降到 700mm 以下，即 $Z \geqslant 700$mm 时，手爪 1 闭合，即认为手爪 1 有料。该状态信号停电记忆。

5）手爪取料姿态在机床区，当 $Z \geqslant 810$mm 且 $X \geqslant 1500$mm 时，手爪 2 闭合，即认为手爪 2 有料。该状态信号停电记忆。

6）手爪有料状态或无料状态与实际不符时，用 M14 ～ M17 代码强行设置。

7）数控桁架机器人 M 代码设计相关系统接口信号如表 3-4 所示。

表 3-4　数控桁架机器人 M 代码设计相关系统接口信号

序号	地址	符号名	说明	序号	地址	符号名	说明
1	G7.2	ST	循环启动	7	F9.5	DM02	M02 译码信号
2	G8.5	*SP	进给暂停	8	F7.0	MF	M 选通信号
3	G8.6	RRW	复位反绕	9	F10 ～ F13	M-CODE	M 代码
4	G8.7	ERS	外部复位	10	F0.4	SPL	进给暂停
5	G4.3	FIN	结束信号	11	F0.5	STL	循环启动
6	F9.4	DM30	M30 译码信号				

3.3.2　数控桁架机器人 M 代码设计相关 I/O 地址

1）数控桁架机器人 M 代码设计 0 组模块 I/O 地址见表 3-5。

表 3-5　数控桁架机器人 M 代码设计 0 组模块 I/O 地址

序号	地址	符号名	模块接口	管脚号	线号	元件号	说明
1	X7.0	SQ70	CB150-2	42	X70	-SQ70	旋转气缸放料位
2	X7.1	SQ71	CB150-2	43	X71	-SQ71	旋转气缸取料位
3	Y5.2	YV52	CB150-3	04	KA52	-KA52	旋转气缸放料位
4	Y5.3	YV53	CB150-3	05	KA53	-KA53	旋转气缸取料位
5	Y5.4	YV54	CB150-3	06	KA54	-KA54	手爪 1 松开
6	Y5.5	YV55	CB150-3	07	KA55	-KA55	手爪 2 松开
7	Y5.6	YV56	CB150-3	08	KA56	-KA56	卡盘松开
8	Y3.3	#1WK-HL	CB150-2	05	Y33	-HL33	手爪 1 有料灯
9	Y3.5	#2WK-HL	CB150-2	07	Y35	-HL35	手爪 2 有料灯

2）数控桁架机器人 M 代码设计 1 组模块 I/O 地址见表 3-6。

表 3-6 数控桁架机器人 M 代码设计 1 组模块 I/O 地址

序号	地址	符号名	模块接口	管脚号	线号	元件号	说明
1	X21.2	ST-PB	CB150-5	27	X212	-SB212	循环启动
2	X22.5	SP-PB	CB150-5	15	X225	-SB225	进给暂停
3	Y21.2	ST-HL	CB150-5	04	Y212	-HL212	循环启动灯
4	Y21.7	SP-HL	CB150-5	09	Y217	-HL217	进给暂停灯

3.3.3 数控桁架机器人 M 代码设计相关电气原理图

3.3.3.1 循环启动与进给暂停输入输出电气原理图

循环启动与进给暂停输入输出电气原理图如图 3-12 所示。按钮与指示灯均接入 1 组模块 CB150-5，按钮信号漏型接法，指示灯源型接法。

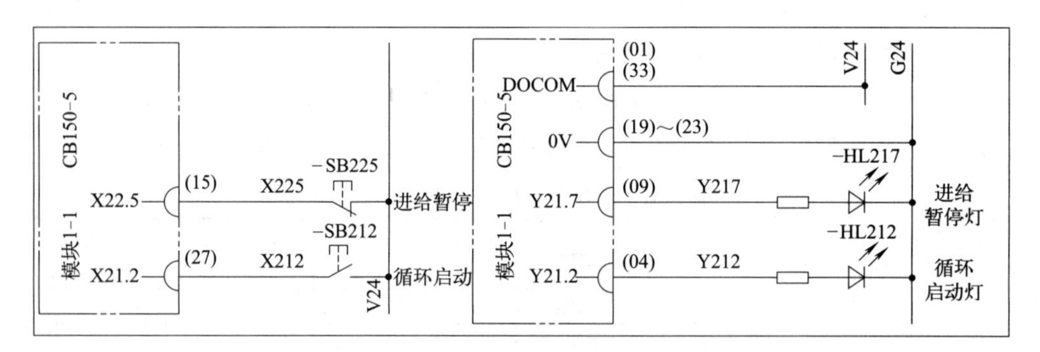

图 3-12 循环启动与进给暂停输入输出电气原理图

3.3.3.2 气缸动作继电器与电磁阀回路电气原理图

气缸电磁阀全部为 DC24V，其电源电路如图 3-13 所示。通过变压器 TC2 将 AC380V 变为 AC28V，然后整流得到气缸电磁阀工作电源。

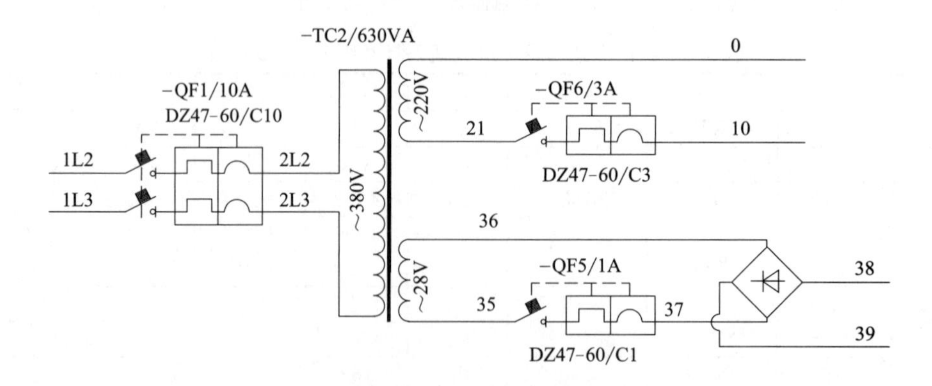

图 3-13 电磁阀电源电路

气缸动作继电器与电磁阀电气原理图如图 3-14 所示。模块 0-3 的输出口驱动能力仅为 200mA，不能直接驱动电磁阀，因此全部通过中间继电器进行控制。

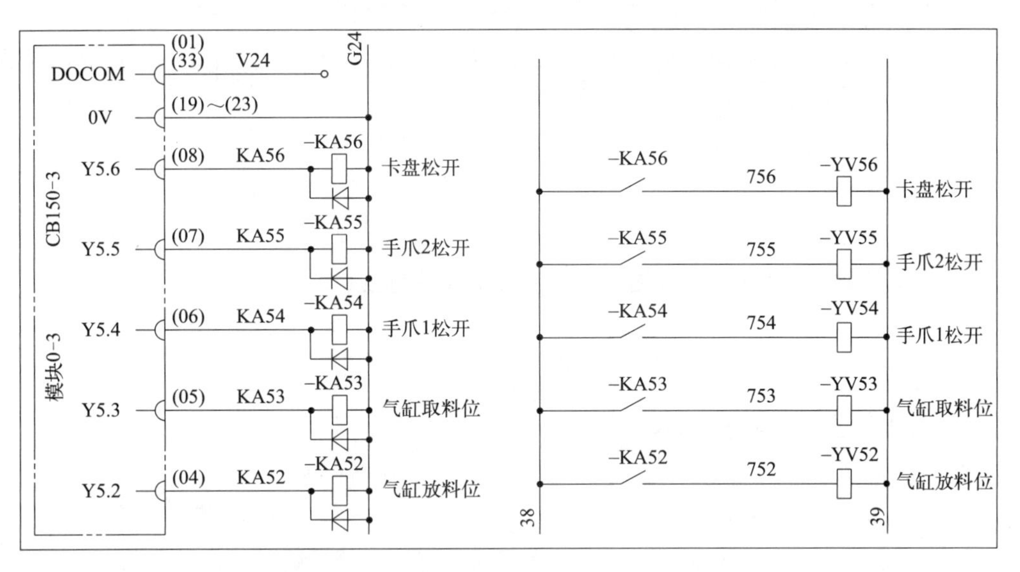

图 3-14　气缸动作继电器与电磁阀电气原理图

3.3.3.3　气缸活塞位置检测输入信号电气原理图

旋转气缸活塞位置检测开关为 PNP 型无触点开关，按漏型接法接入 0 组模块 CB150-2，其电气原理图如图 3-15 所示。

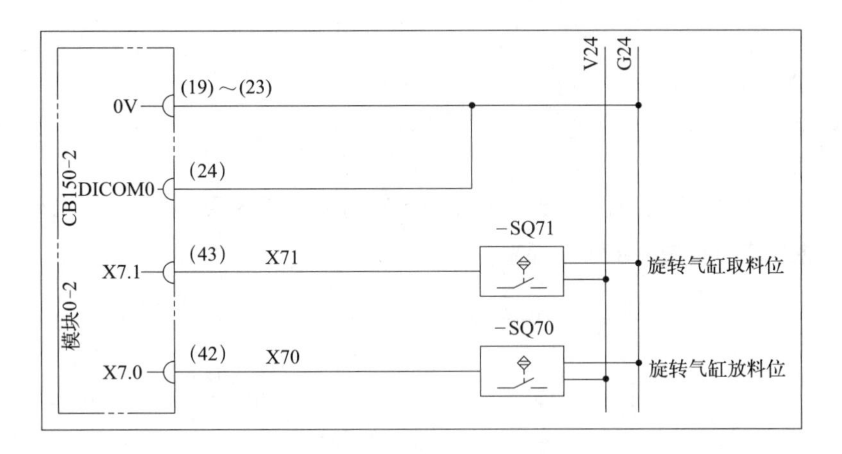

图 3-15　气缸活塞位置检测电气原理图

3.3.4　数控桁架机器人 M 代码设计相关 PMC 程序

3.3.4.1　循环启动与进给暂停 PMC 程序

1）循环启动 ST（G7.2）。为半自动和全自动运行预分配启动信号 SEMI-ST

（R31.0）和 FULL-ST（R31.1）。

X0021.2 F0003.3 G0007.2
ST-PB MMDI ST 循环启动
R0031.0
SEMI-ST
R0031.1
FULL-ST

2）进给暂停 *SP（G8.5）为 1 时，循环启动才有效。

X0022.5 G0008.5
SP-PB *SP 进给暂停

3）循环启动灯与进给暂停灯。

F0000.5 Y0021.2
STL ST-HL 循环启动灯
F0000.4 Y0021.7
SPL SP-HL 进给暂停灯

3.3.4.2 系统复位和程序反绕 PMC 程序

1）半自动灯和全自动灯信号上升沿。

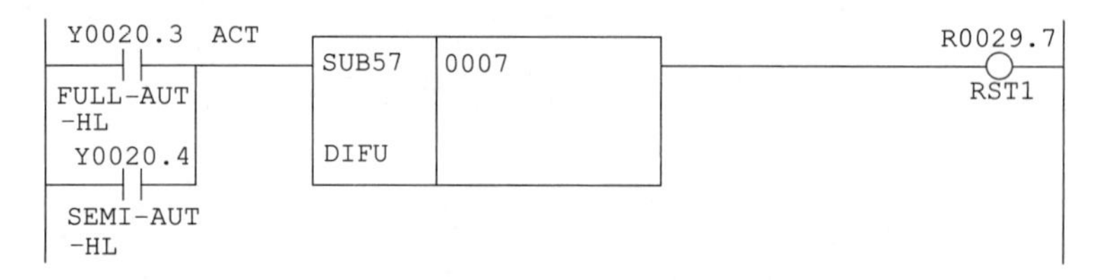

2）运行 M02/30 代码，或进入半自动方式，或进入全自动方式，或按“复位”按钮，使系统进行复位反绕和外部复位处理。

F0009.4 G0008.6
DM30 RRW 复位反绕
F0009.5 G0008.7
DM02 ERS 外部复位
R0029.7
RST1
X0013.0
ERS-PB

3.3.4.3 M 代码译码 PMC 程序

1）M20 ~ M27 代码译码输出到 R20.0 ~ R20.7。

```
F0007.0  ACT
—| |—————— SUB25 DECB | 0004
                      | F0010
                      | 0000000020
                      | R0020
```

2）M10 ~ M17 代码译码输出到 R43.0 ~ R43.7。

```
F0007.0  ACT
—| |—————— SUB25 DECB | 0004
                      | F0010
                      | 0000000010
                      | R0043
```

3.3.4.4　气缸动作 M 代码执行 PMC 程序

1）软位置开关 $Z \leqslant 650$mm（R30.0）。

```
R9091.1  ACT
—| |—————— SUB32 COMPB | 0004
                       | 0000650000
                       | R0118

R9000.1                                R0030.0
—|/|———————————————————————————————————( )— Z<=650
```

2）手爪回转条件 ROT-CON（R30.1）: $Z \leqslant 50$mm；或在料盘区（5mm $\leqslant X \leqslant$ 395mm）时，$Z \leqslant 650$mm；或在机床区（1450mm $\leqslant X \leqslant$ 1550mm）。

```
R0027.1                                R0030.1
—| |———————————————————————————————————( )— 手爪回转条件
Z<=50                                  ROT-CON

R0027.4     R0030.0
—| |————————| |—
5<=X<=395   Z<=650

R0027.7
—| |—
1450<=X<=1550
```

3）M20：手爪放料位；M21：手爪取料位。M20 启动手爪回转到放料位，前提是满足回转条件 ROT-CON（R30.1）。

```
R0020.0   R0030.1   R0020.1                K0005.2
—| |——————| |———————|/|————————————————————( )— 手爪放料位
M20       ROT-CON   M21                    LOAD-POS

K0005.2
—| |—
LOAD-POS
```

4）M21 启动手爪回转到取料位，前提是满足回转条件 ROT-CON（R30.1）。

R0020.1 M21　R0030.1 ROT-CON　R0020.0 M20　K0005.3 UNL-POS 手爪取料位
K0005.3 UNL-POS

5）手爪放料位 K5.2 和手爪取料位 K5.3 为停电记忆信号，分别输出到 YV52（Y5.2）和 YV53（Y5.3）。

K0005.2 LOAD-POS　K0005.3 UNL-POS　Y0005.2 YV52 旋转气缸放料位
K0005.2 LOAD-POS　K0005.3 UNL-POS　Y0005.3 YV53 旋转气缸取料位

6）M22：手爪 1 松开；M23：手爪 1 闭合。YV54（Y5.4）得电手爪 1 松开，失电手爪 1 闭合。

R0020.2 M22　R0020.3 M23　Y0005.4 YV54 手爪 1 松开
K0005.4 GR1-OPEN　K0005.4 GR1-OPEN

7）M24：手爪 2 松开；M25：手爪 2 闭合。YV55（Y5.5）得电手爪 2 松开，失电手爪 2 闭合。

R0020.4 M24　R0020.5 M25　Y0005.5 YV55 手爪 2 松开
K0005.5 GR2-OPEN　K0005.5 GR2-OPEN

8）M26：卡盘松开；M27：手爪闭合。YV56（Y5.6）得电卡盘松开，失电卡盘闭合。

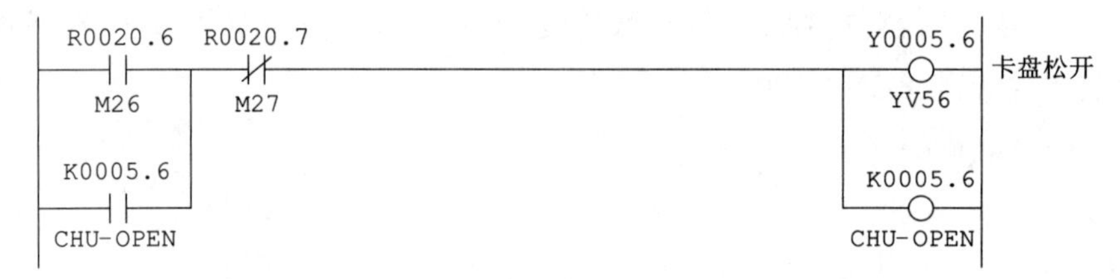

3.3.4.5 手爪有料 / 无料设定 M 代码执行 PMC 程序

1）软位置开关 $Z \geqslant 700$mm（R28.1）。

R9091.1　ACT
SUB32 COMPB　0004
0000700000
R0118
R9000.1
R9000.0
R0028.1　Z>=700

2）软位置开关 $Z \geqslant$ 810mm（R28.2）。

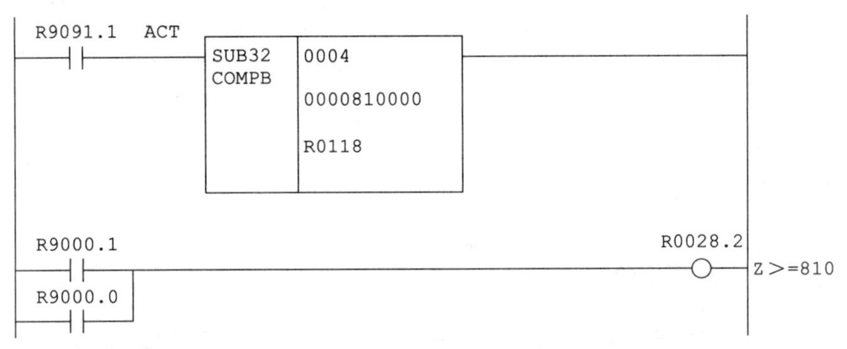

3）手爪 1 松开 K5.4 下降沿。

K0005.4　ACT
GR1-OPEN
SUB58　0012
DIFD
R0028.3
GR1-OPEN -D

4）手爪 1 松开 K5.4 上升沿。

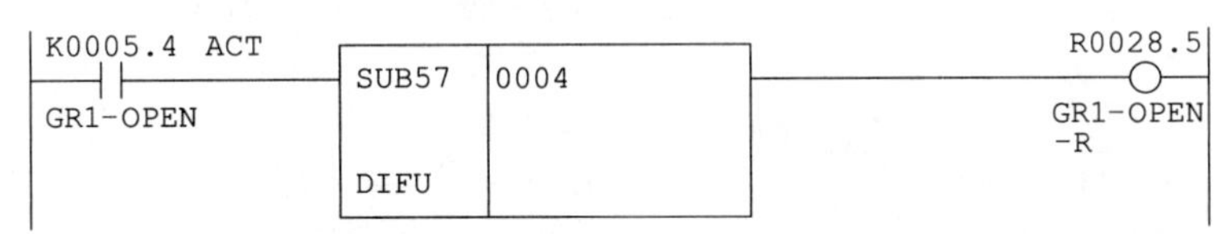

5）手爪 1 有料灯 GR1-WK-HL（Y3.3）。手爪 1 在料盘区且 $Z \geqslant$ 700mm，手爪 1 闭合，即表示手爪 1 有料，直到手爪张开。当有料 / 无料灯紊乱时，可以用 M 代码设定有料或无料。M14：手爪 1 有料设定；M15：手爪 1 无料设定。

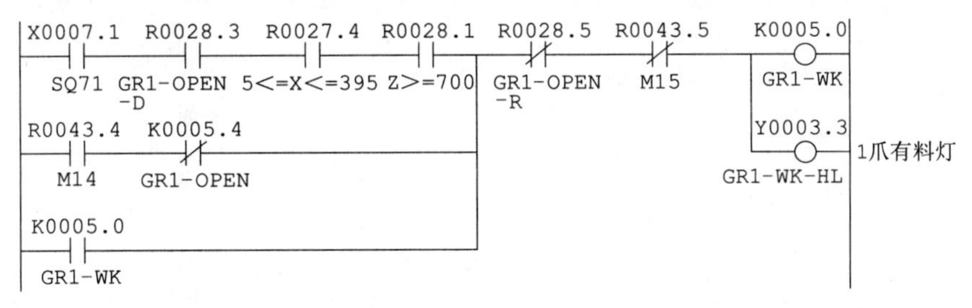

6）手爪 2 松开 K5.5 下降沿。

K0005.5　ACT
GR2-OPEN
SUB58　0013
DIFD
R0028.4
GR2-OPEN -D

7）手爪 2 松开 K5.5 上升沿。

K0005.5
ACT
GR2-OPEN
SUB57
0005
DIFU
R0028.6
GR2-OPEN
-R

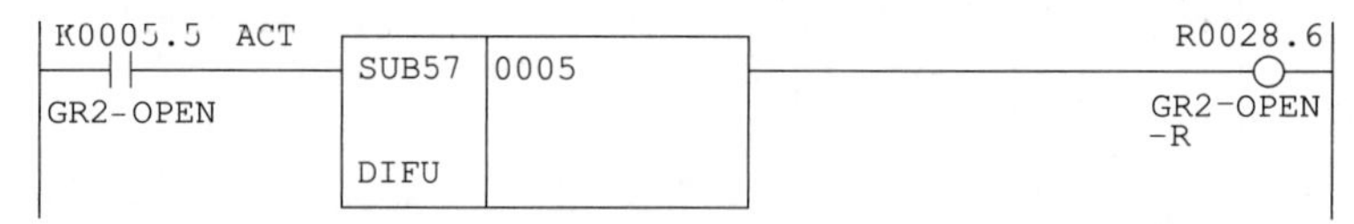

8）手爪 2 有料灯 GR2-WK-HL（Y3.5）。手爪 2 在机床区 $Z \geqslant$ 810mm 且 $X \geqslant$ 1500mm，手爪 2 闭合，即表示手爪 2 有料，直到手爪张开。当有料 / 无料灯紊乱时，可以用 M 代码设定有料或无料。M16：手爪 2 有料设定；M17：手爪 2 无料设定。

X0007.1
R0028.4
R0108.0
R0028.2
R0028.6
R0043.7
K0005.1
SQ71
GR2-OPEN-D
X >=1500
Z >=810
GR2-OPEN
-R
M17
GR2-WK
R0043.6
K0005.5
Y0003.5
2爪有料灯
M16
GR2-OPEN
GR2-WK-HL
K0005.1
GR2-WK

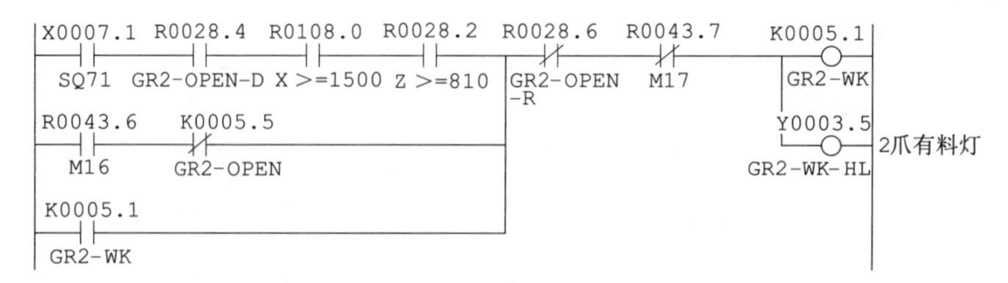

3.3.4.6 M 代码结束 PMC 程序

1）1 号计时器用于手爪回转到位开关信号延时。

X0007.0
ACT
SQ70
X0007.1
SQ71
SUB3
0001
TMR
R0030.2
TM01

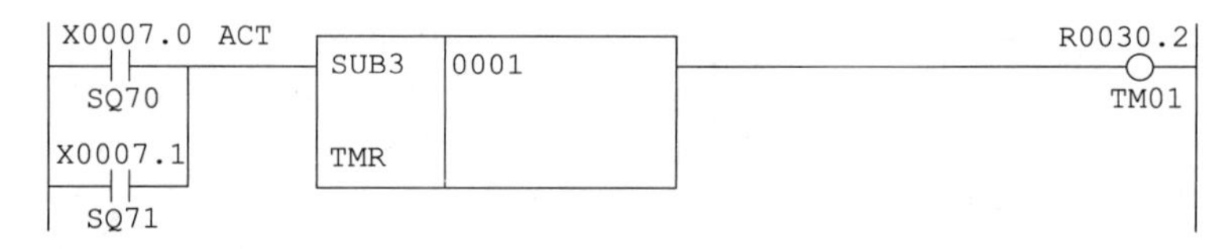

2）手爪 1 张开 / 闭合、手爪 2 张开 / 闭合、卡盘张开 / 闭合 M 代码 M22 ～ M27 完成延时。

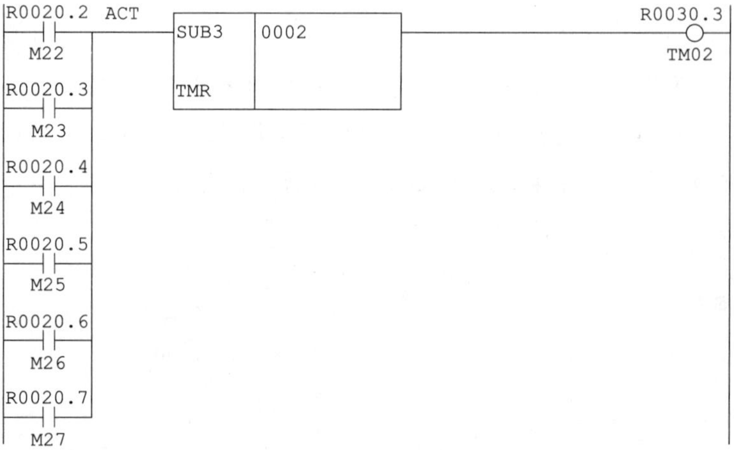

R0020.2
ACT
M22
R0020.3
M23
R0020.4
M24
R0020.5
M25
R0020.6
M26
R0020.7
M27
SUB3
0002
TMR
R0030.3
TM02

3）M20 ～ M21 代码完成信号。

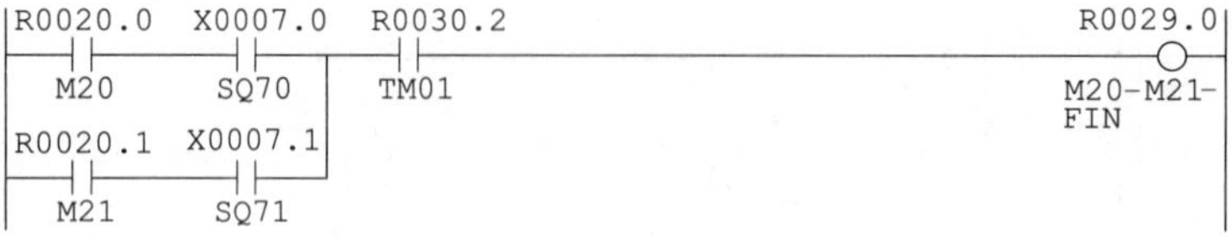

R0020.0
X0007.0
R0030.2
M20
SQ70
TM01
R0020.1
X0007.1
M21
SQ71
R0029.0
M20-M21-
FIN

4）M22 ~ M27 代码完成信号。

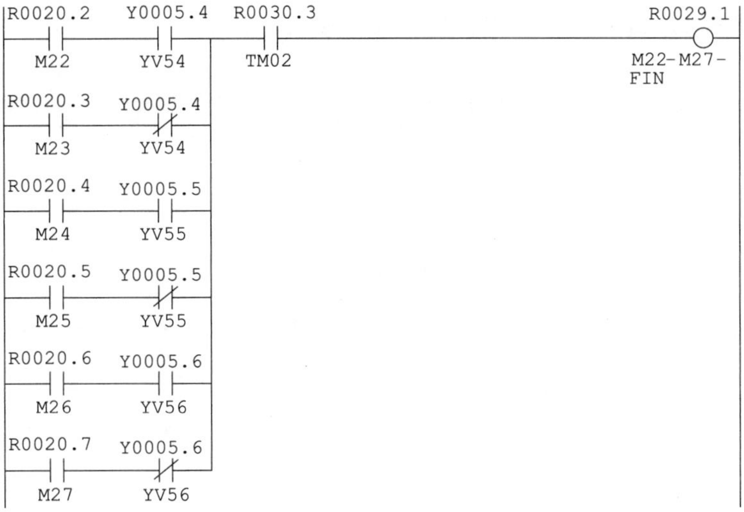

```
R0020.2  Y0005.4  R0030.3          R0029.1
M22      YV54     TM02             M22-M27-
                                   FIN
R0020.3  Y0005.4
M23      YV54
R0020.4  Y0005.5
M24      YV55
R0020.5  Y0005.5
M25      YV55
R0020.6  Y0005.6
M26      YV56
R0020.7  Y0005.6
M27      YV56
```

5）M14 ~ M17 代码完成信号。

```
R0043.4                            R0029.2
M14                                M14-M17-
                                   FIN
R0043.5
M15
R0043.6
M16
R0043.7
M17
```

6）M 代码结束信号 FIN（G4.3）。为项目 4 和项目 5 预分配 M 代码完成信号 MFIN4（R30.4）和 MFIN5（R30.5）。

```
R0029.0  F0007.0                   G0004.3
M20-M21- MF                        FIN      结束信号
FIN
R0029.1
M22-M27-
FIN
R0029.2
M14-M17-
FIN
R0030.4
MFIN4
R0030.5
MFIN5
G0004.3
FIN
```

3.3.4.7 报警信息显示 PMC 程序

1）手爪回转条件不满足时运行 M20 或 M21 代码，触发报警 AL2005（A0.5）。

R0020.0 M20
R0030.1 ROT-CON
X0013.0 ERS-PB
A0000.5 AL2005 手爪回转不允许
R0020.1 M21
A0000.5 AL2005

2）项目三报警信号。

A0000.5 AL2005
R0010.3 ALARM3 报警-项目三

3.4 项目验证

3.4.1 程序结束代码 M02/M30 功能验证

（1）M02 代码验证

1）在 MDI 方式下，系统切换到 PROG 画面，即程序画面。

2）键入“M02;”，其中“;”为 MDI 键盘上的 EOB，然后点击“INSERT”，输入程序代码。

3）按一下“循环启动”按钮，图 3-16 中 M02 代码立即消失，即表示 M02 代码完成。

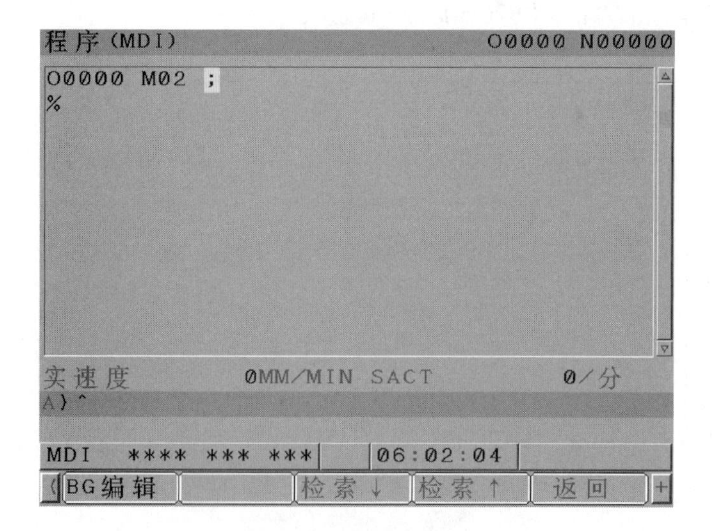

图 3-16 M02 代码验证

（2）M30 代码验证

1）在 MDI 方式，系统切换到 PROG 画面，即程序画面。

2）键入“M30；”，其中“；”为 MDI 键盘上的 EOB，然后点击“INSERT”，输入程序代码。

3）按一下“循环启动”按钮，图 3-17 中 M30 代码立即消失，即表示 M30 代码完成。

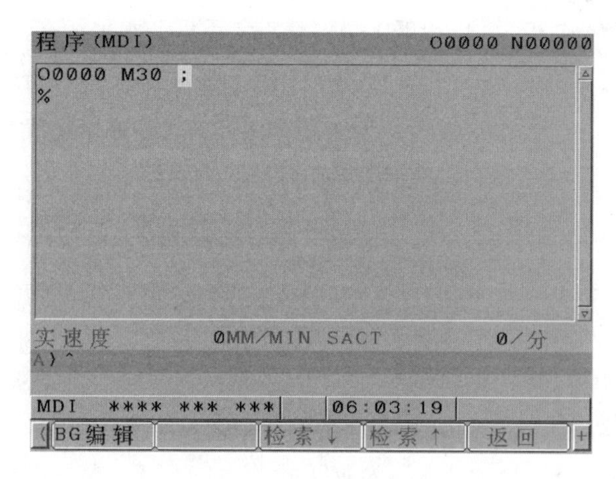

图 3-17　M30 代码验证

3.4.2　气缸动作 M 代码功能验证

（1）手爪放料姿态 M20 代码验证

1）在手轮或 JOG 方式下，让坐标轴满足手爪回转条件，即 $Z \leqslant 50$mm，或 5mm $\leqslant X \leqslant$ 395mm 且 $Z \leqslant$ 650mm，或 1450mm $\leqslant X \leqslant$ 1550mm。

2）在 MDI 方式下，系统切换到“PROG”画面，即程序画面。

3）键入“M20；”，其中“；”为 MDI 键盘上的 EOB，然后点击“INSERT”。

4）按一下“循环启动”按钮，执行 M20 代码，执行完毕 M20 代码消失，手爪回转到放料姿态，手爪 1 水平状态，手爪 2 垂直状态，如图 3-18 所示。

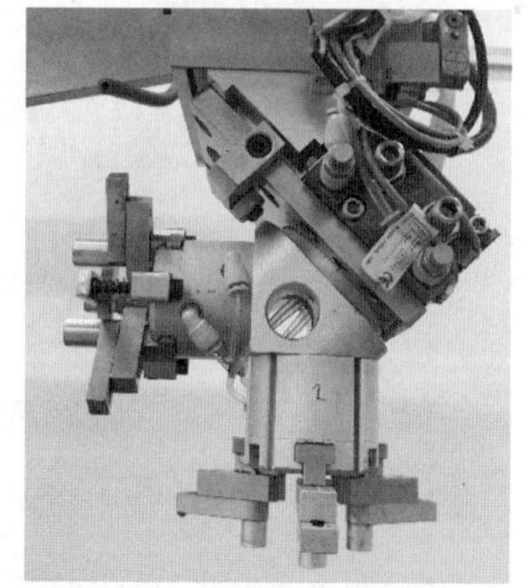

图 3-18　手爪放料姿态

（2）手爪取料姿态 M21 代码验证

1）在手轮或 JOG 方式下，让坐标轴满足手爪回转条件，即 $Z \leqslant 50$mm，或 5mm $\leqslant X \leqslant$ 395mm 且 $Z \leqslant$ 650mm，或 1450mm $\leqslant X \leqslant$ 1550mm。

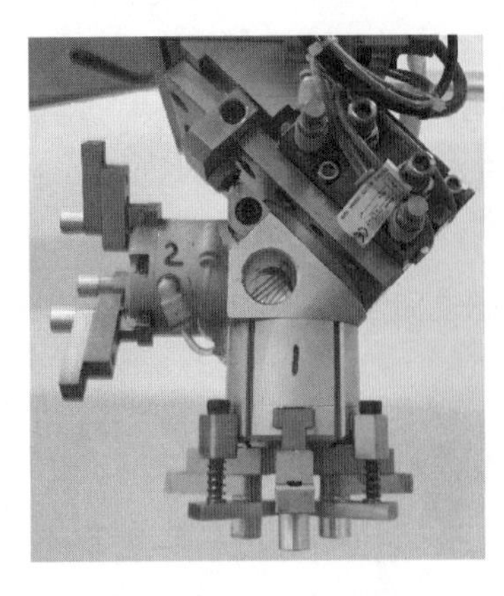

图 3-19 手爪取料姿态

2）在 MDI 方式下，系统切换到“PROG”画面，即程序画面。

3）键入“M21；”，其中“；”为 MDI 键盘上的 EOB，然后点击“INSERT”。

4）按一下“循环启动”按钮，执行 M21 代码，执行完毕 M21 代码消失，手爪回转到取料姿态，手爪 1 垂直状态，手爪 2 水平状态，如图 3-19 所示。

（3）手爪 1 张开 M22 代码验证

1）在MDI方式下，系统切换到“PROG”画面，即程序画面。

2）键入“M22；”，其中“；”为 MDI 键盘上的 EOB，然后点击“INSERT”。

3）按一下“循环启动”按钮，执行 M22 代码，执行完毕 M22 代码消失，手爪 1 张开，如图 3-20 所示。

（4）手爪 1 闭合 M23 代码验证

1）在 MDI 方式下，系统切换到“PROG”画面，即程序画面。

2）键入“M23；”，其中“；”为 MDI 键盘上的 EOB，然后点击“INSERT”。

3）按一下“循环启动”按钮，执行 M23 代码，执行完毕 M23 代码消失，手爪 1 闭合，如图 3-21 所示。

图 3-20 手爪 1 张开

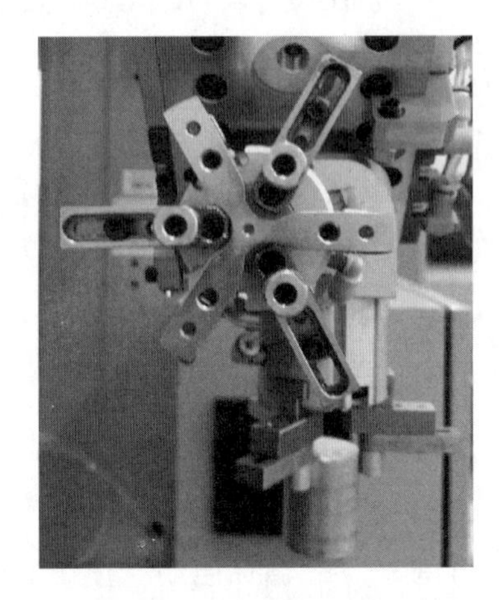

图 3-21 手爪 1 闭合

（5）手爪 2 张开 M24 代码验证

1）在 MDI 方式下，系统切换到“PROG”画面，即程序画面。

2）键入“M24；”，其中“；”为 MDI 键盘上的 EOB，然后点击“INSERT”。

3）按一下“循环启动”按钮，执行 M24 代码，执行完毕 M24 代码消失，手爪 2 张开，如图 3-22 所示。

（6）手爪 2 闭合 M25 代码验证

1）在 MDI 方式下，系统切换到“PROG”画面，即程序画面。

2）键入“M25；”，其中“；”为 MDI 键盘上的 EOB，然后点击“INSERT”。

3）按一下“循环启动”按钮，执行 M25 代码，执行完毕 M25 代码消失，手爪 2 闭合，如图 3-23 所示。

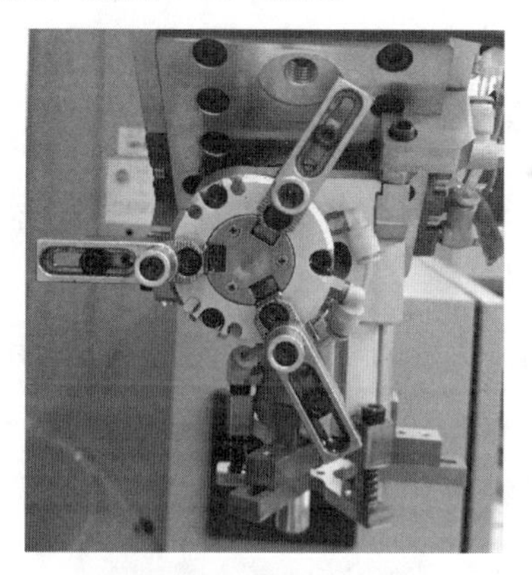

图 3-22 手爪 2 张开

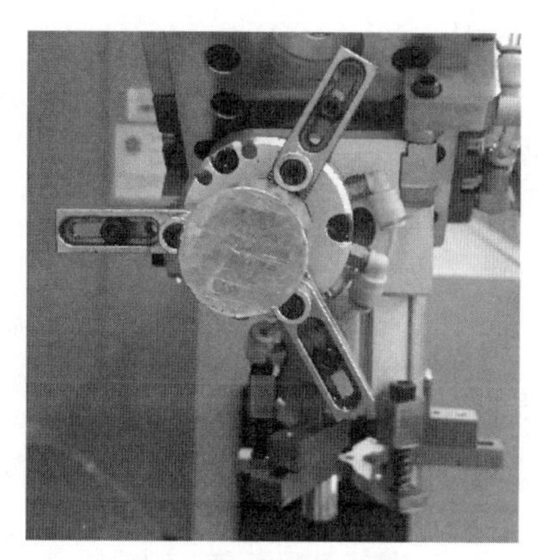

图 3-23 手爪 2 闭合

（7）卡盘张开 M26 代码验证

1）在 MDI 方式下，系统切换到“PROG”画面，即程序画面。

2）键入“M26；”，其中“；”为 MDI 键盘上的 EOB，然后点击“INSERT”。

3）按一下“循环启动”按钮，执行 M26 代码，执行完毕 M26 代码消失，卡盘张开，如图 3-24 所示。

（8）卡盘闭合 M27 代码验证

1）在 MDI 方式下，系统切换到“PROG”画面，即程序画面。

2）键入“M27；”，其中“；”为 MDI 键盘上的 EOB，然后点击“INSERT”。

3）按一下“循环启动”按钮，执行 M27 代码，执行完毕 M27 代码消失，卡盘闭合，如图 3-25 所示。

图 3-24 卡盘张开

图 3-25 卡盘闭合

3.4.3 手爪有料 / 无料设定 M 代码功能验证

（1）手爪 1 有料 / 无料设定 M 代码验证

1）在 MDI 方式下，系统切换到“PROG”画面，即程序画面。

2）在程序画面中键入“M23；”，其中“；”为 MDI 键盘上的 EOB，然后点击“INSERT”。

3）按一下“循环启动”按钮，执行 M23 代码，执行完毕 M23 代码消失，手爪 1 闭合。

4）在程序画面中键入“M14；”，其中“；”为 MDI 键盘上的 EOB，然后点击“INSERT”。

5）按一下“循环启动”按钮，执行 M14 代码，执行完毕 M14 代码消失，“手爪 1 有料”指示灯点亮。

6）在程序画面中键入“M15；”，其中“；”为 MDI 键盘上的 EOB，然后点击“INSERT”。

7）按一下“循环启动”按钮，执行 M15 代码，执行完毕 M15 代码消失，“手爪 1 有料”指示灯熄灭。

（2）手爪 2 有料 / 无料设定 M 代码验证

1）在 MDI 方式下，系统切换到“PROG”画面，即程序画面。

2）在程序画面中键入“M25；”，其中“；”为 MDI 键盘上的 EOB，然后点击“INSERT”。

3）按一下“循环启动”按钮，执行 M25 代码，执行完毕 M25 代码消失，手爪 2 闭合。

4）在程序画面中键入“M16；”，其中“；”为 MDI 键盘上的 EOB，然后点击“INSERT”。

5）按一下“循环启动”按钮，执行 M16 代码，执行完毕 M16 代码消失，“手爪 2 有料”指示灯点亮。

6）在程序画面中键入“M17；”，其中“；”为 MDI 键盘上的 EOB，然后点击“INSERT”。

7）按一下“循环启动”按钮，执行 M17 代码，执行完毕 M17 代码消失，“手爪 2 有料”指示灯熄灭。

3.4.4 报警信息验证

（1）料盘区报警信息验证

1）用 JOG 或手轮移动 X 轴进入料盘区，即 $5\text{mm} \leqslant X \leqslant 395\text{mm}$。

2）用 JOG 或手轮移动 Z 坐标，使 $Z > 650$mm。

3）选择 MDI 方式，系统切换到“PROG”画面，即程序画面。

4）在程序画面键入“M20；”或“M21；”，其中“；”为 MDI 键盘上的 EOB，然后点击“INSERT”。

5）按一下“循环启动”按钮，将触发报警 AL2005，如图 3-26 所示，信息提示“GRIP ROT NOT ALLOWED”，表示手爪回转不允许。

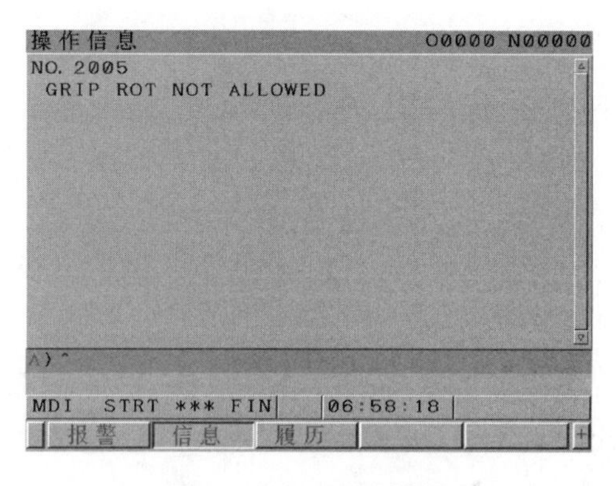

图 3-26 AL2005 报警

（2）非料盘区报警信息验证

1）用 JOG 或手轮移动 X 轴进入既非料盘区（$5\text{mm} \leqslant X \leqslant 395\text{mm}$），又非机床区（$1450\text{mm} \leqslant X \leqslant 1550\text{mm}$）。

2）用 JOG 或手轮移动 Z 坐标，使 $Z > 50$mm。

3）选择 MDI 方式，系统切换到“PROG”画面，即程序画面。

4）在程序画面键入“M20；”或“M21；”，其中“；”为 MDI 键盘上的 EOB，然后点击“INSERT”。

5）按一下“循环启动”按钮，将触发报警 AL2005，如图 3-26 所示，信息提示“GRIP ROT NOT ALLOWED”，表示手爪回转不允许。

项目四　数控桁架机器人上下料半自动运行控制

4.1　项目要求

数控桁架机器人上下料半自动运行包括 XY 定位和取放料操作。

1）XY 定位，包括 XY+ 定位和 XY- 定位，如图 4-1 所示。料盘料位 5 行 5 列、机床位 1 个。在料盘区要求完成 5 个料位和 1 个抽检位的定位。XY+ 定位，系统能自动识别 X 轴当前位置后沿 X 正向进行定位。如果已定位到机床位，再按“XY+ 定位”按钮，则定位至料位 1。XY- 定位，系统能自动识别 X 轴当前位置后沿 X 负向进行定位。如果已定位到料位 1，再按“XY- 定位”按钮，则定位至机床位。在料位 1 ～ 5 和抽检位的定位中含 Y 轴定位。

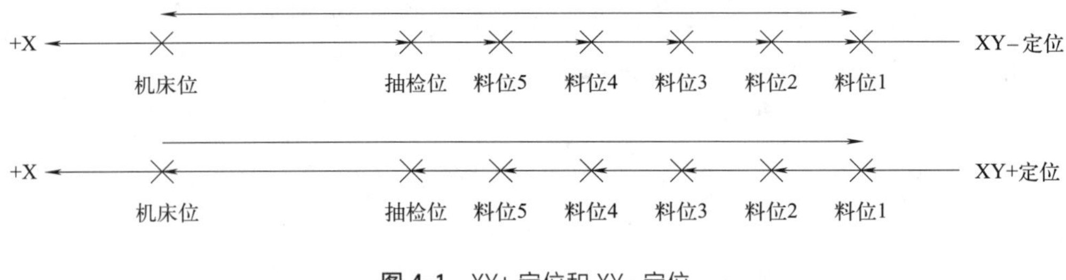

图 4-1　XY+ 定位和 XY- 定位

2）本项目中，料盘 5 个料位分别是 5 行 1 列、4 行 2 列、3 行 3 列、2 行 4 列、1 行 5 列，抽检位安排在 6 行 6 列，见图 4-2。

3）在 XY 定位完成的前提下，取放料半自动，即一键取放料。要求能自动判别料盘料位取放料、抽检位放料、机床位取放料。

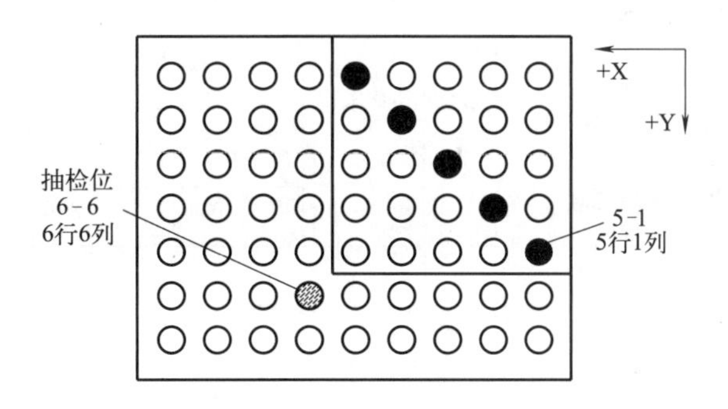

图 4-2　料盘料位设置

4.2　相关知识

4.2.1　数控桁架机器人上下料半自动运行控制相关 PMC 指令

4.2.1.1　二进制数据加法运算指令 ADDB

该指令用于 1、2 和 4 字节长二进制数据的加法运算。ADDB 指令格式及举例如图 4-3 所示。ADDB 指令举例中，进行 2 字节二进制数据加法运算，其中加数为常数 10，R102=R100+10。

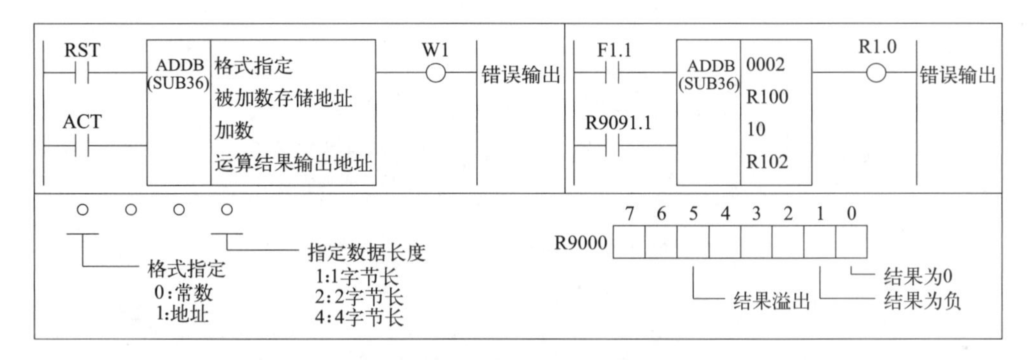

图 4-3　ADDB 指令格式及举例

控制条件及参数说明：

1）格式指定：指定数据长度（1、2 或 4 字节）和加数的指定方法（常数或地址）。

2）运算结果寄存器 R9000：设定运算信息。

4.2.1.2　二进制数据减法运算指令 SUBB

该指令用于 1、2 和 4 字节长二进制数据的加法运算。SUBB 指令格式及举例如图 4-4 所示。SUBB 指令举例中，进行 2 字节二进制数据减法运算，其中减数为地址，R104=R100-R102。

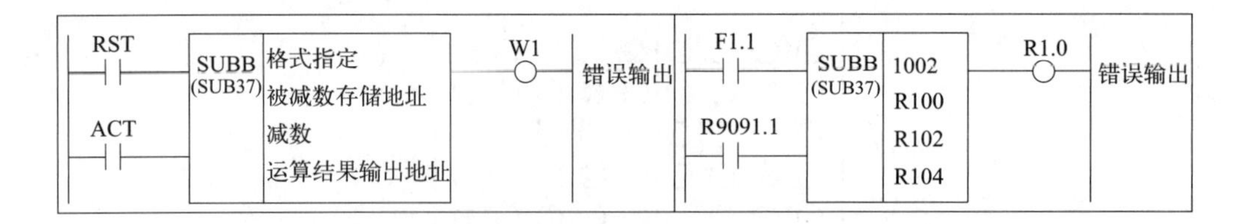

图 4-4 SUBB 指令格式及举例

控制条件及参数说明：

1）格式指定：指定数据长度（1、2 或 4 字节）和减数的指定方法（常数或地址）。指定方式与 ADDB 指令相同。

2）运算结果寄存器 R9000：设定运算信息。结果标志位参见 ADDB 指令。

4.2.1.3 数据传送指令

（1）逻辑乘后数据传送 MOVE

该指令的功能是将逻辑乘数与输入数据进行逻辑乘，如图 4-5 所示，然后将结果输出至指定的地址。它可用来从指定地址中排除不需要的位数。

MOVE 指令的梯形图表达格式如图 4-6 所示。

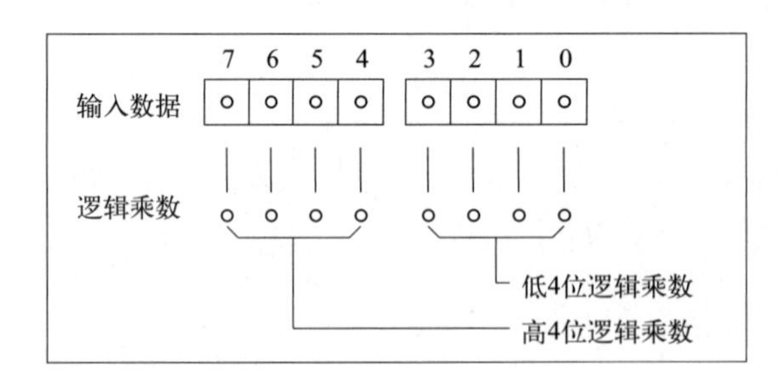

图 4-5 逻辑乘数与输入数据

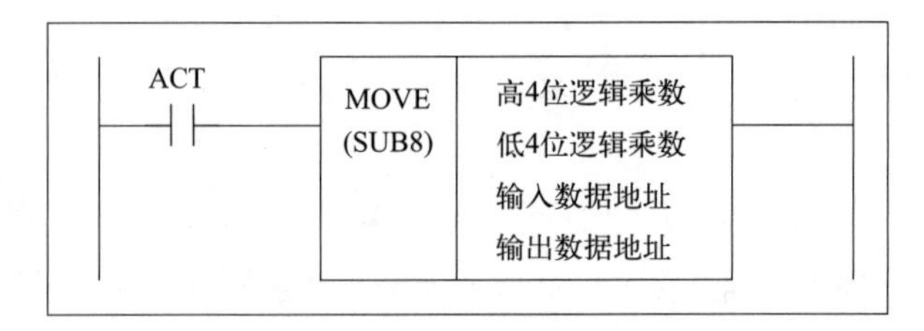

图 4-6 MOV 指令格式

例：若某一编码信号与另一信号共用地址 X35 由外部输入，用该指令将编码信号从 X35 中分离出来，存于某一地址如 R210。该例的 PMC 程序见图 4-7。如 X35=$(0101\ 0110)_2$，经 MOVE 指令运行后 R210=$(0001\ 0110)_2$，成功将 5 位编码信号 $(1\ 0110)_2$ 分离出来。

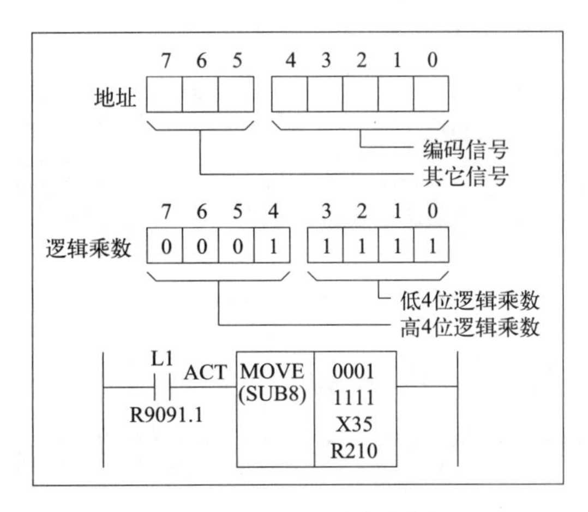

图 4-7　MOVE 指令举例

（2）MOVB（1 个字节的传送）

MOVB 指令格式见图 4-8。MOVB 指令从一个指定的源地址将 1 字节数据传送到一个指定的目标地址，如将 1 字节数据 R100 传送至 R200 中。

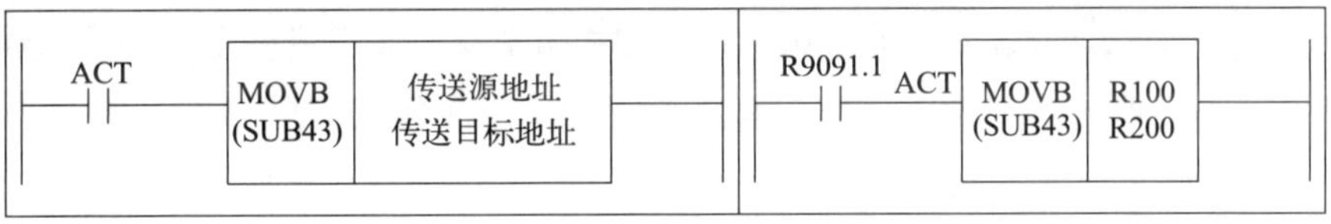

图 4-8　MOVB 指令格式

（3）MOVW（2 个字节的传送）

MOVW 指令格式见图 4-9。MOVW 指令从一个指定的源地址将 2 字节数据传送到一个指定的目标地址，如将 2 字节数据 R100–R101 传送至 R200–R201 中。

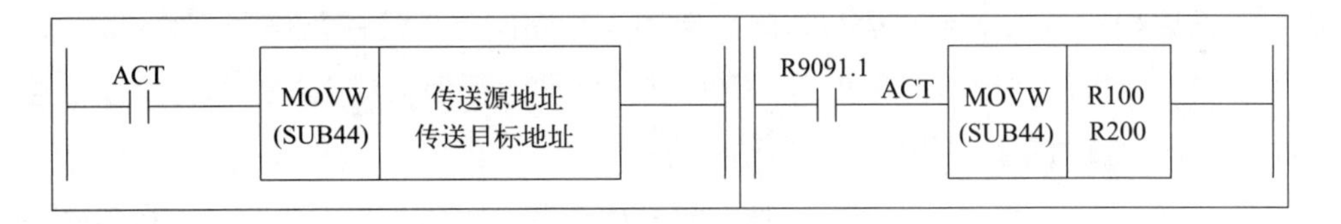

图 4-9　MOVW 指令格式

4.2.1.4　BCD 常数定义指令 NUME

NUME 指令用于常数定义。常数可以是 2 位 BCD 码或 4 位 BCD 码。NUME 指令格式如图 4-10 所示。BCD 常数定义指令 NUME 举例中，将 2 位 BCD 码 R100 定义为常数 12，即 R100=$(0001\ 0010)_{BCD}$。

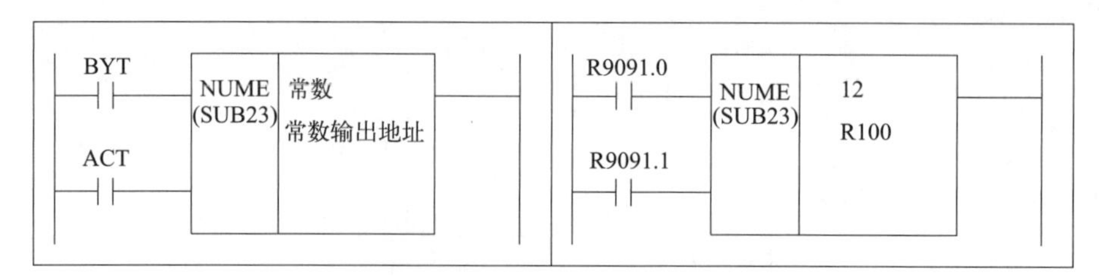

图 4-10 NUME 指令格式及举例

BYT=0：BCD 两位；BYT=1：BCD 四位。

4.2.2 数控桁架机器人上下料半自动运行控制相关接口信号

4.2.2.1 存储器保护接口信号

存储器保护接口信号 KEY1 ～ KEY4（G46.3 ～ G46.6）用于允许或禁止存储器数据的编辑与修改。信号被设定为“0”时，禁止对应的操作。信号被设定为“1”时，允许对应的操作。通过参数 3290#7 的设定，可以调整各个信号的保护内容。

1）参数 3290#7=0。

KEY1（G46.3）：允许刀具偏置量、工件原点偏置量、工件坐标系偏移量的输入。

KEY2（G46.4）：允许设定数据、宏变量、刀具寿命管理数据的输入。

KEY3（G46.5）：允许程序的登录和编辑。

KEY4（G46.6）：允许 PMC 参数的输入。

2）参数 3290#7=1。

KEY1（G46.3）：允许程序的登录、编辑、PMC 参数的输入。

KEY2 ～ KEY4（G46.4 ～ G46.6）：不使用。

4.2.2.2 单程序段接口信号

单程序段运行仅对自动运行有效。自动运行期间当单程序段信号 SBK（G46.1）置为 1 时，在执行完当前程序段后，CNC 进入自动运行停止状态。当单程序段信号 SBK（G46.1）置为 0 时，重新执行自动运行。

SBK（G46.1）：单程序段信号。使单程序段有效。该信号置为 1 时，执行单程序段操作。该信号为 0 时，执行正常操作。

MSBK（F4.3）：单程序段检测信号。通知 PMC 单程序段信号的状态。单程序段 SBK 为 1 时，该信号为 1；单程序段 SBK 为 0 时，该信号为 0。

4.2.2.3 进给倍率接口信号

进给速度倍率信号用来增加或减少编程进给速度。一般用于程序检测。例如，当在程序中指定的进给速度为 100mm/min 时，将倍率设定为 50%，实际进给速度为

50mm/min。

*FV0 ~ *FV7（G12）：进给速度倍率信号。切削进给速度倍率信号共有 8 个二进制编码信号，倍率值计算公式为：

$$倍率值（\%）=\sum_{i=0}^{7}(2^{i}\times V_{i})$$

当 *FVi 为 1 时，V_i=0；当 *FVi 为 0 时，V_i=1。所有的信号都为 0 和所有的信号都为 1 时，倍率都被认为是 0%。因此，倍率可在 0%～ 254% 的范围内以 1% 为单位进行选择。

4.2.2.4 外部工件号检索接口信号

外部工件号检索信号 PN1、PN2、PN4、PN8、PN16（G9.0 ~ G9.4）：在存储器方式下，可以用此 5 个接口信号从存储器中检索出所需要的程序。能够检索的程序号从 1 ~ 31，与接口信号的对应关系见表 4-1。

表 4-1 外部工件号检索接口信号与程序号的对应关系

外部工件号检索接口信号					程序号
PN16	PN8	PN4	PN2	PN1	
0	0	0	0	0	不检索
0	0	0	0	1	01
0	0	0	1	0	02
0	0	0	1	1	03
……					
1	1	1	1	1	31

自动运行处于复位状态，即自动运行中信号 OP（F0.7）为“0”时，在存储器运行方式下，将自动运行启动信号 ST（G7.2）由“1”变为“0”，检索程序并启动运行。

4.2.2.5 扩展外部工件号检索接口信号

扩展外部工件号检索信号 EPN0 ~ EPN13（G24.0 ~ G25.5）：用于指定存储器运行方式下执行的工件程序号。按照表 4-2 所示，EPN0 ~ EPN13（二进制）与工件程序号对应。

表 4-2 扩展外部工件号检索接口信号与程序号的对应关系

外部工件号检索接口信号														程序号
EPN13	EPN12	EPN11	EPN10	EPN9	EPN8	EPN7	EPN6	EPN5	EPN4	EPN3	EPN2	EPN1	EPN0	
0	0	0	0	0	0	0	0	0	0	0	0	0	0	不检索
0	0	0	0	0	0	0	0	0	0	0	0	0	1	0001
0	0	0	0	0	0	0	0	0	0	0	0	1	0	0002
……														
1	0	0	1	1	1	0	0	0	0	1	1	1	0	9998
1	0	0	1	1	1	0	0	0	0	1	1	1	1	9999

参数 3006#1 用于选择哪组工件号检索信号有效。参数 3006#1=0，PN1 ~ PN16（G9.0 ~ G9.4）有效；参数 3006#1=1，EPN0 ~ EPN13（G24.0 ~ G25.5）有效。

外部工件号检索启动信号 EPNS（G25.7）：该信号只执行工件号检索，而不启动程序运行。当信号从“1”变为“0”时执行检索功能。参数 3006#2 设定为“1”时该信号有效，否则使用基于 ST（G7.2）信号的检索功能。

如果指定的程序号检索不到，会出现 DS0059 报警。

4.2.2.6 外部数据输入接口信号

外部数据输入功能是从外部向 CNC 发送数据并执行规定动作的一种功能，它包括：

1）外部刀具补偿；

2）外部程序号检索；

3）外部工件坐标系偏移；

4）外部机械原点偏移；

5）外部报警信息；

6）外部操作信息；

7）加工件计数、要求工件数代入。

外部程序号检索相关接口信号如下：

1）EA0 ~ EA6（G2.0 ~ G2.6）：外部数据输入用地址信号，表示输入的外部数据的数据种类。进行外部程序号检索时，G2.0 ~ G2.6 全为 0。

2）ED0 ~ ED31（G0，G1，G210，G211）：外部数据输入用数据信号，表示输入的外部数据的数据本身。进行外部程序号检索时，仅 G0 ~ G1 有效，存放不带符号的 4 位 BCD 数，从 1 ~ 9999。

3）ESTB（G2.7）：外部数据输入用读取信号，此信号表示外部数据输入的地址、数据已准备好。CNC 在该信号成为 1 的时刻，开始读取外部数据输入的地址、数据。

4）EREND（F60.0）：外部数据输入用读取完成信号，此信号表示 CNC 已经读取完外部数据输入。

5）ESEND（F60.1）：外部数据输入用检索完成信号，此信号表示外部数据输入已经完成。

外部程序号检索时序图如图 4-11 所示。基本过程如下：

1）PMC 侧设定表示数据种类的地址 EA0-EA6（G2.0 ~ G2.6）全为 0；在地址 ED0-ED15（G0 ~ G1）中设定不带符号的 4 位 BCD 数表示程序号。

2）PMC 侧接着将读取信号 ESTB（G2.7）设定为 1。

3）当 ESTB（G2.7）成为 1 时，CNC 读取地址、数据。

4）读取完成时，CNC 将读取完成信号 EREND（F60.0）设定为 1。

5）当 EREND（F60.0）成为 1 时，PMC 侧将 ESTB（G2.7）设定为 0。

6）当 ESTB（G2.7）成为 0 时，CNC 将 EREND（F60.0）设定为 0。

7）当 ESEND（F60.1）为 1 时，表示外部程序号检索结束。此时可以启动程序运行。

8）ST（G7.2）从 1 变为 0 时，检索出的程序开始运行，此时 CNC 自动将 ESEND（F60.1）变为 0。

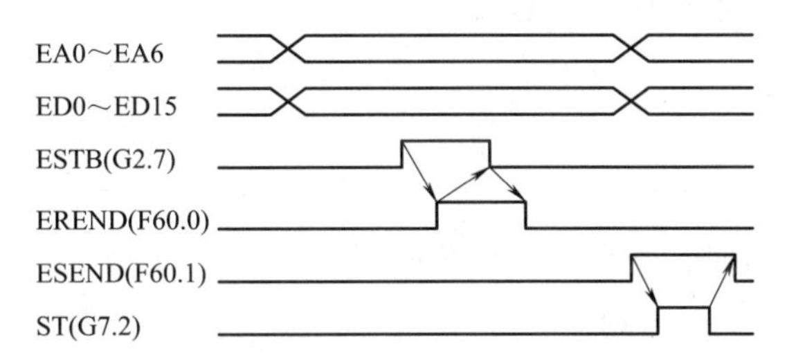

图 4-11　外部程序号检索时序图

其他说明如下：

1）外部程序号检索，在参数 6300#4（ESR）为 1 时有效。

2）不管方式如何都受理外部程序号检索的数据，而检索动作的执行，只有在 MEM 方式下处于复位状态时执行。复位状态就是在自动运行中指示灯熄灭的状态，即 OP（F0.7）为 0 的状态。

3）与所设定的程序号对应的程序尚未被存储在存储器中时，会发出报警（DS1128）。

4）将程序号设定为 0 的程序检索，会发出报警（DS0059）。

4.2.3　数控桁架机器人上下料半自动运行控制相关系统参数

数控桁架机器人半自动运行相关系统参数如表 4-3 所示。

表 4-3　数控桁架机器人半自动运行相关系统参数

序号	参数号	参数设定说明
1	3290#7	0：KEY1 ～ KEY4 有效 1：仅 KEY1 有效
2	3006#1	0：PN1 ～ PN16（G9.0 ～ G9.4）有效 1：EPN0 ～ EPN13（G24.0 ～ G25.5）有效
3	3006#2	0：EPNS（G25.7）无效。使用基于 ST（G7.2）信号的检索功能 1：EPNS（G25.7）有效
4	6300#4	0：外部程序号检索无效 1：外部程序号检索有效

续表

序号	参数号	参数设定说明
5	3401#0	在可以使用小数点的地址中省略小数点时 0：视为最小设定单位。（标准型小数点输入） 1：将其视为 mm、inch、度（°）、sec 的单位（计算器型小数点输入）
6	6001#6	0：复位时，#100 ~ #199 清零 1：复位时，#100 ~ #199 不清零

4.2.4 数控宏程序编程基础

4.2.4.1 变量类型

变量按变量号分为局部变量（<100），公共变量（≥ 100 且 <1000）和系统变量（≥ 1000）。各种变量的用法和性质是不同的。

（1）局部变量 #1 ~ #33

局部变量是一种在宏程序中局部使用的变量。局部变量分为 5 级，0 级 ~ 4 级，每级之间互不相同。如 0 级的 #1 与 1 级的 #1 不同。

局部变量能用于自变量转移，不传递自变量的局部变量，它的初始状态为 <空>。

局部变量嵌套从 0 级到 4 级，见图 4-12。主程序是 0 级。宏程序每调用 1 次（用 G65 或 G66），局部变量级别加 1，前 1 级的局部变量值保存在 CNC 中。当宏程序中执行 M99 时，控制返回到调用的程序，此时，局部变量级别减 1；并恢复宏程序调用时保存的局部变量值。

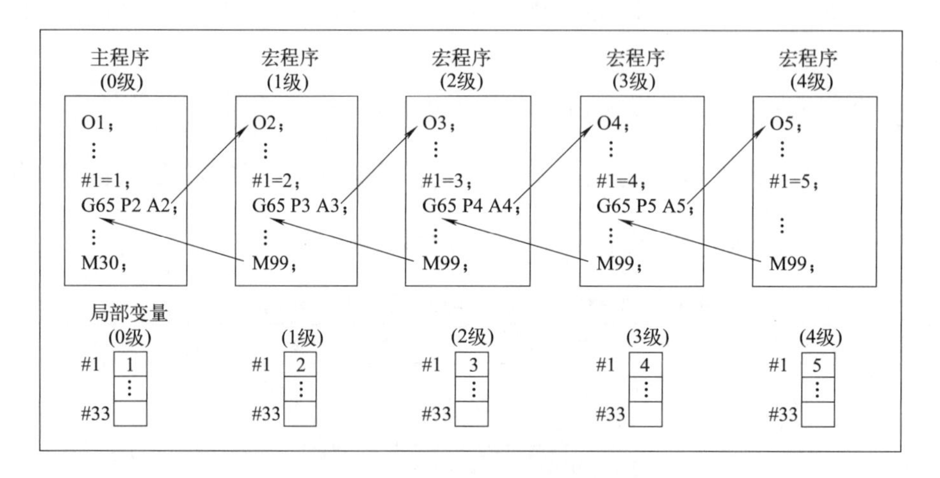

图 4-12 局部变量

（2）公共变量 #100 ~ #199，#500 ~ #999

公共变量无论是在主程序，还是在子程序，其值都是相同的。公共变量可以任意使用。

#100 ~ #199 的公共变量，断电时其值被清除。而 #500 ~ #999 的公共变量，断电时其值不清除，保持不变。

公共变量的值可以直接显示在显示器上。

（3）系统变量

系统变量在系统中其用法是固定的，必须按规定使用。系统变量是自动控制和通用加工程序开发的基础。

系统变量用于读和写 CNC 运行时的各种数据，例如，G 代码模式的当前状态、刀具的当前位置和补偿值等等。

某些系统变量只能读。

1）报警系统变量。当变量 #3000 的值为 0 ~ 200 时，CNC 停止运行且报警。可在表达式后指定不超过 26 个字符的报警信息。显示屏上显示报警号和报警信息，其中报警号为变量 #3000 的值加上 3000。

例：#3000=1 TOOL NOT FOUND →报警屏幕上显示“3001 TOOL NOT FOUND”（刀具未找到）。

2）轴位置系统变量。坐标轴位置信息系统变量见表 4-4，这些系统变量不能写，只能读。在使用轴位置信息变量时，要注意该位置信息是工件坐标系还是机械坐标系的数据，它们是否包含刀具补偿，以及运动时是否允许进行读操作等。

表 4-4　位置信息变量

变量号	位置信息	坐标系	刀具补偿值	运动时的读操作
#5001 #5002 …	第 1 轴程序段终点 第 2 轴程序段终点 …	工件坐标系	不包含	允许
#5021 #5022 …	第 1 轴当前位置 第 2 轴当前位置 …	机械坐标系	包含	不允许
#5041 #5042 …	第 1 轴当前位置 第 2 轴当前位置 …	工件坐标系	包含	不允许
#5061 #5062 …	第 1 轴跳转位置 第 2 轴跳转位置 …	工件坐标系	包含	允许
#5101 #5102 …	第 1 轴位置误差 第 2 轴位置误差 …			不允许

4.2.4.2　宏程序控制指令

在程序中，使用 GOTO 语句和 IF 语句可以控制程序的走向。有三种转移和循环操作可供使用，如图 4-13 所示。

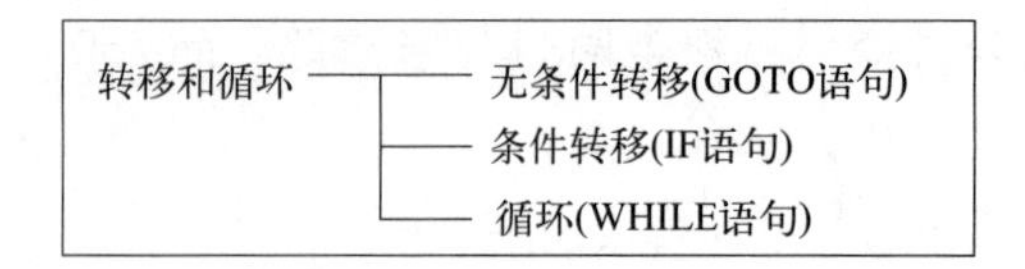

图 4-13 控制语句

（1）无条件转移指令

无条件转移（GOTO 语句）转移到标有顺序号 *n* 的程序段。当指定 1 ~ 99999 以外的顺序号时，出现 P/S 报警（报警号 128）。可用表达式指定顺序号。

GOTO *n*（*n*：顺序号）

例：GOTO #10。

（2）有条件转移指令

条件转移（IF 语句）格式为：

IF[< 条件表达式 >] GOTO *n*

如果指定的条件表达式满足时，转移到标有顺序号 *n* 的程序段。如果指定的条件表达式不满足，执行下个程序段。见图 4-14。

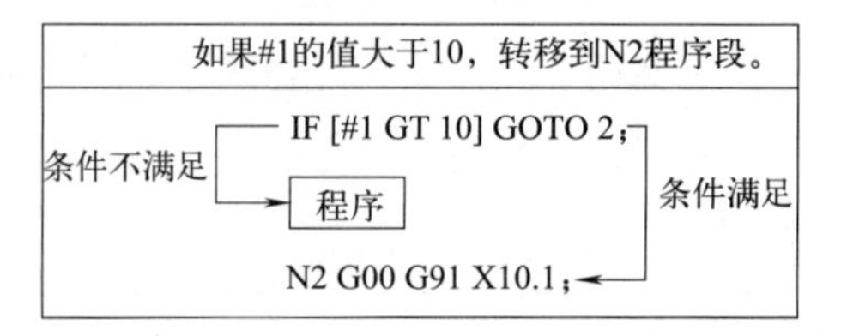

图 4-14 IF 语句

如果条件表达式满足，执行预先决定的宏程序语句。只执行一个宏程序语句。

如果 #1 和 #2 的值相等，0 赋给 #3。
IF [#1 EQ #2] THEN #3=0；

条件表达式必须包括运算符。运算符插在两个变量中间或变量和常数中间，并且用括号“[，]”封闭。表达式可以替代变量。运算符见表 4-5。

表 4-5 运算符

运算符	含义	运算符	含义
EQ	等于	GE	大于或等于
NE	不等于	LT	小于
GT	大于	LE	小于或等于

（3）循环指令

在 WHILE 后指定一个条件表达式，当指定条件满足时，执行从 DO 到 END 之间的程序。否则，转到 END 后的程序段。见图 4-15。

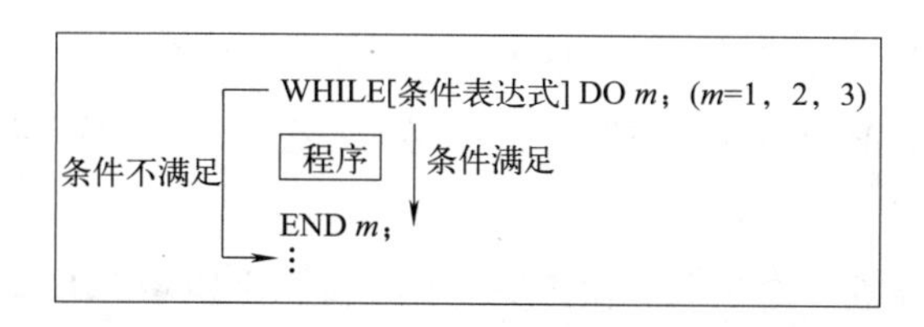

图 4-15　WHILE 语句

注意：

1）DO *m* 和 END *m* 必须成对使用，而且 DO *m* 一定要在 END *m* 之前指令。

2）同一识别号可以多次使用，但 DO *m* 和 END *m* 必须成对使用。

3）DO 的范围不能交叉。

4）DO 可以嵌套三重。

5）从 DO *m* 和 END *m* 的内部可以转移到外部，但不得从外部向内部转移。

6）从 DO *m* 和 END *m* 的内部可以调用宏程序或子程序。

4.2.4.3　宏程序调用

从直观上讲，调用子程序和调用宏程序的主要差别在于编程格式的定义。从逻辑上讲，这两种调用方法是相同的，目的也一样。可通过特定的程序代码从控制存储区域调出预先存储的程序（子程序或宏程序）。

M98 P_；调用子程序 p_（通常不需要附加的数据）

G65 P_；调用宏程序 p_（通常需要附加的数据）

O0001 ~ O9999 范围内任意的 1 ~ 4 位数都可用作宏程序号，为便于应用，还专门指定了某些范围。从定义上讲，FANUC 程序可以分成如下的程序号组，见表 4-6。

表 4-6　程序号组

程序号范围	描述
O1 ~ O7999	标准程序号（典型用于主程序）
O8000 ~ O8999	可通过设置锁定第一组宏程序号
O9000 ~ O9049	可通过参数锁定的特殊用途的宏程序号（和 G、M、S 和 T 功能联用）
O9000 ~ O9999	可通过参数锁定的第二组宏程序号

参数 3202#0（NE8）：用于设定是否允许编辑和显示 O8000 ~ O8999 程序（置 0：允许；置 1：不允许）。

参数 3202#4（NE9）：用于设定是否允许编辑和显示 O9000 ~ O9999 程序（置 0：允许；置 1：不允许）。

1）程序号 O1 ~ O7999。标准程序（甚至子程序）的程序号的取值范围是 O1 ~ O7999，可通过合法的程序号存储到控制系统中。可以随时显示，供用户查看，并且不需要任何限制就可注册到系统存储器中，用户也可随时随意修改程序。

2）程序号 O8000 ~ O8999 和 O9000 ~ O9999。这两组程序号都是通过参数设置来约束的，在没有参数设置的情况下，使用这两组程序号的程序，不能被编辑、存储或删除。

3）程序号 O9000 ~ O9049。这是第二组宏程序中的一个小组，用于特殊类型的宏程序，这些宏程序用来定义新的 G 代码、M 代码、S 代码或 T 代码。

宏程序的通用调用分模态调用和非模态调用。非模态调用较为常用，其格式如图 4-16 所示。

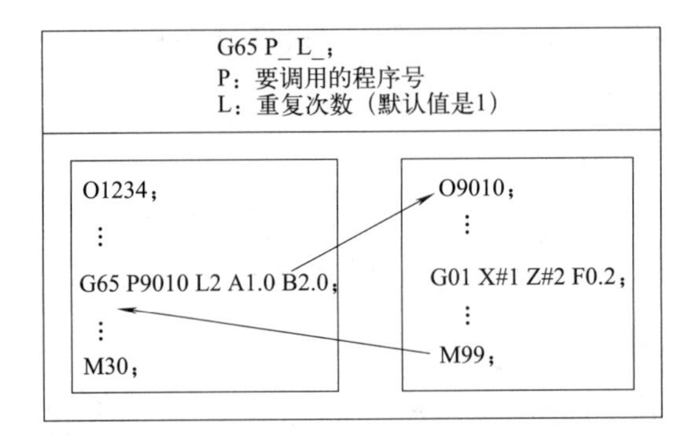

图 4-16 非模态调用的格式

在 G65 之后，用地址 P 指定用户宏程序的程序号。当要求重复时，在地址 L 后指定从 1 到 9999 的重复次数。省略 L 值时，认为 L 等于 1。使用自变量指定，其值被赋值到相应的局部变量。

自变量有两种类型：自变量指定 Ⅰ 和自变量指定 Ⅱ，分别见表 4-7 和表 4-8。

自变量指定 Ⅰ 使用字母 A ~ Z，其中地址 G、L、N、O 和 P 不能在自变量 Ⅰ 中使用。

表 4-7 自变量指定 Ⅰ

地址	变量号	地址	变量号	地址	变量号
A	#1	I	#4	T	#20
B	#2	J	#5	U	#21
C	#3	K	#6	V	#22
D	#7	M	#13	W	#23
E	#8	Q	#17	X	#24
F	#9	R	#18	Y	#25
H	#11	S	#19	Z	#26

自变量指定 Ⅱ 使用 A、B、C 各 1 次，I、J、K 各 10 次。自变量指定 Ⅱ 用于传递诸如三维坐标值的变量。

表 4-8　自变量指定 Ⅱ

地址	变量号	地址	变量号	地址	变量号
A	#1	K3	#12	J7	#23
B	#2	I4	#13	K7	#24
C	#3	J4	#14	I8	#25
I1	#4	K4	#15	J8	#26
J1	#5	I5	#16	K8	#27
K1	#6	J5	#17	I9	#28
I2	#7	K5	#18	J9	#29
J2	#8	I6	#19	K9	#30
K2	#9	J6	#20	I10	#31
I3	#10	K6	#21	J10	#32
J3	#11	I7	#22	K10	#33

CNC 内部自动识别自变量指定 Ⅰ 和自变量指定 Ⅱ 。如果自变量指定 Ⅰ 和自变量指定 Ⅱ 混合指定，后指定的自变量类型有效，见图 4-17。

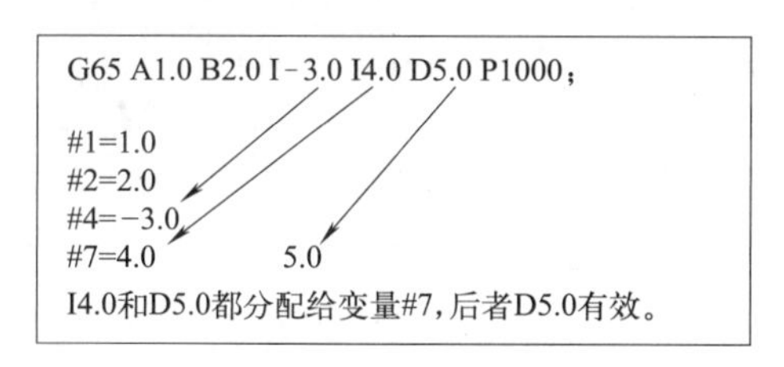

图 4-17　自变量指定 Ⅰ 和自变量指定 Ⅱ 混合指定

4.3　项目实施

4.3.1　数控桁架机器人上下料半自动运行控制设计方案

（1）硬件连接方案

数控桁架机器人半自动运行控制硬件连接方案如图 4-18 所示。

1）程序保护按钮信号接模块 0-4。

2）料盘行列号数码管显示通过模块 0-3 的输出进行控制。

3）项目四操作盒新增 1 个带灯按钮和 3 个不带灯按钮，如图 4-19 所示。XY+ 定位、XY- 定位、取放料、单段等按钮与指示灯接模块 1-1。

（2）软件方案

1）在半自动方式下，按一下“XY+ 定位”按钮或“XY- 定位”按钮分别自动调 XY+ 定位主程序 O11 或 XY- 定位主程序 O12 程序并运行。XY 定位一共有 7 个位置：料盘料位 1 ～ 5、抽检料位、机床位。

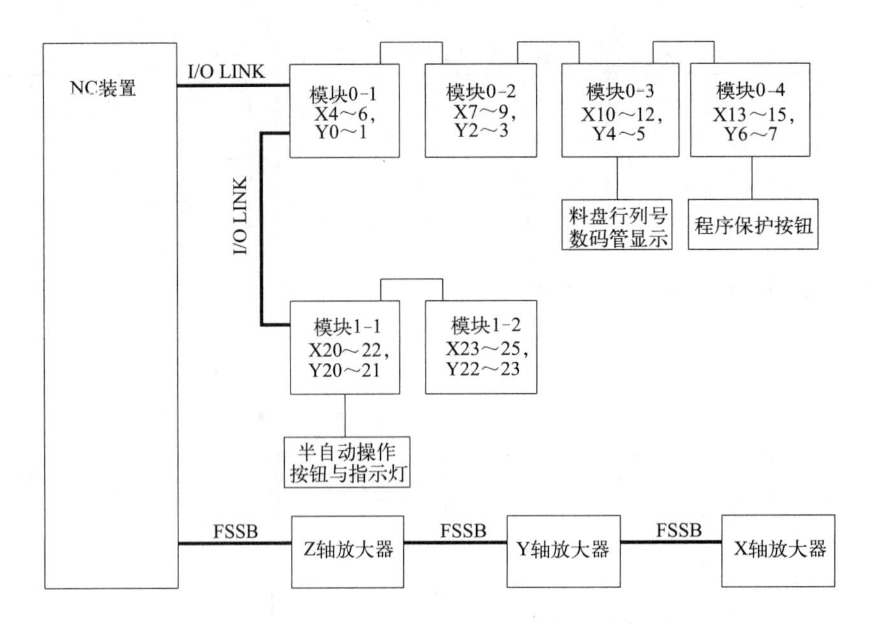

图 4-18　半自动运行控制硬件连接方案

编辑 X20.5 Y20.5	MDI X20.1 Y20.1	JOG X20.2 Y20.2	全自动 X20.3 Y20.3	半自动 X20.4 Y20.4	手轮 X20.5 Y20.5	高速 X20.6 Y20.6	X20.7 Y20.7	X21.0 Y21.0	X21.1 Y21.1	循环启动 X21.2 Y21.2
单段 X21.3 Y21.3	X轴 X21.4 Y21.4	Y轴 X21.5 Y21.5	Z轴 X21.6 Y21.6	正向 X21.7	负向 X22.0	XY+定位 X22.1	XY-定位 X22.2	取放料 X22.3	X22.4	进给暂停 X22.5 Y21.7

图 4-19　项目四操作盒

2）在 XY 已完成定位的前提下，按“取放料”按钮，系统将根据各坐标轴所处位置，自动判别当前位置是 7 个 XY 定位中的哪一个位置，进而自动调用料盘位取放料主程序 O13 或机床位取放料主程序 O14 或抽检位放料主程序 O15。CNC 程序调用关系见图 4-20。

3）料盘位取放料子程序 O1013、机床位取放料子程序 O1014 和抽检位放料子程序 O1015 考虑在项目 5 中也能调用。

4）CNC 程序号自动检索有三种方法：外部工件号检索、扩展外部工件号检索和外部程序号检索，可以任选一种。

5）为方便 CNC 程序的调试，设计单段运行功能和进给速度高 / 低两挡倍率。

6）半自动运行时，X 轴移动的条件：Z 轴在一定安全高度以上；或 Z 轴在机床取放料高度且 $X \geqslant$ #500；或 X 轴在料盘位、抽检位定位位置 ±5mm 范围内。

7）半自动运行时，Y 轴移动的条件：Z 轴在一定安全高度以上；或 Y 轴在料盘位、抽检位定位位置 ±5mm 范围内。

8）半自动运行时，Z 轴移动的条件：Z 轴在一定安全高度以上；或料盘区，X 轴在料盘位、抽检位定位位置 ±5mm 范围内，且 Y 轴在料盘位、抽检位定位位置

±5mm 范围内；或机床区，X 轴定位于 D1000±5mm 范围内。

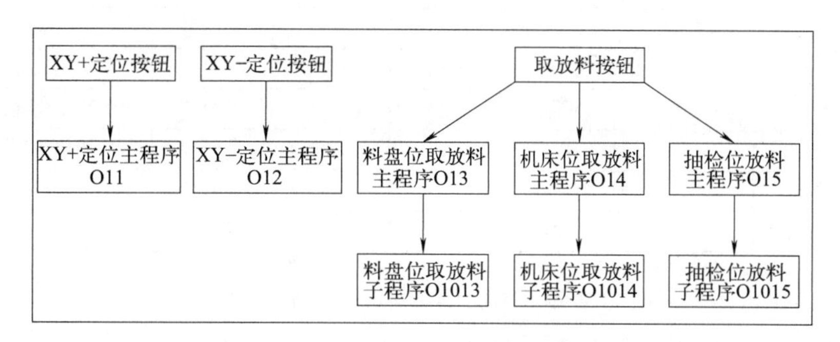

图 4-20　半自动 CNC 程序调用关系

9）半自动取放料时，如果未完成 XY 定位，则产生报警信息，有报警灯指示。

10）新增 2 个 M 代码，分别定义为“机床取料完成”和“机床放料完成”。

11）数控桁架机器人半自动运行相关系统接口信号如表 4-9 所示。

表 4-9　数控桁架机器人半自动运行相关系统接口信号

序号	地址	符号名	说明
1	G46.3	KEY1	存储器保护 1
2	G46.4	KEY2	存储器保护 2
3	G46.5	KEY3	存储器保护 3
4	G46.6	KEY4	存储器保护 4
5	G46.1	SBK	单程序段
6	F4.3	MSBK	单程序段确认
7	G12	*FV	进给倍率
8	G9.0 ~ G9.4	PN1 ~ PN16	外部工件号检索信号
9	G24.0 ~ G25.5	EPN0 ~ EPN13	扩展外部工件号检索信号
10	G25.7	EPNS	外部工件号检索启动信号
11	G0 ~ G1	ED0 ~ ED15	外部数据输入用数据信号
12	G2.0 ~ G2.6	EA0 ~ EA6	外部数据输入用地址信号
13	G2.7	ESTB	外部数据输入用读取信号
14	F60.0	EREND	外部数据输入用读取完成信号
15	F60.1	ESEND	外部数据输入用检索完成信号

4.3.2　数控桁架机器人上下料半自动运行控制相关 I/O 地址

数控桁架机器人半自动运行 0 组模块 I/O 地址见表 4-10。

表 4-10　数控桁架机器人半自动运行 0 组模块 I/O 地址

序号	地址	符号名	模块接口	管脚号	线号	元件号	说明
1	X15.3	KEY-PB	CB150-4	13	X153	-SA153	程序保护
2	Y4.0		CB150-3	34	Y40	-DD40	数码管显示 1

续表

序号	地址	符号名	模块接口	管脚号	线号	元件号	说明
3	Y4.1		CB150-3	35	Y41	-DD40	数码管显示 2
4	Y4.2		CB150-3	36	Y42	-DD40	数码管显示 4
5	Y4.3		CB150-3	37	Y43	-DD40	数码管显示 8
6	Y4.4		CB150-3	38	Y44	-DD40	料盘列号显示选通
7	Y4.5		CB150-3	39	Y45	-DD40	料盘行号显示选通

数控桁架机器人半自动运行 1 组模块 I/O 地址见表 4-11。

表 4-11　数控桁架机器人半自动运行 1 组模块 I/O 地址

序号	地址	符号名	模块接口	管脚号	线号	元件号	说明
1	X22.1	XY+_LOC-PB	CB150-5	11	X221	-SB221	XY+ 定位按钮
2	X22.2	XY-_LOC-PB	CB150-5	12	X222	-SB222	XY- 定位按钮
3	X22.3	LD&UNL-PB	CB150-5	13	X223	-SB223	取放料按钮
4	X21.3	SBK-PB	CB150-5	28	X213	-SB213	单程序段按钮
5	Y21.3	SBK-HL	CB150-5	05	Y213	-HL213	单程序段灯

4.3.3　数控桁架机器人上下料半自动运行控制电气原理图

4.3.3.1　半自动运行相关操作输入信号电气原理图

半自动运行相关操作输入信号电气原理图如图 4-21 所示。按钮、选择开关等输入信号采用漏型接法。

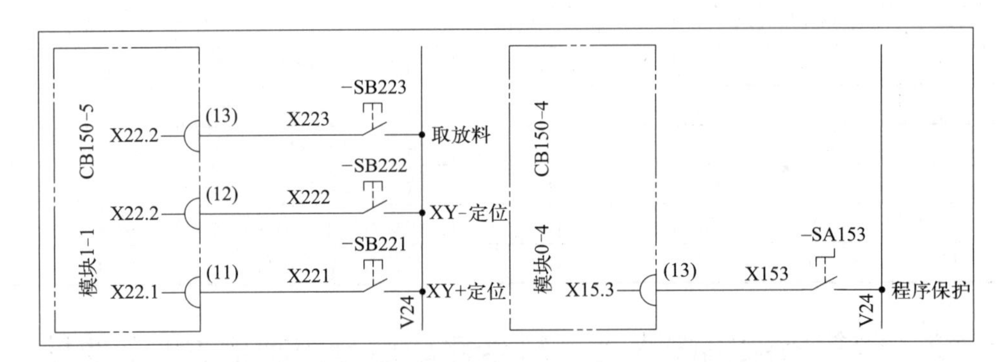

图 4-21　半自动运行相关操作输入信号电气原理图

4.3.3.2　单程序段输入输出电气原理图

单段输入输出信号电气原理图如图 4-22 所示。按钮输入信号漏型接法，指示灯输出信号源型接法。

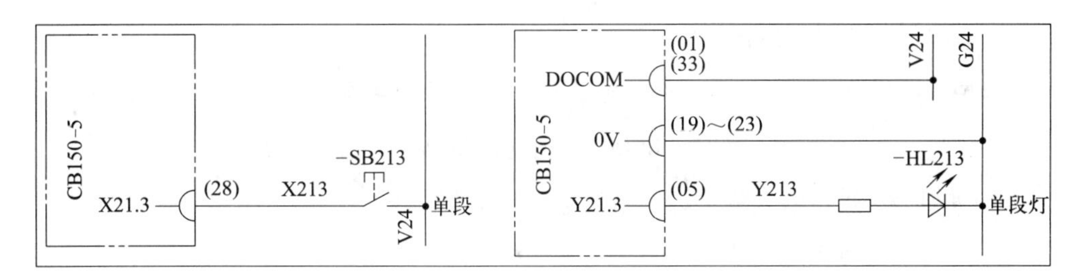

图 4-22　单段输入输出信号电气原理图

4.3.3.3　数码管显示电气原理图

2 位 BCD 数码管显示料盘行号和列号，型号为和泉 DD3S-F31P-R，输入逻辑为正逻辑，LED 颜色为红色，其电气原理图如图 4-23 所示。为节省输出口，2 位数码管采用动态显示。图 4-23 中 A、B、C、D 对应 BCD 码 1、2、4、8 的十进制输入；LATCH 为锁存输入，低电平有效。

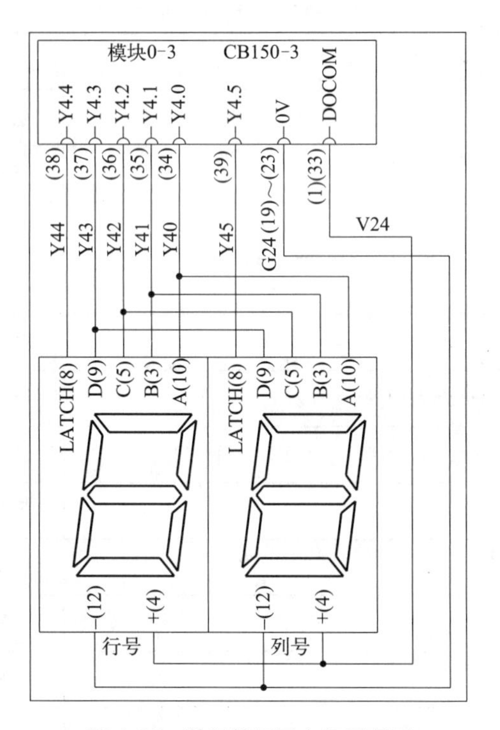

图 4-23　数码管显示电气原理图

4.3.4　数控桁架机器人上下料半自动运行控制相关 NC 程序

4.3.4.1　半自动 XY 定位 NC 程序

（1）料盘料位 XY 坐标计算

料盘料位 X 坐标：#5ab。

料盘料位 Y 坐标：#6ab。

其中 a 为行号，b 为列号。如 5 行 1 列的 X 坐标为 #551，Y 坐标为 #651。

G65 P8000 X_ Y_ I_ J_ U_ V_ W_

X（#24）：1 行 1 列 X 坐标。

Y（#25）：1 行 1 列 Y 坐标。

I（#4）：行总数。

J（#5）：列总数。

U（#21）：列间距。

V（#22）：行间距。

W（#23）：料盘 Y 向补偿。

O8000 宏程序代码见表 4-12。

表 4-12　宏程序 O8000

序号	程序	注释
1	O8000	宏程序号
2	N10#1=1	行号赋初值
3	N20WHILE[#1LE#4]DO1	行循环
4	N30#2=1	列号赋初值
5	N40WHILE[#2LE#5]DO2	列循环
6	N50#[500+#1*10+#2]=#24+[#2−1]*#21	计算 X 坐标
7	N60#[600+#1*10+#2]=#25+[#1−1]*#22+[#2−1]*#23	计算 Y 坐标
8	N70#2=#2+1	列号加 1
9	N80END2	列循环结束
10	N90#1=#1+1	行号加 1
11	N100END1	行循环结束
12	N110M99	宏程序结束

（2）XY+ 定位

XY+ 定位程序流程图如图 4-24 所示。各个定位位置 X 坐标不同，因此只比较 X 坐标。X 轴当前位置取系统变量 #5041，因正向定位，从最右侧的 #1 料位开始比较，依次 #2、#3、#4、#5、抽检、机床进行比较。

XY+ 定位程序见表 4-13。

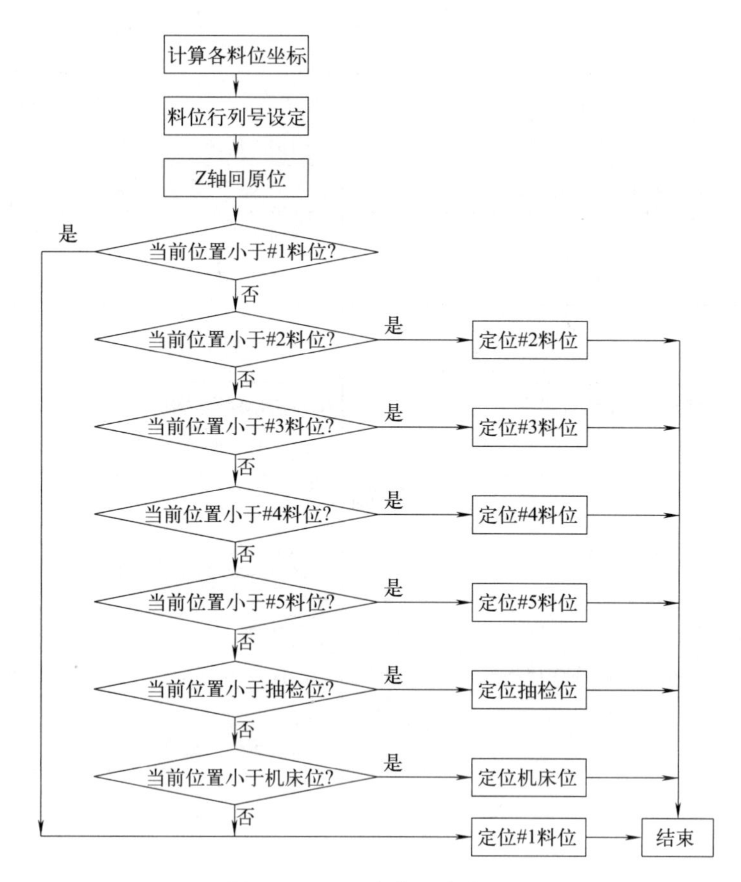

图 4-24　XY+ 定位程序流程图

表 4-13　XY+ 定位程序

序号	程序	注释
1	O0011（XY+_LOCATE）	程序号
2	G65P8000X7.03Y13.8I7J8U54.9V52.54W0.82	计算 7 行 8 列一共 56 个料位 XY 坐标
3	#500=1600（MC_X）	机床位 X 坐标
4	#101=51（Row+Column）	1 号料位行列号
5	#102=42	2 号料位行列号
6	#103=33	3 号料位行列号
7	#104=24	4 号料位行列号
8	#105=15	5 号料位行列号
9	#106=66	抽检位行列号
10	G94G90G01Z0F5000	Z 轴回原位
11	IF[#5041LT#[500+#101]]GOTO10	当前 X 坐标小于 #1 料位 X 坐标，跳转 N10
12	IF[#5041LT#[500+#102]]GOTO20	当前 X 坐标小于 #2 料位 X 坐标，跳转 N20
13	IF[#5041LT#[500+#103]]GOTO30	当前 X 坐标小于 #3 料位 X 坐标，跳转 N30

续表

序号	程序	注释
14	IF[#5041LT#[500+#104]]GOTO40	当前 X 坐标小于 #4 料位 X 坐标，跳转 N40
15	IF[#5041LT#[500+#105]]GOTO50	当前 X 坐标小于 #5 料位 X 坐标，跳转 N50
16	IF[#5041LT#[500+#106]]GOTO60	当前 X 坐标小于抽检位 X 坐标，跳转 N60
17	IF[#5041LT#500]GOTO70	当前 X 坐标小于机床位 X 坐标，跳转 N70
18	N10G94G90G01X#[500+#101]Y#[600+#101] F8000	定位至 #1 料位
19	#120=#101	料位行列号赋值
20	GOTO999	跳转 N999
21	N20G94G90G01X#[500+#102]Y#[600+#102] F8000	定位至 #2 料位
22	#120=#102	料位行列号赋值
23	GOTO999	跳转 N999
24	N30G94G90G01X#[500+#103]Y#[600+#103] F8000	定位至 #3 料位
25	#120=#103	料位行列号赋值
26	GOTO999	跳转 N999
27	N40G94G90G01X#[500+#104]Y#[600+#104] F8000	定位至 #4 料位
28	#120=#104	料位行列号赋值
29	GOTO999	跳转 N999
30	N50G94G90G01X#[500+#105]Y#[600+#105] F8000	定位至 #5 料位
31	#120=#105	料位行列号赋值
32	GOTO999	跳转 N999
33	N60G94G90G01X#[500+#106]Y#[600+#106] F4000	定位至抽检位
34	#120=#106	料位行列号赋值
35	GOTO999	跳转 N999
36	N70G94G90G01X#500F8000	定位至机床位
37	N999M30	

（3）XY- 定位

XY- 定位程序流程图如图 4-25 所示。各个定位位置 X 坐标不同，因此只比较 X 坐标。X 轴当前位置取系统变量 #5041，因负向定位，从最左侧的机床位开始比较，依次抽检、#5 料位、#4 料位、#3 料位、#2 料位、#1 料位进行比较。

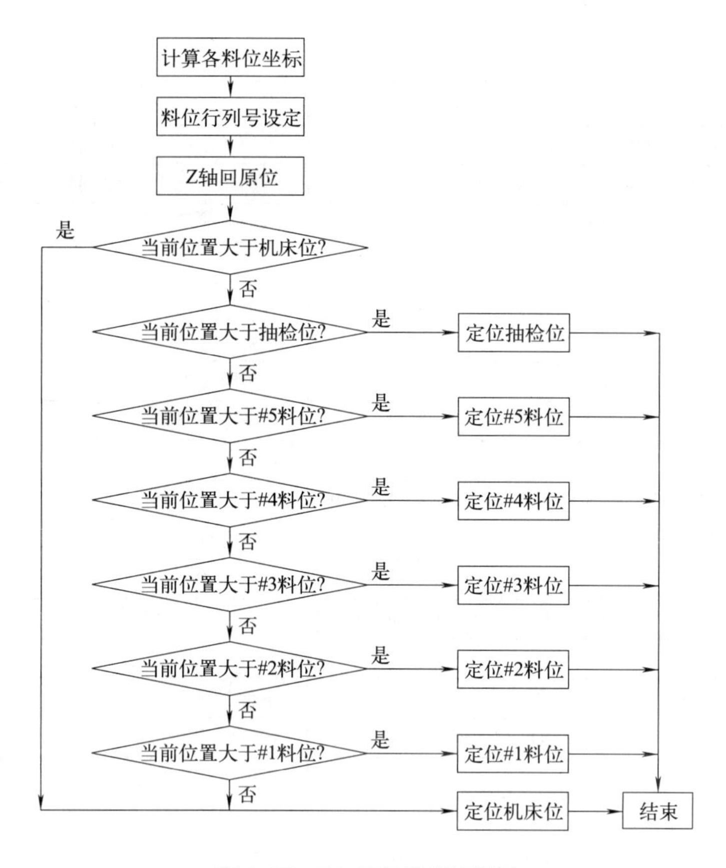

图 4-25 XY- 定位程序流程图

XY- 定位程序见表 4-14。

表 4-14 XY- 定位程序

序号	程序	注释
1	O0012（XY-_LOCATE）	程序号
2	G65P8000X7.03Y13.8I7J8U54.9V52.54W0.82	计算 7 行 8 列一共 56 个料位 XY 坐标
3	#500=1600（MC_X）	机床位 X 坐标
4	#101=51（Row+Column）	1 号料位行列号
5	#102=42	2 号料位行列号
6	#103=33	3 号料位行列号
7	#104=24	4 号料位行列号
8	#105=15	5 号料位行列号
9	#106=66	抽检位行列号
10	G94G90G01Z0F5000	Z 轴回原位
11	IF[#5041GT#500]GOTO10	当前 X 坐标大于机床位 X 坐标，跳转 N10
12	IF[#5041GT#[500+#106]]GOTO20	当前 X 坐标大于抽检位 X 坐标，跳转 N20
13	IF[#5041GT#[500+#105]]GOTO30	当前 X 坐标大于 #5 料位 X 坐标，跳转 N30

续表

序号	程序	注释
14	IF[#5041GT#[500+#104]]GOTO40	当前 X 坐标大于 #4 料位 X 坐标，跳转 N40
15	IF[#5041GT#[500+#103]]GOTO50	当前 X 坐标大于 #3 料位 X 坐标，跳转 N50
16	IF[#5041GT#[500+#102]]GOTO60	当前 X 坐标大于 #2 料位 X 坐标，跳转 N60
17	IF[#5041GT#[500+#101]]GOTO70	当前 X 坐标大于 #1 料位 X 坐标，跳转 N70
18	N10G94G90G01X#500F8000	定位至机床位
19	GOTO999	跳转 N999
20	N20G94G90G01X#[500+#106]Y#[600+#106]F4000	定位至抽检位
21	#120=#106	料位行列号赋值
22	GOTO999	跳转 N999
23	N30G94G90G01X#[500+#105]Y#[600+#105]F8000	定位至 #5 料位
24	#120=#105	料位行列号赋值
25	GOTO999	跳转 N999
26	N40G94G90G01X#[500+#104]Y#[600+#104]F8000	定位至 #4 料位
27	#120=#104	料位行列号赋值
28	GOTO999	跳转 N999
29	N50G94G90G01X#[500+#103]Y#[600+#103]F8000	定位至 #3 料位
30	#120=#103	料位行列号赋值
31	GOTO999	跳转 N999
32	N60G94G90G01X#[500+#102]Y#[600+#102]F8000	定位至 #2 料位
33	#120=#102	料位行列号赋值
34	GOTO999	跳转 N999
35	N70G94G90G01X#[500+#101]Y#[600+#101]F8000	定位至 #1 料位
36	#120=#101	料位行列号赋值
37	N999M30	程序结束

4.3.4.2 半自动料盘区取放料 NC 程序

在 XY 定位完成的前提下，可以进行料盘区取放料半自动操作，即一键取放料。

料盘区取放料过程如图 4-26 所示，先取料后放料，初始平面为 Z 轴原位，即 Z0。料盘区取放料过程：手爪取料姿态→Z 轴下降至取料逼近点→Z 轴下降至取料目标点→手爪 1 闭合取料→Z 轴上升至 Z650→手爪放料姿态→Z 轴下降至放料逼近点→Z 轴下降至放料目标点→手爪 2 张开放料→Z 轴上升回原位 Z0，结束料盘区取放料过程。

料盘区 5 个料位、抽检位、手爪 1、手爪 2 以及卡盘中工件设工件状态标志寄存器 #9ab、#966、#811、#812、#813，如表 4-15 所示。#9ab 中的 ab 代表行列号。标志 10、20、30、40、50 表示 5 种未加工的工件，标志 11、21、31、41、51 分别对应 5 种已加工完成的工件。如果标志寄存器的值为 0，表示无工件。

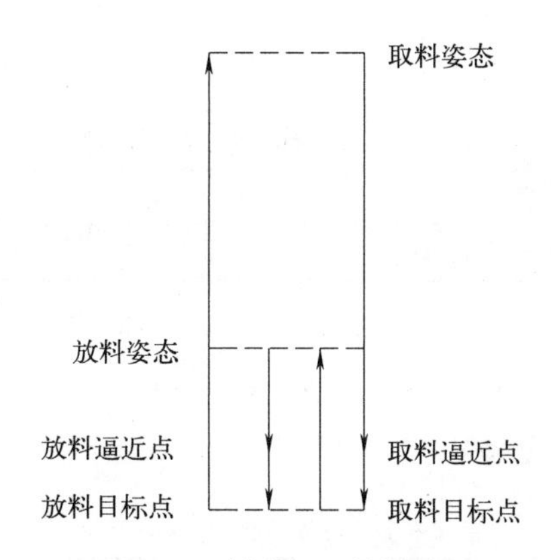

图 4-26　料盘区取放料过程

表 4-15　工件状态标志

工件状态标志	变量号	无料	加工前	加工后
料盘 #1 ~ #5 料位	#9ab	0	10、20、30、40、50	11、21、31、41、51
抽检位	#966	0	—	11、21、31、41、51
手爪 1	#811	0	10、20、30、40、50	—
手爪 2	#812	0	—	11、21、31、41、51
卡盘	#813	0	10、20、30、40、50	11、21、31、41、51

料盘区取放料程序流程图如图 4-27 所示。程序包括三个部分：变量赋值、取料过程、放料过程。公共变量 #120 为料位行列号，在 XY+ 定位或 XY- 定位程序中赋值。#[900+#120] 即为料位工件标志寄存器。

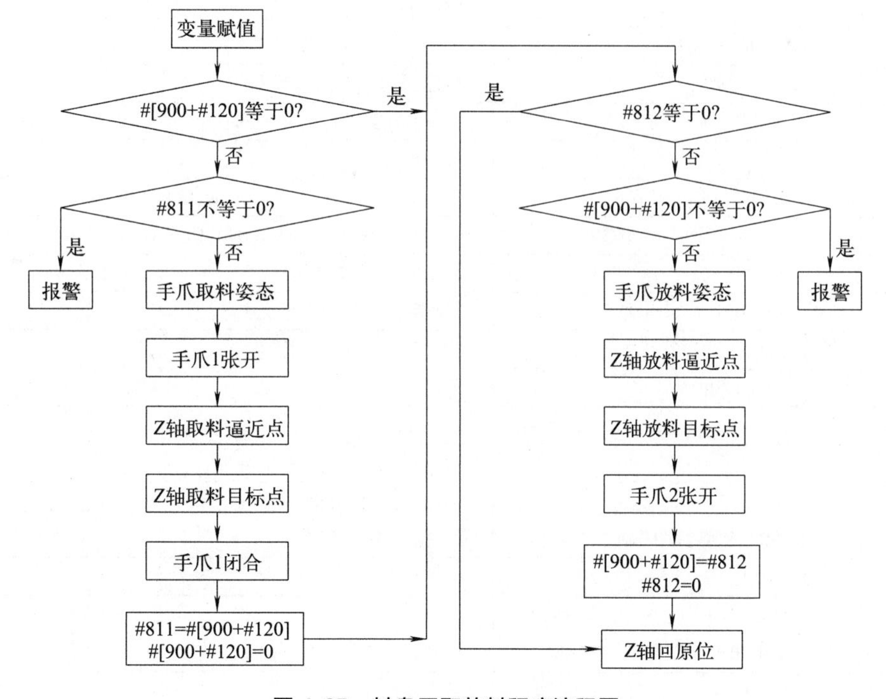

图 4-27　料盘区取放料程序流程图

料盘区取放料主程序见表 4-16。

表 4-16 料盘区取放料主程序

序号	程序	注释
1	O0013（TRAY_UNLOAD_LOAD）	程序号
2	M98P1013	调用料盘区取放料子程序
3	N999M30	程序结束

料盘区取放料子程序见表 4-17。

表 4-17 料盘区取放料子程序

序号	程序	注释
1	O1013（TRAY_UNLOAD_LOAD）	程序号
2	#711=724.0（#1_GRIP_UNLOAD_Z）	手爪 1 料盘区取料目标点 Z 坐标
3	#712=715.0（#2_GRIP_LOAD_Z）	手爪 2 料盘区放料目标点 Z 坐标
4	#713=650（GRIP_ROT_Z）	手爪回转平面 Z 坐标
5	（UNLOAD）	取料过程
6	IF[#[900+#120]EQ0]GOTO970	料位无料，即 #[900+#120]=0，跳转至 N970
7	IF[#811NE0]GOTO900	手爪 1 有料，即 #811 ≠ 0，跳转 N900，报警
8	M21（GRIP_UNLOAD_POSE）	手爪回转到取料姿态
9	M22（#1_GRIP_OPEN）	手爪 1 张开
10	G94G90G01Z[#711-10]F6000	Z 轴定位至取料逼近点
11	G94G90G01Z#711F1000	Z 轴定位至取料目标点
12	M23（#1_GRIP_CLOSE）	手爪 1 闭合
13	G04X1	暂停 1s
14	#811=#[900+#120]	工件标志赋值给手爪 1
15	#[900+#120]=0	料盘料位工件标志清零
16	G94G90G01Z#713F6000	Z 轴上升至手爪回转平面
17	（LOAD）	放料过程
18	N970IF[#812EQ0]GOTO990	手爪 2 无料，即 #812=0，跳转 N990，取消取料过程
19	IF[#[900+#120]NE0]GOTO901	料盘料位有料，即 #[900+#120] ≠ 0，跳转 N901，报警
20	M20（GRIP_LOAD_POSE）	手爪回转至放料姿态
21	G94G90G01Z[#712-10]F6000	Z 轴定位至放料逼近点
22	G94G90G01Z#712F1000	Z 轴定位至放料目标点
23	M24（#2_GRIP_OPEN）	手爪 2 张开
24	G04X1	暂停 1s
25	#[900+#120]=#812	料盘料位工件标志赋值
26	#812=0	手爪 2 工件标志清零
27	N990G94G90G01Z0F6000	Z 轴返回初始平面
28	GOTO999	跳转至 N999
29	N900#3000=1（GRIP1 NOT EMPTY）	手爪 1 有料报警
30	N901#3000=3（TRAY NOT EMPTY）	料盘料位有料报警
31	N999M99	子程序结束

4.3.4.3 半自动机床区取放料 NC 程序

在 XY 定位完成的前提下，可以进行机床区取放料半自动操作，即一键取放料。

机床区取放料过程如图 4-28 所示，先取料后放料，初始平面为 Z 轴原位，即 Z0。机床区取放料过程：手爪取料姿态→Z 轴下降至取放料平面→X 轴至取料逼近点→X 轴至取料目标点→手爪 2 闭合取料→X 轴退回至 X1500→手爪回转至放料姿态→X 轴前进至放料逼近点→X 轴前进至放料目标点→手爪 1 张开放料→X 轴退回至 X1500→Z 轴上升回原位 Z0，结束机床区取放料过程。

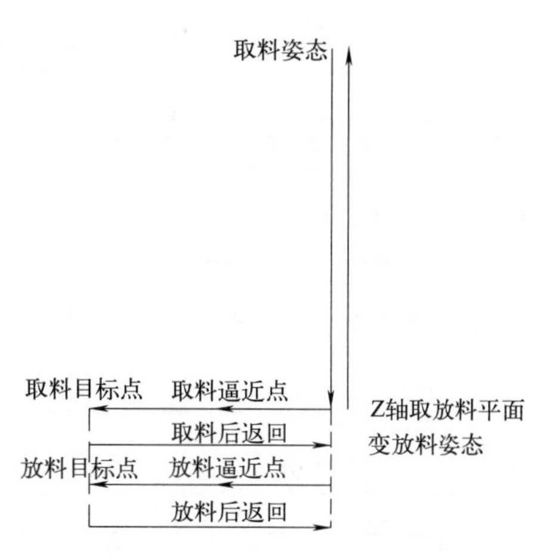

图 4-28 机床区取放料过程

机床区取放料程序流程图如图 4-29 所示。程序包括三个部分：变量赋值、取料过程、放料过程。公共变量 #812 为手爪 2 工件标志寄存器，#813 为机床卡盘工件标志寄存器。

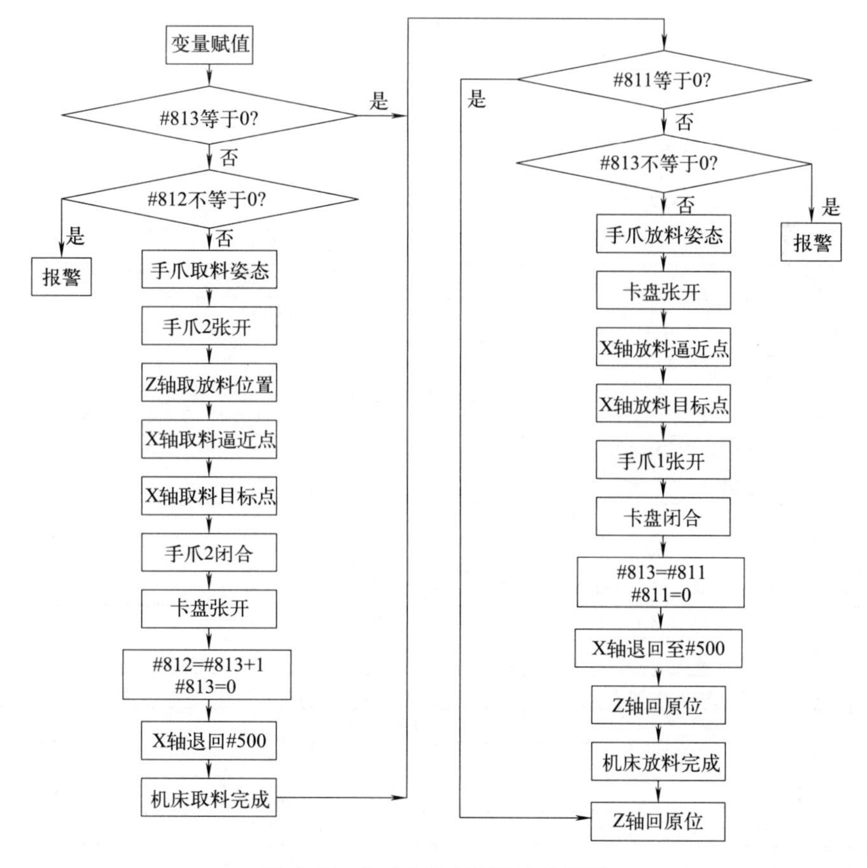

图 4-29 机床区取放料程序流程图

机床区取放料主程序见表 4-18。

表 4-18 机床区取放料主程序

序号	程序	注释
1	O0014（MC_UNLOAD_LOAD）	程序号
2	M98P1014	调用机床区取放料子程序
3	N999M30	程序结束

机床区取放料子程序见表 4-19。

表 4-19 机床区取放料子程序

序号	程序	注释
1	O1014（MC_UNLOAD_LOAD_SUB）	子程序号
2	#500=1600（MC_LOCATE_X）	机床区 X 坐标
3	#501=1812.17（#1_GRIP_MC_LOAD）	手爪 1 放料 X 坐标
4	#502=1814.47（#2_GRIP_MC_UNLOAD）	手爪 2 取料 X 坐标
5	#714=812.723（MC_LOCATE_Z）	手爪取放料 Z 平面
6	（UNLOAD）	取料过程
7	IF[#813EQ0]GOTO900	卡盘无料，即 #813=0，跳转 N900
8	IF[#812NE0]GOTO1000	手爪 2 有料，即 #812 ≠ 0，跳转 N1000，报警
9	M21（GRIP_UNLOAD_POSE）	手爪回转至取料姿态
10	M24（#2_GRIP_OPEN）	手爪 2 张开
11	G94G90G01Z#714F6000	Z 轴下降至取放料平面
12	G04X1	暂停 1s
13	G94G90G01X[#502-10]F6000	X 轴定位至取料逼近点
14	G94G90G01X#502F1000	X 轴定位至取料目标点
15	M25（#2_GRIP_CLOSE）	手爪 2 闭合
16	M26（CHUCK_OPEN）	卡盘张开
17	#812=#813+1	手爪 2 工件标志赋值
18	#813=0	卡盘工件标志清零
19	G94G90G01X#500F6000	X 轴退回至 #500
20	M12（MC_UNLOAD_FIN）	取料完成
21	（LOAD）	放料过程
22	N900IF[#811EQ0]GOTO990	手爪 1 无料，即 #811=0，跳转 N990
23	IF[#813NE0]GOTO1001	卡盘有料，即 #813 ≠ 0，跳转 N1001，报警
24	M20（GRIP_LOAD_POSE）	手爪回转放料姿态
25	M26（CHUCK_OPEN）	卡盘张开
26	G94G90G01Z#714F6000	Z 轴至取放料平面
27	G94G90G01X[#501-10]F6000	X 轴前进至放料逼近点
28	G94G90G01X#501F1000	X 轴前进至放料目标点
29	M22（#1_GRIP_OPEN）	手爪 1 张开
30	M27（CHUCK_CLOSE）	卡盘闭合
31	G04X1	暂停 1s
32	#813=#811	卡盘工件标志赋值
33	#811=0	手爪 1 工件标志清零
34	G94G90G01X#500F6000	X 轴退回至 #500
35	G04X1	暂停 1s

续表

序号	程序	注释
36	G94G90G01Z0F6000	Z 轴上升回原位
37	M13（MC_LOAD_FIN）	放料完成
38	N990G94G90G01Z0F6000	Z 轴回原位
39	GOTO9999	跳转 N9999
40	N1000#3000=2（GRIP2 NOT EMPTY）	手爪 2 有料报警
41	N1001#3000=4（CHUCK NOT EMPTY）	卡盘有料报警
42	N9999M99	子程序结束

4.3.4.4 半自动抽检位放料 NC 程序

在 XY 定位完成的前提下，可以进行抽检位放料半自动操作，即一键放料。

半自动抽检放料过程初始平面为 Z 轴原位，即 Z0。其放料过程：手爪放料姿态→Z 轴下降至放料逼近点→Z 轴下降至放料目标点→手爪 2 张开放料→Z 轴上升回原位 Z0，结束抽检位放料过程。

抽检位放料程序流程图如图 4-30 所示。公共变量 #966 为抽检位工件标志寄存器，#812 为手爪 2 工件标志寄存器。

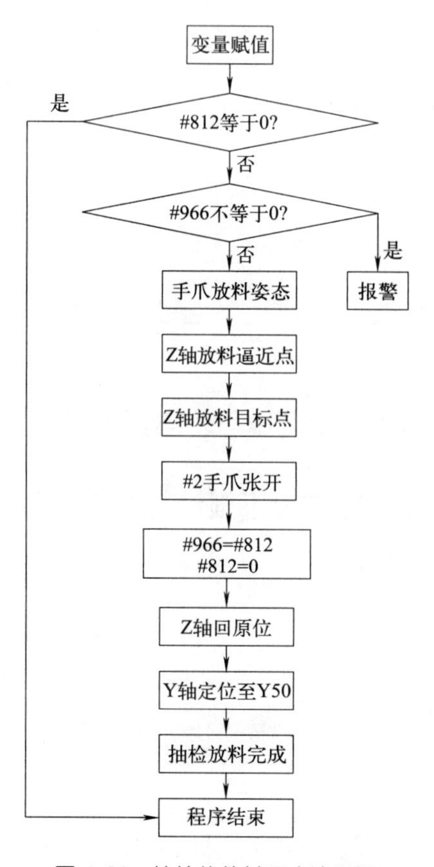

图 4-30 抽检位放料程序流程图

抽检位放料主程序见表 4-20。

表 4-20 抽检位放料主程序

序号	程序	注释
1	O0015（CHK_UNLOAD）	程序号
2	M98P1015	调用抽检位放料子程序
3	N9999M30	程序结束

抽检位放料子程序见表 4-21。

表 4-21 抽检位放料子程序

序号	程序	注释
1	O1015（TRAY_CHK）	子程序号
2	#712=715.0（#2_GRIP_LOAD_Z）	手爪 2 放料目标点
3	（LOAD）	放料过程
4	N970IF[#812EQ0]GOTO999	手爪 2 无料，即 #812=0，跳转 N999
5	IF[#966NE0]GOTO901	抽检位有料，即 #966 ≠ 0，跳转 N901，报警
6	M20（GRIP_LOAD_POSE）	手爪回转至放料姿态
7	G94G90G01Z[#712-10]F6000	Z 轴下降至放料逼近点
8	G94G90G01Z#712F1000	Z 轴下降至放料目标点
9	M24（#2_GRIP_OPEN）	手爪 2 张开
10	G04X1	暂停 1s
11	#966=#812	抽检位工件标志赋值
12	#812=0	手爪 2 工件标志清零
13	G94G90G01Z0F6000	Z 轴上升回原位
14	G01Y50	Y 轴定位到 Y50，方便抽检
15	M28	抽检完成
16	GOTO999	跳转 N999
17	N901#3000=5（TRAY CHK NOT EMPTY）	抽检位有料报警
18	N999M99	子程序结束

4.3.5 数控桁架机器人上下料半自动运行控制相关 PMC 程序

4.3.5.1 机床位 X 坐标设定与上下限计算 PMC 程序

（1）机床位 X 坐标设定

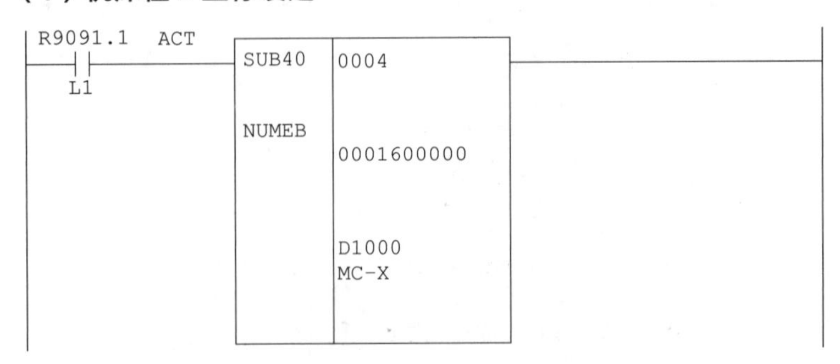

（2）机床位 X 坐标上下限计算

1）机床位 X 坐标上限 D2100= 机床位 X 坐标 D1000+5000。

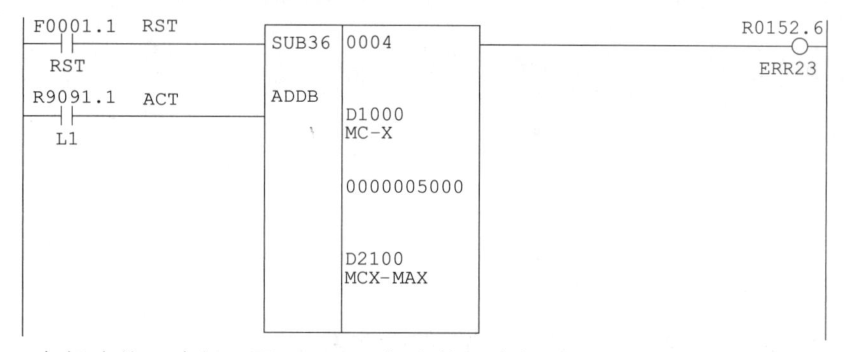

2）机床位 X 坐标下限 D2200= 机床位 X 坐标 D1000−5000。

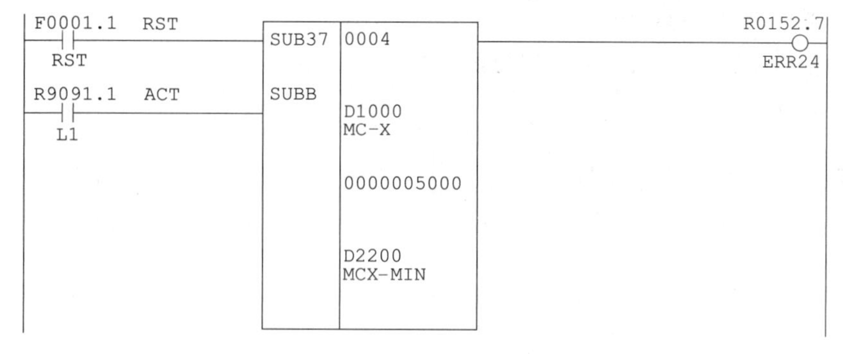

4.3.5.2　机床位 Z 坐标设定与上下限计算 PMC 程序

（1）机床位取放料 Z 坐标设定

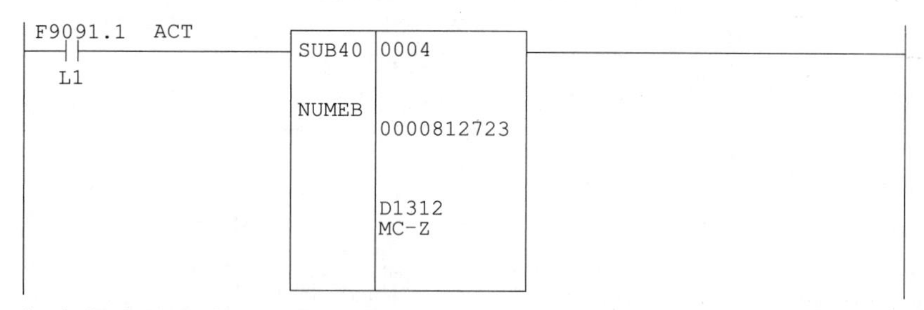

（2）机床位 Z 坐标上下限计算

1）机床位 Z 坐标上限 D2512= 机床位 Z 坐标 D1312+5000。

F0001.1 RST
RST
R9091.1 ACT
L1
SUB36
ADDB
0004
D1312
MC-Z
0000005000
D2512
MCZ-MAX
R0154.4
ERR37

2）机床位 Z 坐标下限 D2612= 机床位 Z 坐标 D1312-5000。

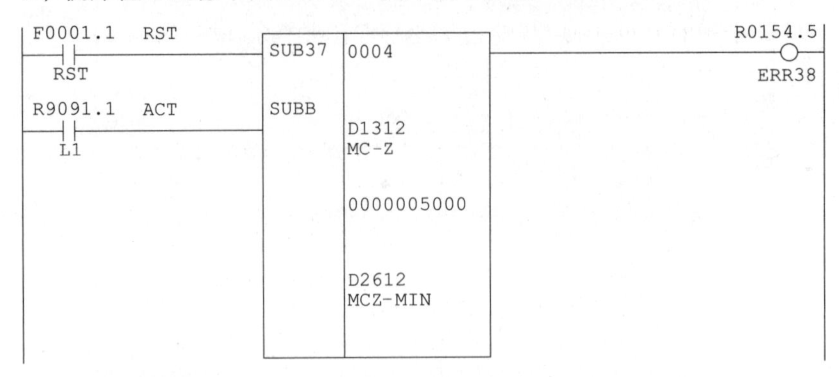

4.3.5.3 料盘料位 X 坐标设定与上下限计算 PMC 程序

（1）料盘料位 X 坐标设定

1）COLUMN-SPACE（D1100）列间距设定：54.9mm。

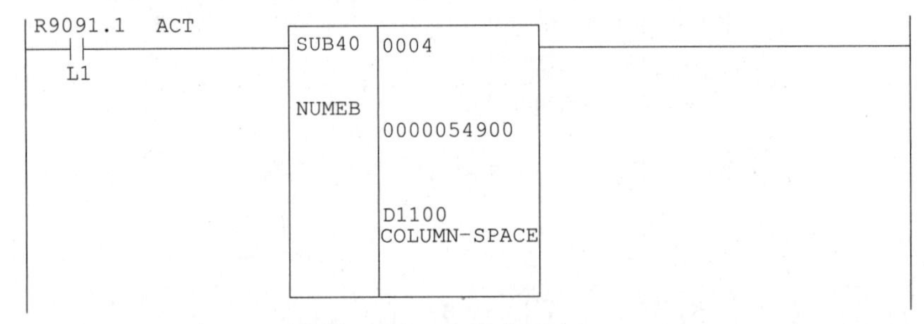

2）1-COL-X（D1104）第 1 列 X 坐标设定。

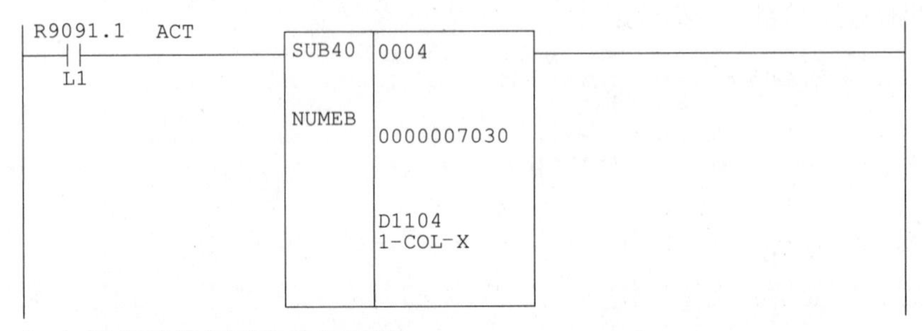

（2）料盘料位各列 X 坐标计算

1）2-COL-X（D1108）第 2 列 X 坐标计算：第 1 列 X 坐标 + 列间距。

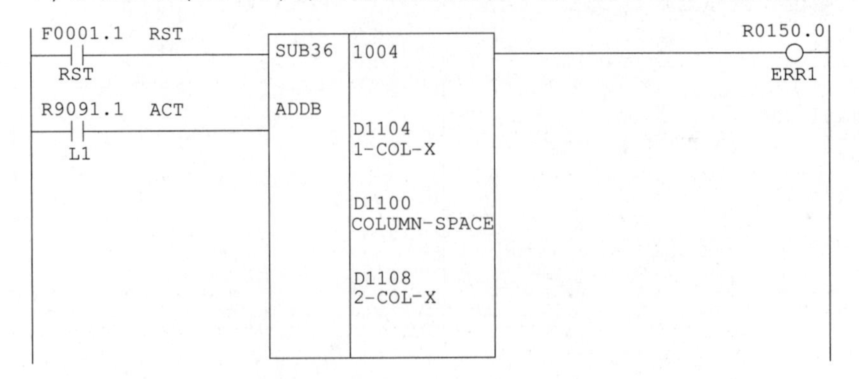

2）3-COL-X（D1112）第 3 列 X 坐标计算：第 2 列 X 坐标 + 列间距。

```
F0001.1  RST        SUB36  1004                     R0150.1
RST                                                 ERR2
R9091.1  ACT        ADDB   D1108
L1                         2-COL-X
                           D1100
                           COLUMN-SPACE
                           D1112
                           3-COL-X
```

3）4-COL-X（D1116）第 4 列 X 坐标计算：第 3 列 X 坐标 + 列间距。

```
F0001.1  RST        SUB36  1004                     R0150.2
RST                                                 ERR3
R9091.1  ACT        ADDB   D1112
L1                         3-COL-X
                           D1100
                           COLUMN-SPACE
                           D1116
                           4-COL-X
```

4）5-COL-X（D1120）第 5 列 X 坐标计算：第 4 列 X 坐标 + 列间距。

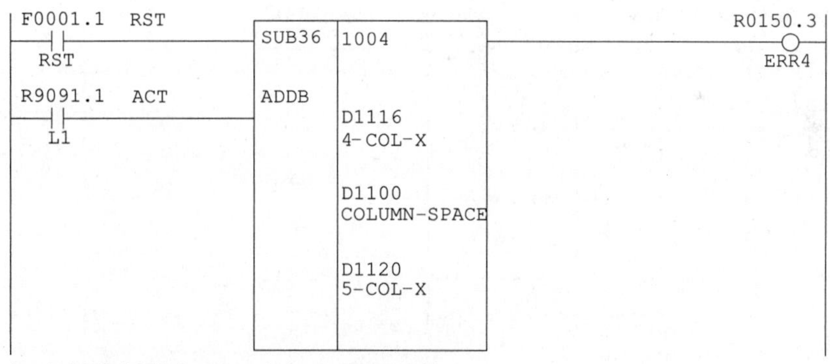

（3）料盘料位各列 X 坐标上下限计算

1）料盘料位第 1 列 X 坐标上限 D2104= 第 1 列 X 坐标 D1104+5000。

```
F0001.1  RST        SUB36  0004                     R0151.2
RST                                                 ERR11
R9091.1  ACT        ADDB   D1104
L1                         1-COL-X
                           0000005000
                           D2104
                           1X-MAX
```

2）料盘料位第 1 列 X 坐标下限 D2204= 第 1 列 X 坐标 D1104-5000。

F0001.1 RST
RST
R9091.1 ACT
L1
SUB37 0004
SUBB
D1104
1-COL-X
0000005000
D2204
1X-MIN
R0151.3
ERR12

3）料盘料位第 2 列 X 坐标上限 D2108= 第 2 列 X 坐标 D1108+5000。

F0001.1 RST
RST
R9091.1 ACT
L1
SUB36 0004
ADDB
D1108
2-COL-X
0000005000
D2108
2X-MAX
R0151.4
ERR13

4）料盘料位第 2 列 X 坐标下限 D2208= 第 2 列 X 坐标 D1108-5000。

F0001.1 RST
RST
R9091.1 ACT
L1
SUB37 0004
SUBB
D1108
2-COL-X
0000005000
D2208
2X-MIN
R0151.5
ERR14

5）料盘料位第 3 列 X 坐标上限 D2112= 第 3 列 X 坐标 D1112+5000。

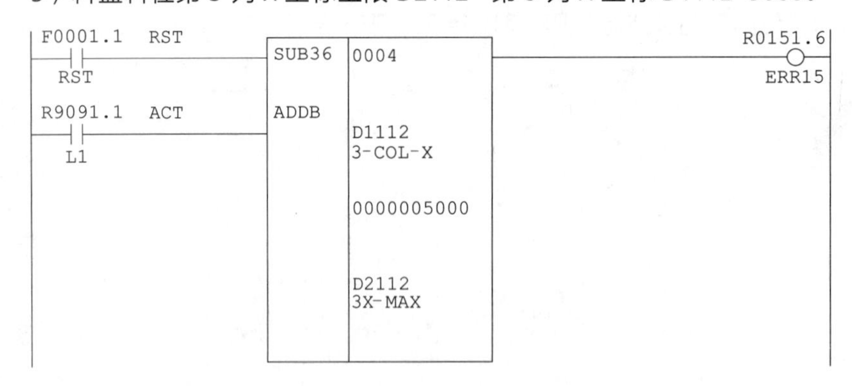

6）料盘料位第 3 列 X 坐标下限 D2212= 第 3 列 X 坐标 D1112−5000。

F0001.1 RST
RST
R9091.1 ACT
L1
SUB37 0004
SUBB
D1112
3-COL-X
0000005000
D2212
3X-MIN
R0151.7
ERR16

7）料盘料位第 4 列 X 坐标上限 D2116= 第 4 列 X 坐标 D1116+5000。

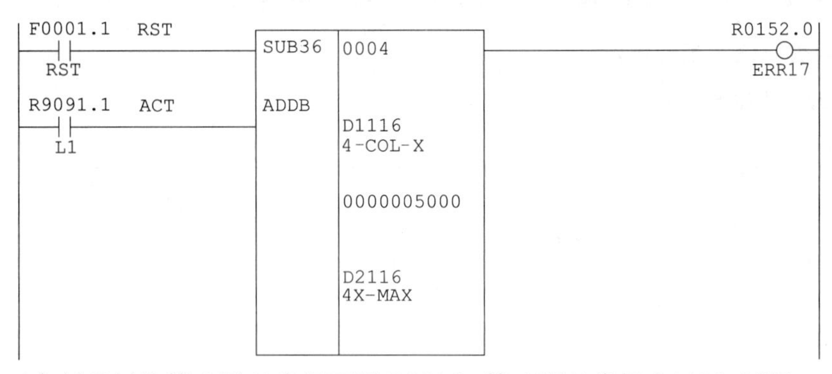

8）料盘料位第 4 列 X 坐标下限 D2216= 第 4 列 X 坐标 D1116−5000。

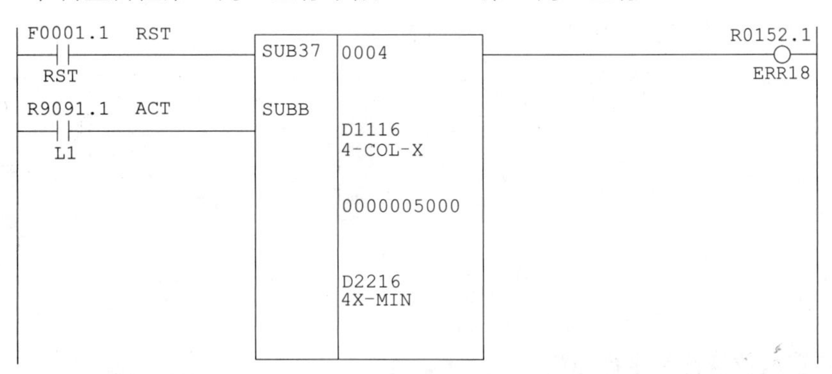

9）料盘料位第 5 列 X 坐标上限 D2120= 第 5 列 X 坐标 D1120+5000。

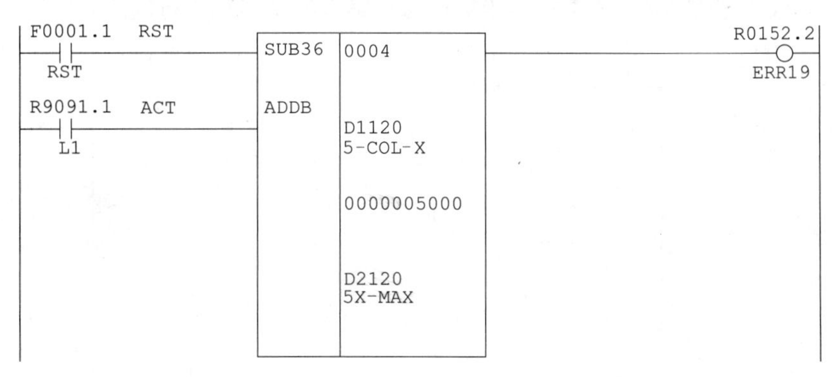

10）料盘料位第 5 列 X 坐标下限 D2220= 第 5 列 X 坐标 D1120-5000。

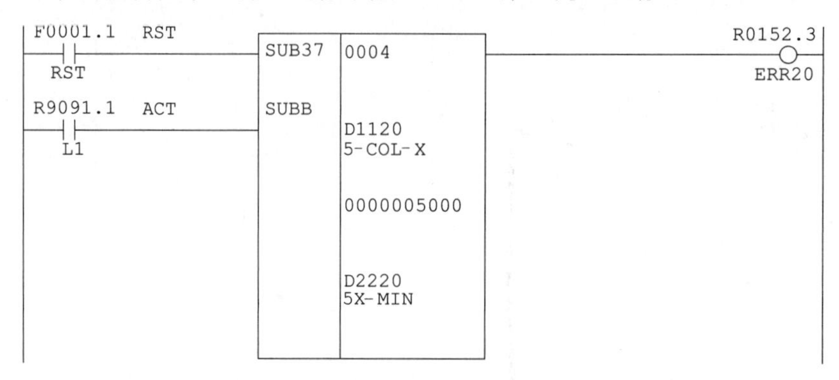

4.3.5.4 料盘料位 Y 坐标设定与上下限计算 PMC 程序

（1）料盘料位 Y 坐标设定

1）ROW-SPACE（D1200）行间距设定。

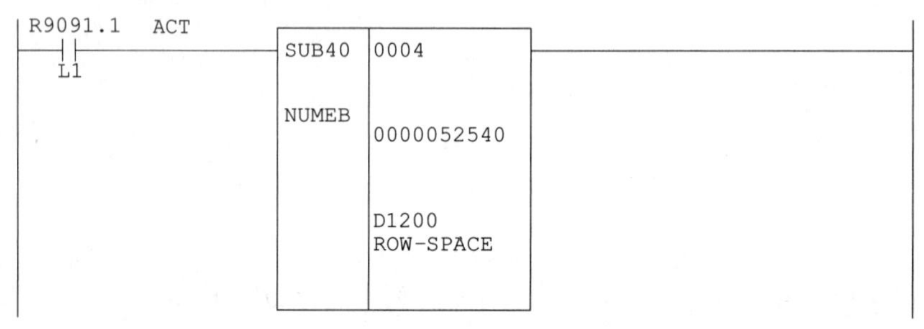

2）1-ROW-Y（D1204）第 1 行 Y 坐标设定。

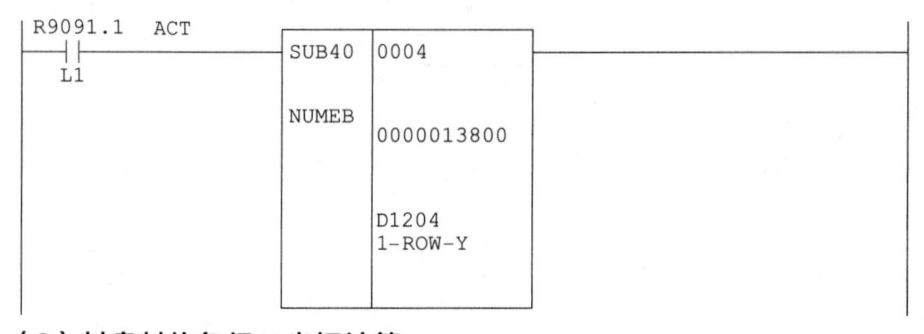

（2）料盘料位各行 Y 坐标计算

1）2-ROW-Y（D1208）第 2 行 Y 坐标计算：第 1 行 Y 坐标 + 行间距。

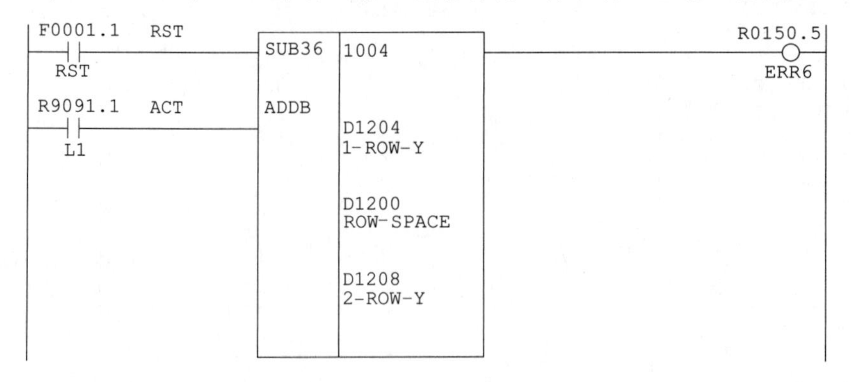

2）3-ROW-Y（D1212）第 3 行 Y 坐标计算：第 2 行 Y 坐标 + 行间距。

```
F0001.1  RST                SUB36 | 1004                          R0150.6
  RST                                                              ERR7
R9091.1  ACT                ADDB
  L1                              | D1208
                                  | 2-ROW-Y
                                  | D1200
                                  | ROW-SPACE
                                  | D1212
                                  | 3-ROW-Y
```

3）4-ROW-Y（D1216）第 4 行 Y 坐标计算：第 3 行 Y 坐标 + 行间距。

```
F0001.1  RST                SUB36 | 1004                          R0150.7
  RST                                                              ERR8
R9091.1  ACT                ADDB
  L1                              | D1212
                                  | 3-ROW-Y
                                  | D1200
                                  | ROW-SPACE
                                  | D1216
                                  | 4-ROW-Y
```

4）5-ROW-Y（D1220）第 5 行 Y 坐标计算：第 4 行 Y 坐标 + 行间距。

```
F0001.1  RST                SUB36 | 1004                          R0151.0
  RST                                                              ERR9
R9091.1  ACT                ADDB
  L1                              | D1216
                                  | 4-ROW-Y
                                  | D1200
                                  | ROW-SPACE
                                  | D1220
                                  | 5-ROW-Y
```

（3）料盘料位各行 Y 坐标上下限计算

1）料盘料位第 1 行 Y 坐标上限 D2304= 第 1 行 Y 坐标 D1204+5000。

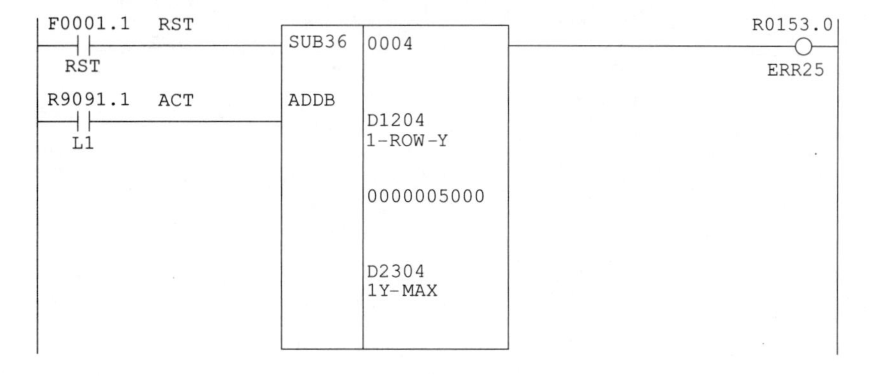

2）料盘料位第 1 行 Y 坐标下限 D2404= 第 1 行 Y 坐标 D1204-5000。

```
F0001.1  RST        SUB37  0004                         R0153.1
  RST                                                    ERR26
R9091.1  ACT        SUBB   D1204
  L1                       1-ROW-Y
                           0000005000
                           D2404
                           1Y-MIN
```

3）料盘料位第 2 行 Y 坐标上限 D2308= 第 2 行 Y 坐标 D1208+5000。

```
F0001.1  RST        SUB36  0004                         R0153.2
  RST                                                    ERR27
R9091.1  ACT        ADDB   D1208
  L1                       2-ROW-Y
                           0000005000
                           D2308
                           2Y-MAX
```

4）料盘料位第 2 行 Y 坐标下限 D2408= 第 2 行 Y 坐标 D1208-5000。

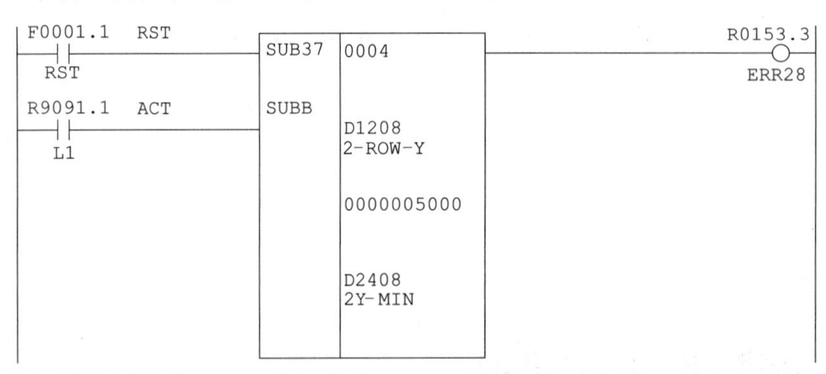

5）料盘料位第 3 行 Y 坐标上限 D2312= 第 3 行 Y 坐标 D1212+5000。

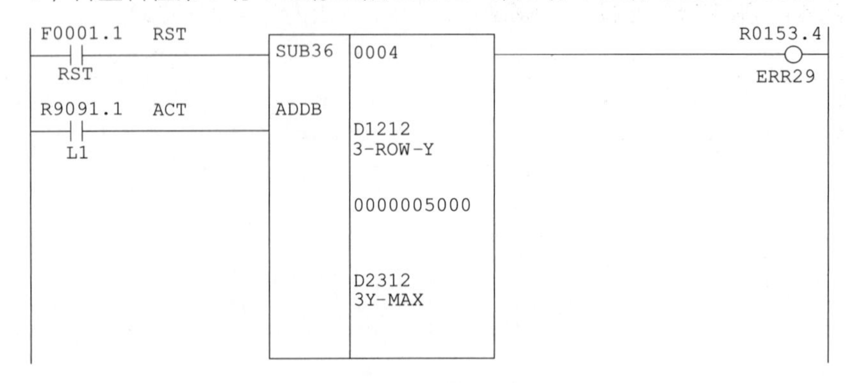

6）料盘料位第 3 行 Y 坐标下限 D2412= 第 3 行 Y 坐标 D1212−5000。

```
F0001.1  RST      SUB37  0004                R0153.5
RST                                          ERR30
R9091.1  ACT      SUBB
L1                       D1212
                         3-ROW-Y
                         0000005000
                         D2412
                         3Y-MIN
```

7）料盘料位第 4 行 Y 坐标上限 D2316= 第 4 行 Y 坐标 D1216+5000。

```
F0001.1  RST      SUB36  0004                R0153.6
RST                                          ERR31
R9091.1  ACT      ADDB
L1                       D1216
                         4-ROW-Y
                         0000005000
                         D2316
                         4Y-MAX
```

8）料盘料位第 4 行 Y 坐标下限 D2416= 第 4 行 Y 坐标 D1216−5000。

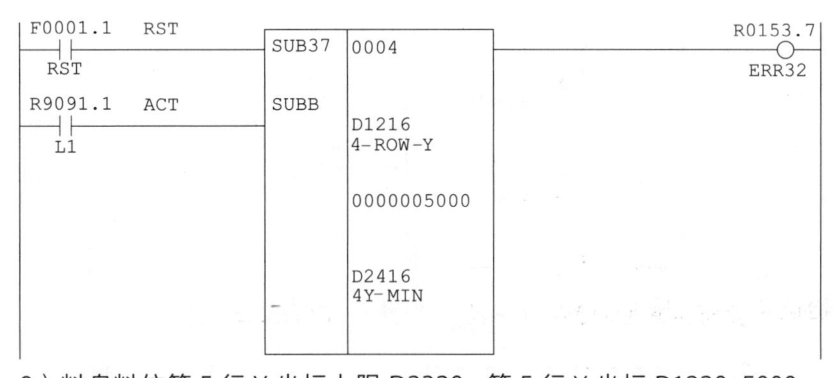

9）料盘料位第 5 行 Y 坐标上限 D2320= 第 5 行 Y 坐标 D1220+5000。

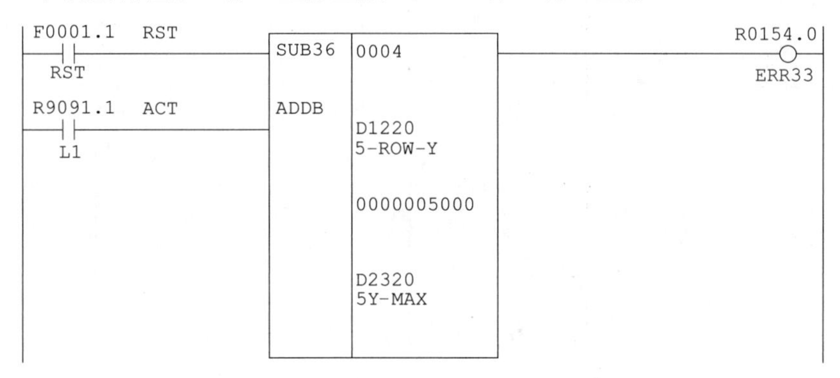

10）料盘料位第 5 行 Y 坐标下限 D2420= 第 5 行 Y 坐标 D1220-5000。

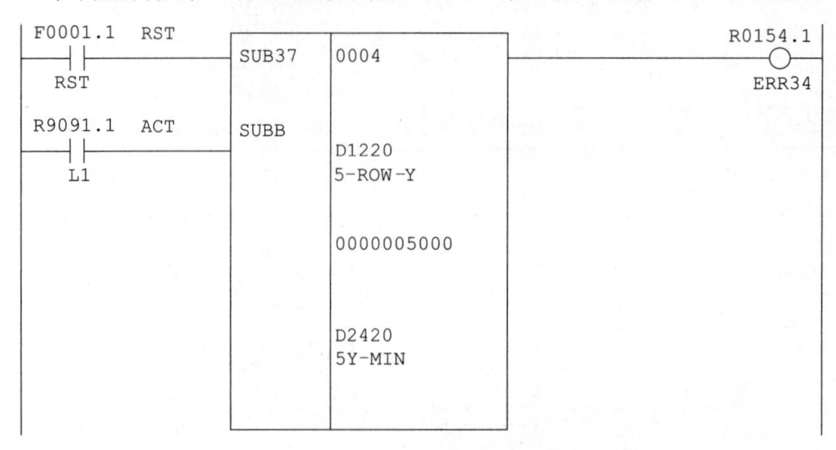

4.3.5.5 抽检位 X 坐标与 Y 坐标上下限计算程序

（1）抽检位 X 坐标上下限计算

1）抽检位 X 坐标即第 6 列 X 坐标，6-COL-X（D1124）第 6 列 X 坐标计算：第 5 列 X 坐标 + 列间距。

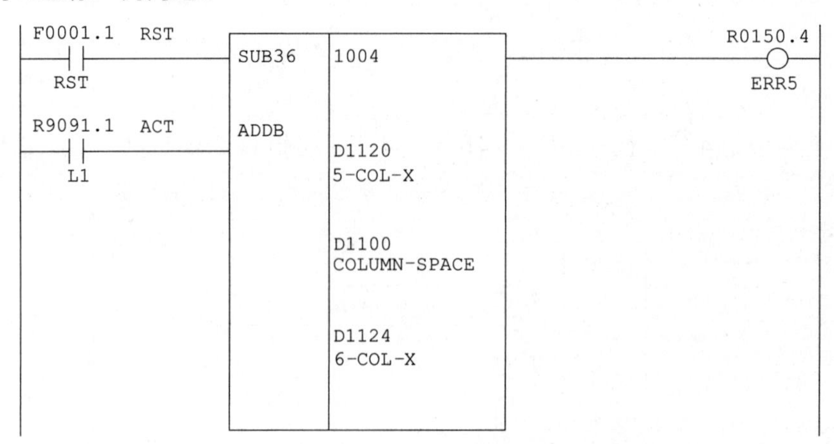

2）抽检位 X 坐标上限 D2124= 第 6 列 X 坐标 D1124+5000。

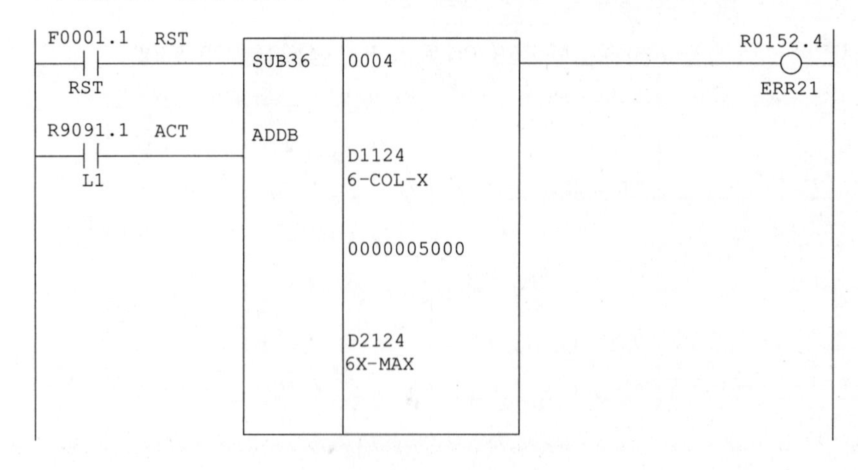

3）抽检位 X 坐标下限 D2224= 第 6 列 X 坐标 D1124−5000。

F0001.1　RST
RST
R9091.1　ACT
L1
SUB37　0004
SUBB
D1124
6-COL-X
0000005000
D2224
6X-MIN
R0152.5
ERR22

（2）抽检位 Y 坐标上下限计算

1）抽检位 Y 坐标即第 6 行 Y 坐标，6-ROW-Y（D1224）第 6 行 Y 坐标计算：第 5 行 Y 坐标 + 行间距。

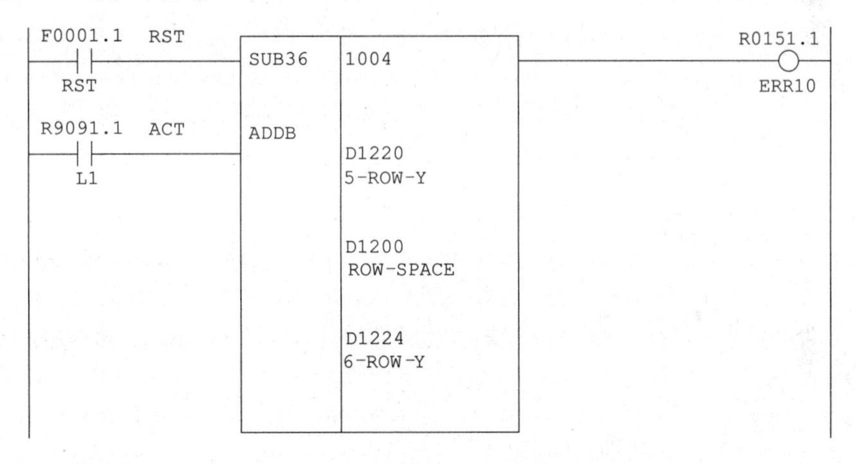

2）抽检位 Y 坐标上限 D2324= 第 6 行 Y 坐标 D1224+5000。

F0001.1　RST
RST
R9091.1　ACT
L1
SUB36　0004
ADDB
D1224
6-ROW-Y
0000005000
D2324
6Y-MAX
R0154.2
ERR35

3）抽检位 Y 坐标下限 D2424= 第 6 行 Y 坐标 D1224−5000。

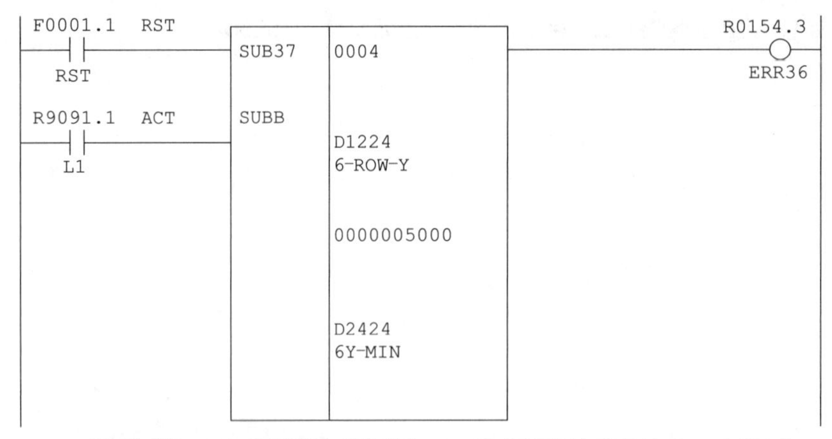

4.3.5.6 机床位 X 坐标到位判别与 Z 坐标到位判别 PMC 程序

（1）机床位 X 坐标到位判别

1）机床位 X 坐标上限判别，即 R110 < D2100。

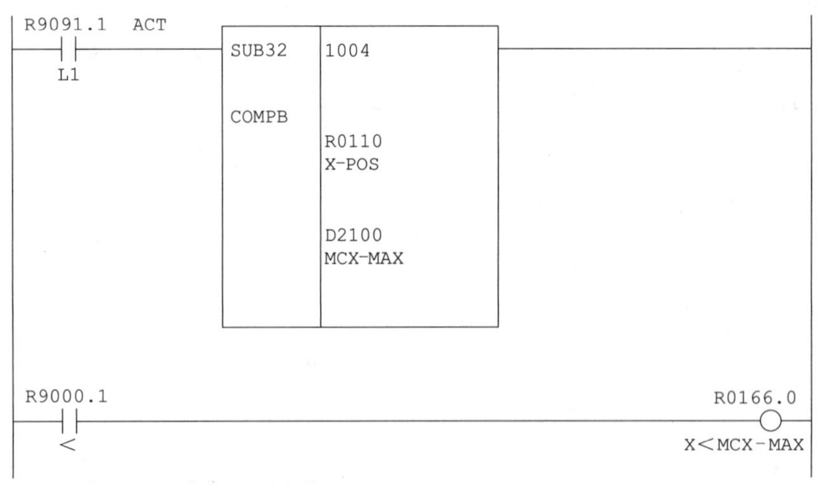

2）机床位 X 坐标下限判别，即 D2200 < R110。

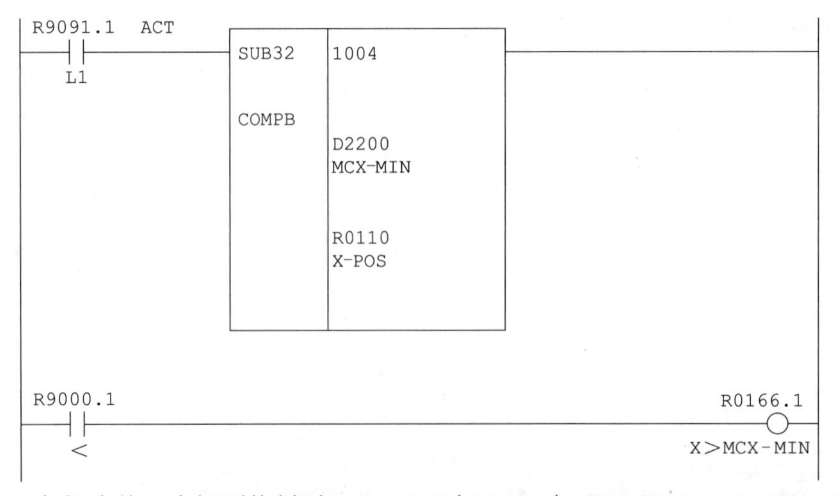

3）机床位 X 坐标到位判别 XPOS-MC（R166.3），即 D2200 < R110 < D2100。

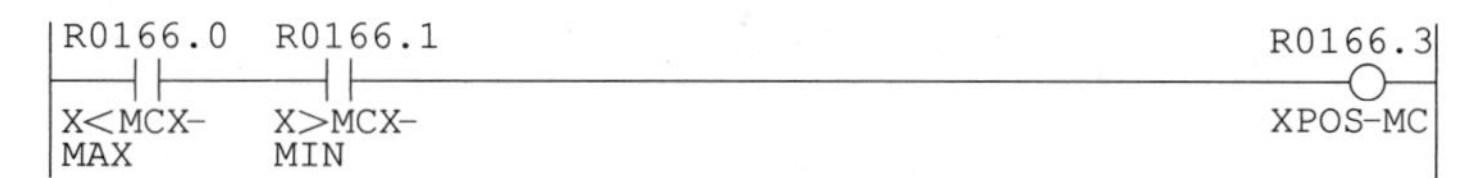

(2)机床位 X 坐标大于等于 1600 判别

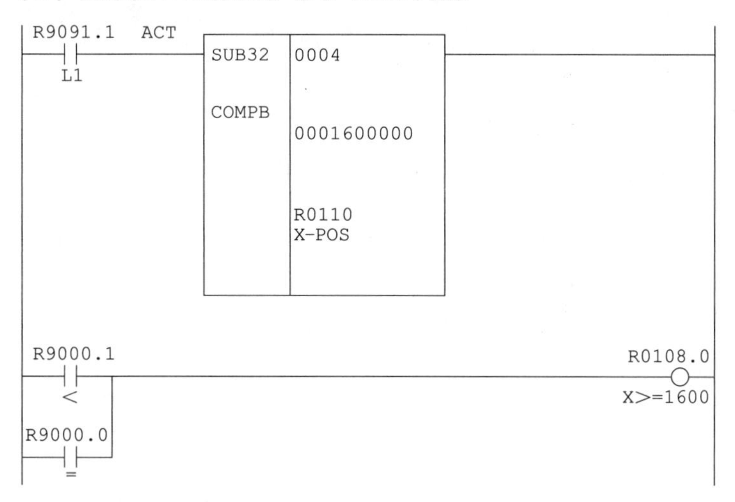

(3)机床位 Z 坐标到位判别

1)机床位 Z 坐标上限判别，即 R118 < D2512。

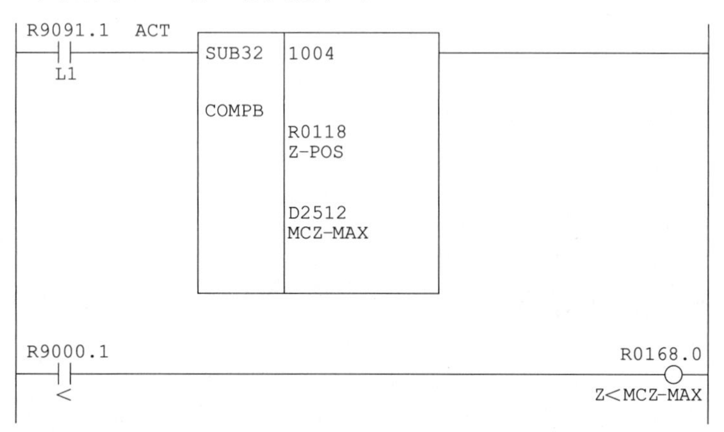

2)机床位 Z 坐标下限判别，即 D2612 < R118。

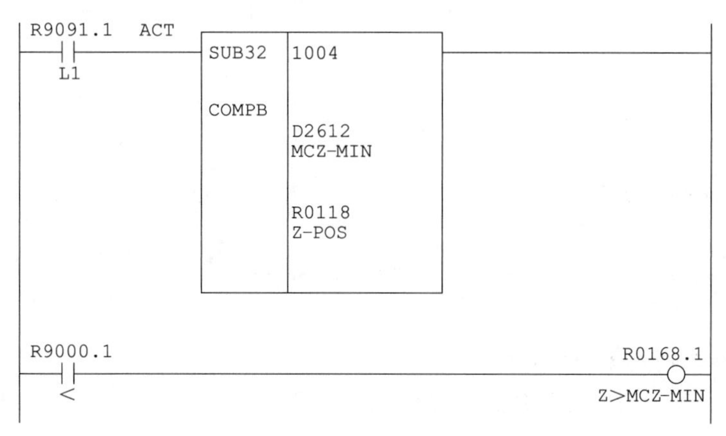

3）机床位 Z 坐标到位判别，即 D2612 < R118 < D2512。

R0168.0 R0168.1 R0168.3
Z<MCZ-MAX Z>MCZ-MIN ZPOS-MC

4.3.5.7 料盘料位 X 坐标到位判别 PMC 程序

（1）料盘料位第 1 列 X 坐标到位判别

1）料盘料位第 1 列 X 坐标上限判别，即 R110 < D2104。

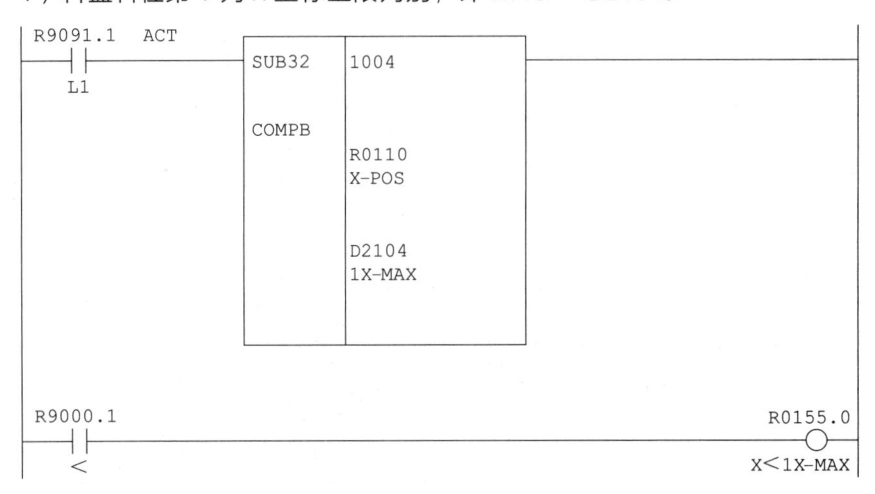

2）料盘料位第 1 列 X 坐标下限判别，即 R110 > D2204。

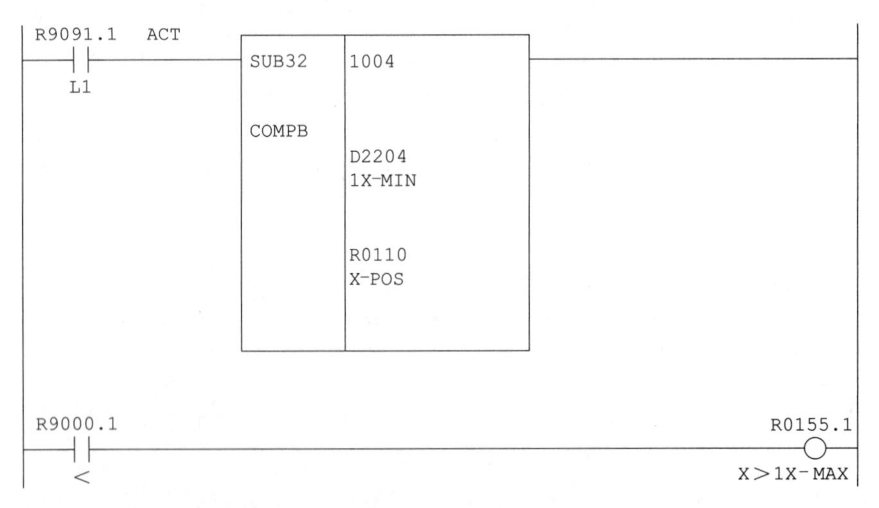

3）料盘料位第 1 列 X 坐标到位判别，即 D2204 < R110 < D2104。

R0155.0 R0155.1 R0155.3
X<1X-MAX X>1X-MIN XPOS1

（2）料盘料位第 2 列 X 坐标到位判别

1）料盘料位第 2 列 X 坐标上限判别，即 R110 < D2108。

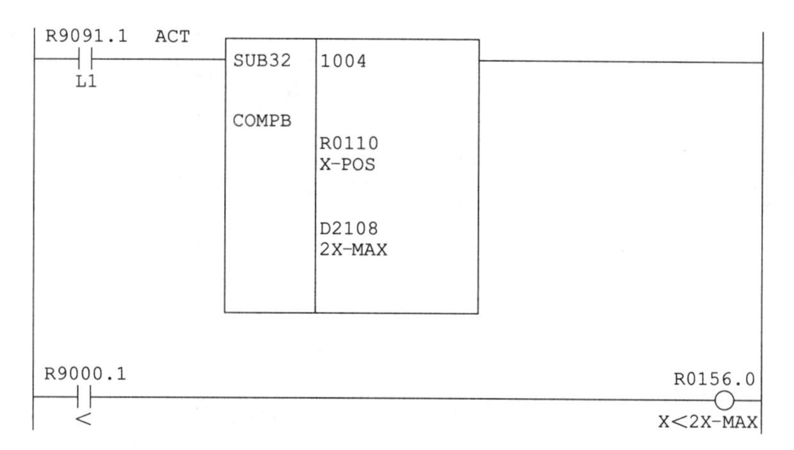

2）料盘料位第 2 列 X 坐标下限判别，即 R110 > D2208。

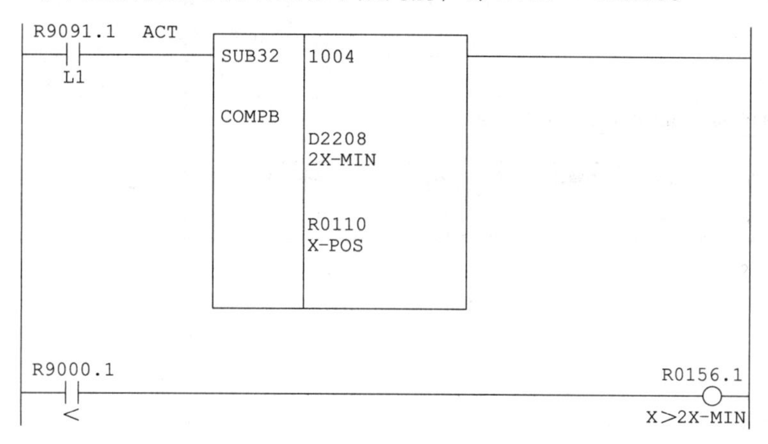

3）料盘料位第 2 列 X 坐标到位判别，即 D2208 < R110 < D2108。

R0156.0　R0156.1　R0156.3

X<2X-MAX　X>2X-MIN　XPOS2

（3）料盘料位第 3 列 X 坐标到位判别

1）料盘料位第 3 列 X 坐标上限判别，即 R110 < D2112。

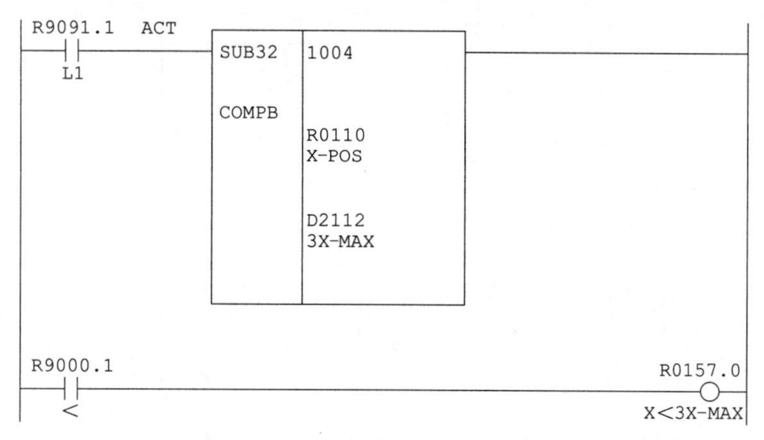

2）料盘料位第 3 列 X 坐标下限判别，即 R110 > D2212。

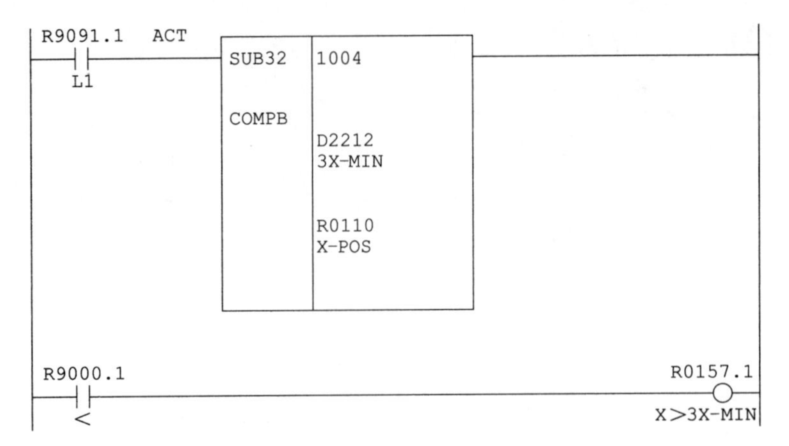

3）料盘料位第 3 列 X 坐标到位判别，即 D2212 < R110 < D2112。

```
R0157.0    R0157.1                    R0157.3
X<3X-MAX   X>3X-MIN                   XPOS3
```

（4）料盘料位第 4 列 X 坐标到位判别

1）料盘料位第 4 列 X 坐标上限判别，即 R110 < D2116。

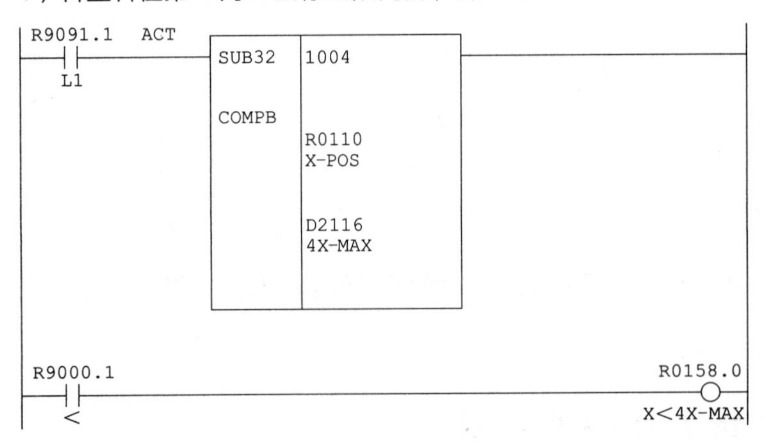

2）料盘料位第 4 列 X 坐标下限判别，即 R110 > D2216。

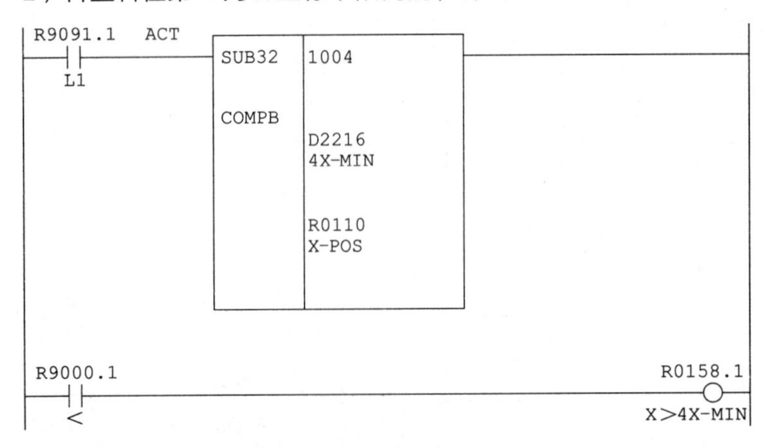

3）料盘料位第 4 列 X 坐标到位判别，即 D2216 < R110 < D2116。

R0158.0 R0158.1 R0158.3
X< 4X-MAX X>4X-MIN XPOS4

（5）料盘料位第 5 列 X 坐标到位判别

1）料盘料位第 5 列 X 坐标上限判别，即 R110 < D2120。

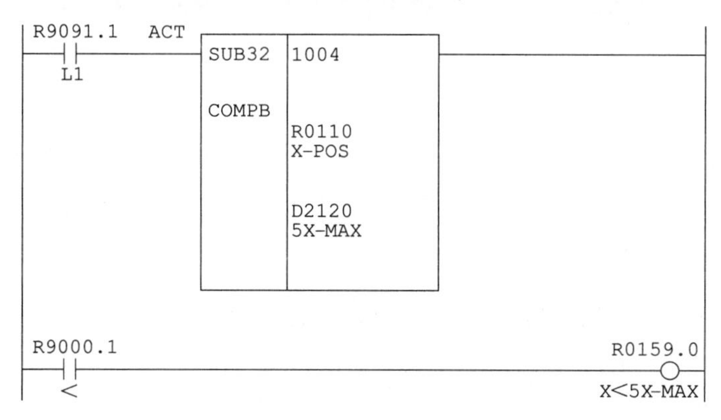

2）料盘料位第 5 列 X 坐标下限判别，即 R110 > D2220。

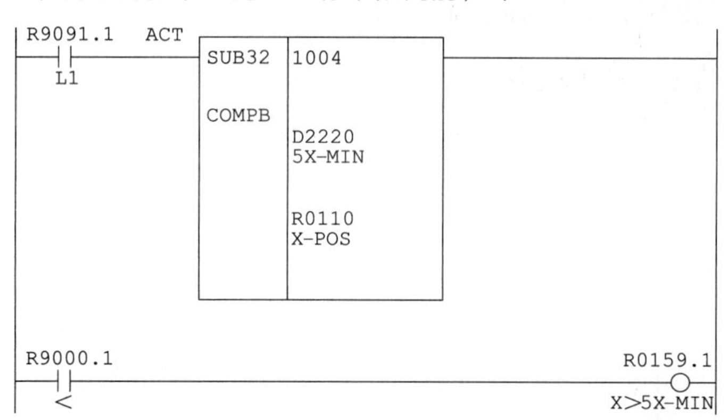

3）料盘料位第 5 列 X 坐标到位判别，即 D2220 < R110 < D2120。

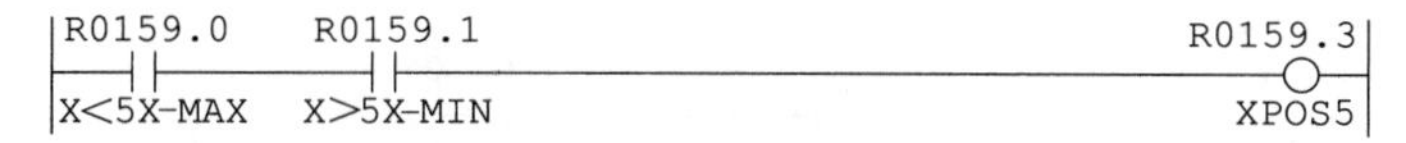

（6）料盘料位第 6 列 X 坐标到位判别

1）料盘料位第 6 列 X 坐标上限判别，即 R110 < D2124。

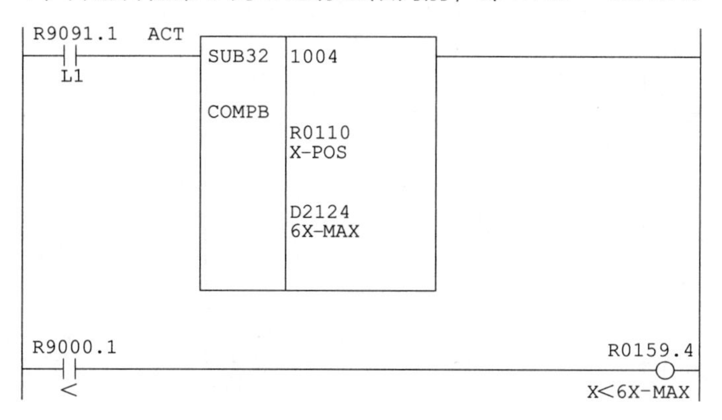

2）料盘料位第 6 列 X 坐标下限判别，即 R110 > D2224。

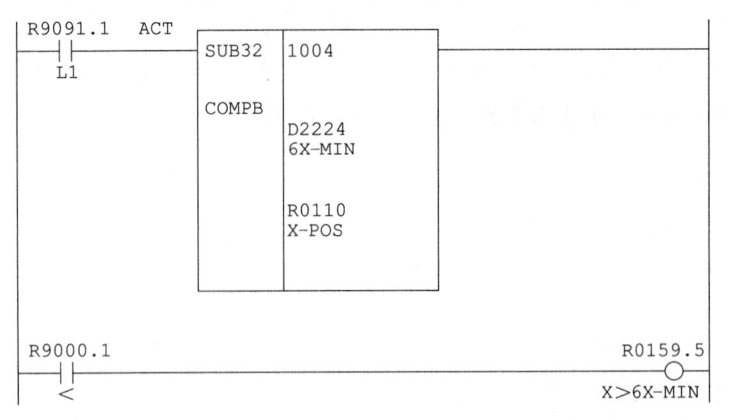

3）料盘料位第 6 列 X 坐标到位判别，即 D2224 < R110 < D2124。

R0159.4 R0159.5 R0159.7
X<6X-MAX X>6X-MIN XPOS6

4.3.5.8 料盘料位 Y 坐标到位判别 PMC 程序

（1）料盘料位第 1 行 Y 坐标到位判别

1）料盘料位第 1 行 Y 坐标上限判别，即 R114 < D2304。

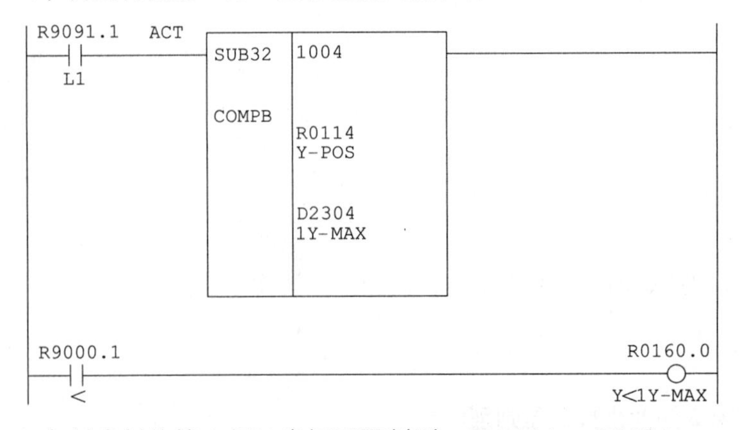

2）料盘料位第 1 行 Y 坐标下限判别，即 R114 > D2404。

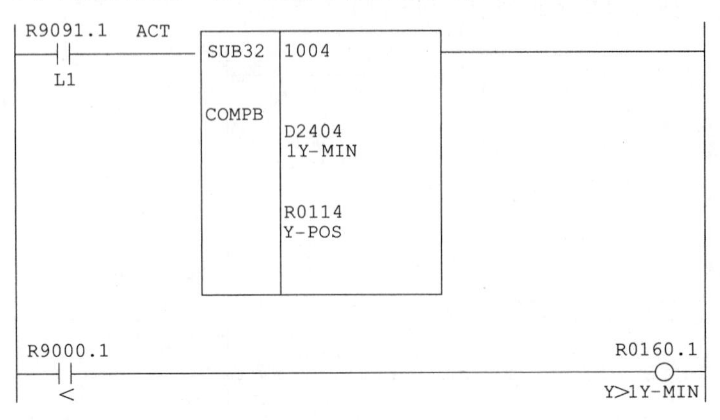

3）料盘料位第 1 行 Y 坐标到位判别，即 D2404 < R114 < D2304。

```
R0160.0     R0160.1                              R0160.3
Y<1Y-MAX    Y>1Y-MIN                             YPOS1
```

（2）料盘料位第 2 行 Y 坐标到位判别

1）料盘料位第 2 行 Y 坐标上限判别，即 R114 < D2308。

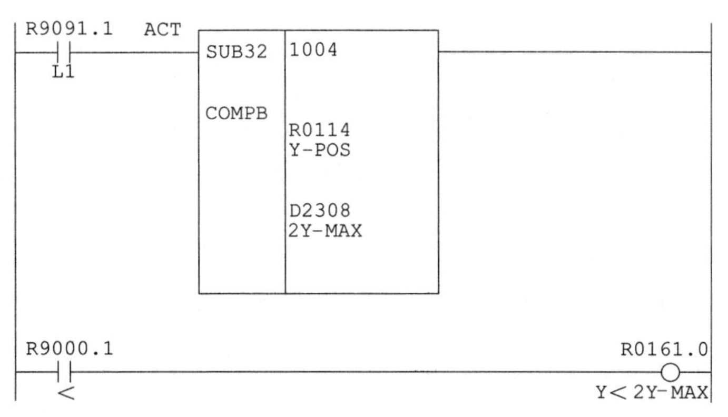

2）料盘料位第 2 行 Y 坐标下限判别，即 R114 > D2408。

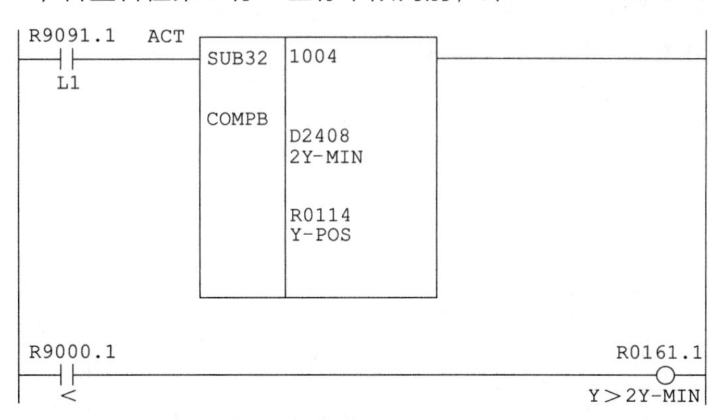

3）料盘料位第 2 行 Y 坐标到位判别，即 D2408 < R114 < D2308。

```
R0161.0     R0161.1                              R0161.3
Y<2Y-MAX    Y>2Y-MIN                             YPOS2
```

（3）料盘料位第 3 行 Y 坐标到位判别

1）料盘料位第 3 行 Y 坐标上限判别，即 R114 < D2312。

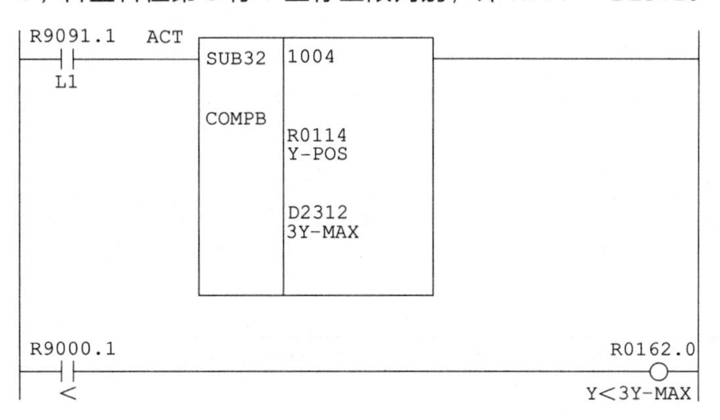

2）料盘料位第 3 行 Y 坐标下限判别，即 R114 ＞ D2412。

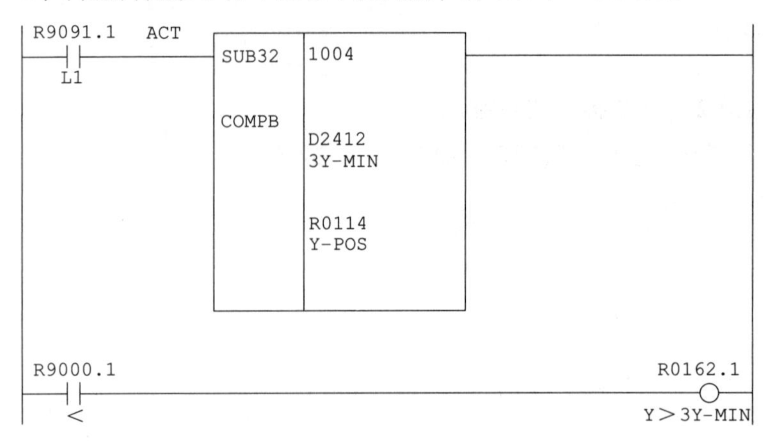

3）料盘料位第 3 行 Y 坐标到位判别，即 D2412 ＜ R114 ＜ D2312。

R0162.0 R0162.1 R0162.3

Y<3Y-MAX Y>3Y-MIN YPOS3

（4）料盘料位第 4 行 Y 坐标到位判别

1）料盘料位第 4 行 Y 坐标上限判别，即 R114 ＜ D2316。

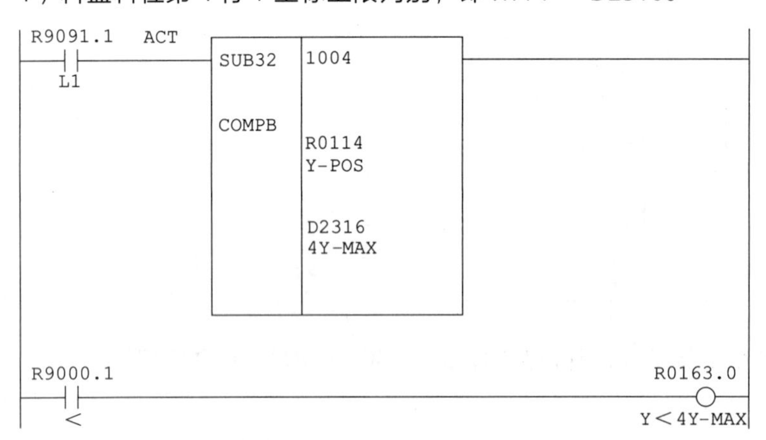

2）料盘料位第 4 行 Y 坐标下限判别，即 R114 ＞ D2416。

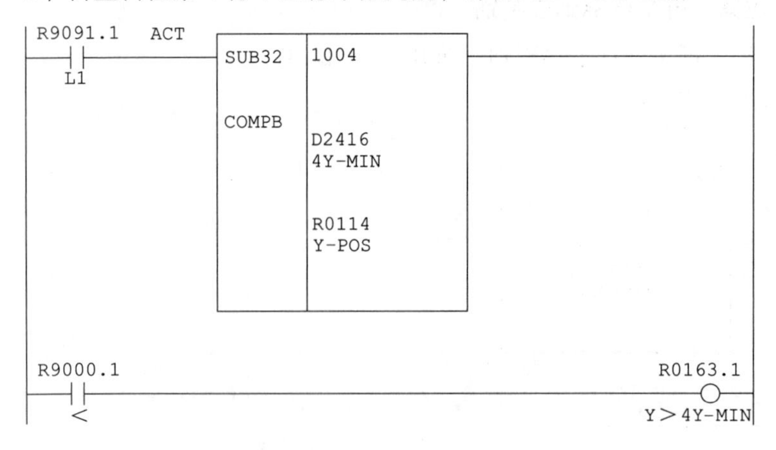

3）料盘料位第 4 行 Y 坐标到位判别，即 D2416 < R114 < D2316。

R0163.0 R0163.1 R0163.3
Y<4Y-MAX Y>4Y-MIN YPOS4

（5）料盘料位第 5 行 Y 坐标到位判别

1）料盘料位第 5 行 Y 坐标上限判别，即 R114 < D2320。

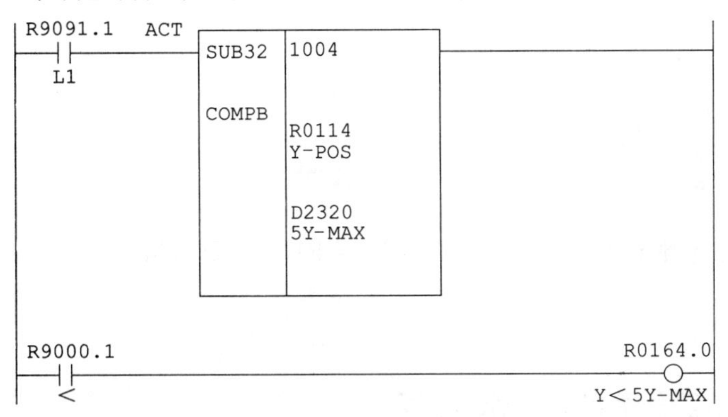

2）料盘料位第 5 行 Y 坐标下限判别，即 R114 > D2420。

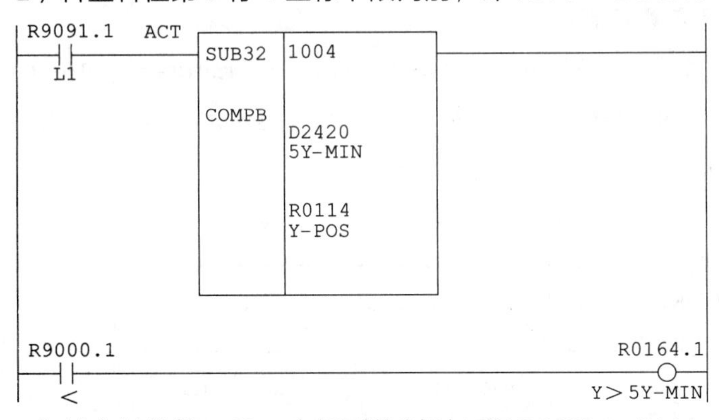

3）料盘料位第 5 行 Y 坐标到位判别，即 D2420 < R114 < D2320。

R0164.0 R0164.1 R0164.3
Y<5Y-MAX Y>5Y-MIN YPOS5

（6）料盘料位第 6 行 Y 坐标到位判别

1）料盘料位第 6 行 Y 坐标上限判别，即 R114 < D2324。

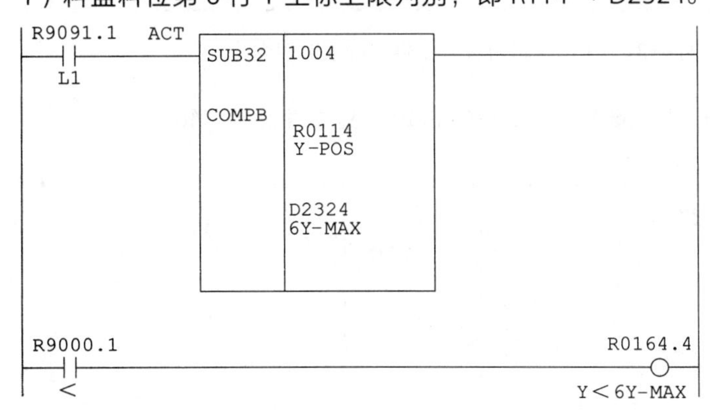

2）料盘料位第 6 行 Y 坐标下限判别，即 R114 > D2424。

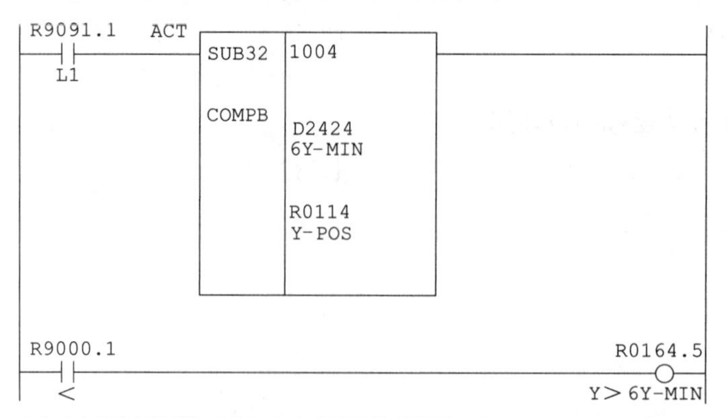

3）料盘料位第 6 行 Y 坐标到位判别，即 D2424 < R114 < D2324。

R0164.4　R0164.5　R0164.7
Y<6Y-MAX　Y＞6Y-MIN　YPOS6

4.3.5.9　程序号检索与程序启动 PMC 程序

（1）外部工件号检索与程序启动

半自动运行外部工件号检索时序图如图 4-31 所示。半自动运行启动按钮包括“XY+ 定位”“XY- 定位”“取放料”等。信号 G7.2 下降沿启动程序号检索与运行。R46 为程序号寄存器，为 1 字节二进制数据，最大 31。

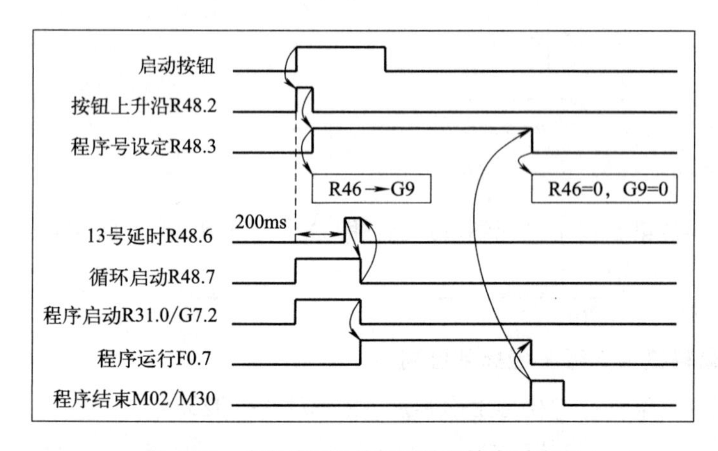

图 4-31　半自动运行外部工件号检索时序图

1）XY+ 定位程序号 11，按 1 字节二进制设定到程序存储器 R46。

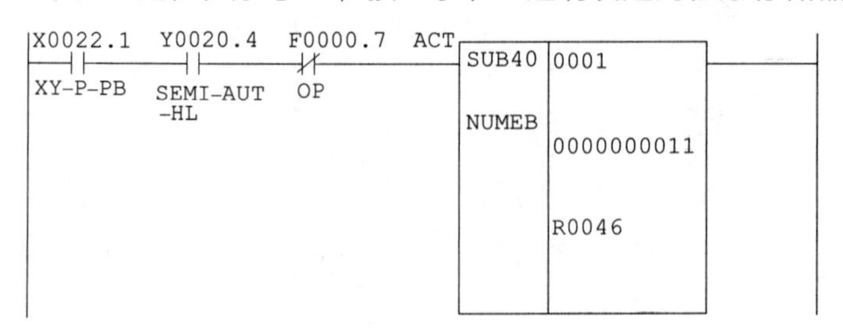

2）XY- 定位程序号 12，按 1 字节二进制设定到程序存储器 R46。

X0022.2 Y0020.4 F0000.7 ACT
XY-N-PB SEMI-AUT -HL OP
SUB40 0001
NUMEB 0000000012
R0046

3）料盘位取放料半自动程序号 13，按 1 字节二进制设定到程序存储器 R46。取放料工件分别是 1 列 5 行、2 列 4 行、3 列 3 行、4 列 2 行、5 列 1 行。

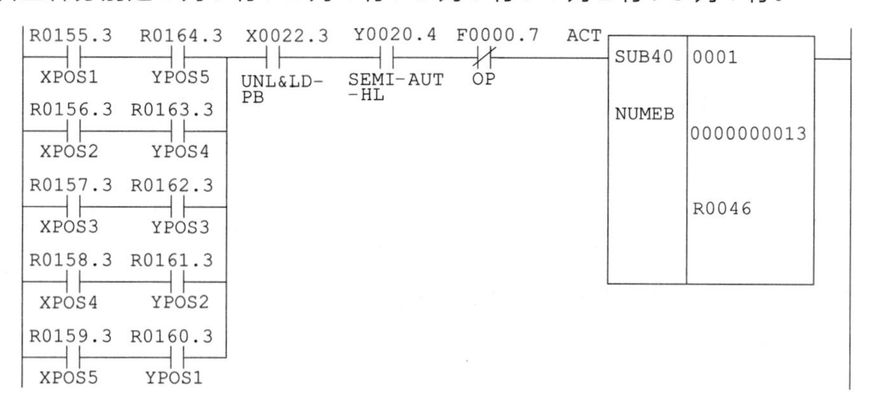

4）机床位取放料半自动程序号 14，按 1 字节二进制设定到程序存储器 R46。

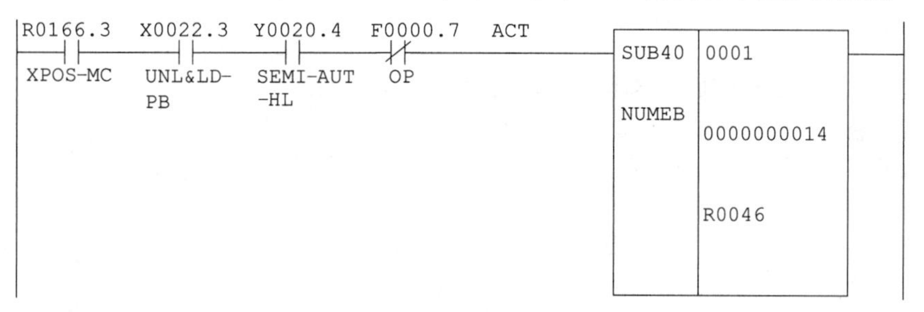

5）抽检位放料半自动程序号 15，按 1 字节二进制设定到程序存储器 R46。

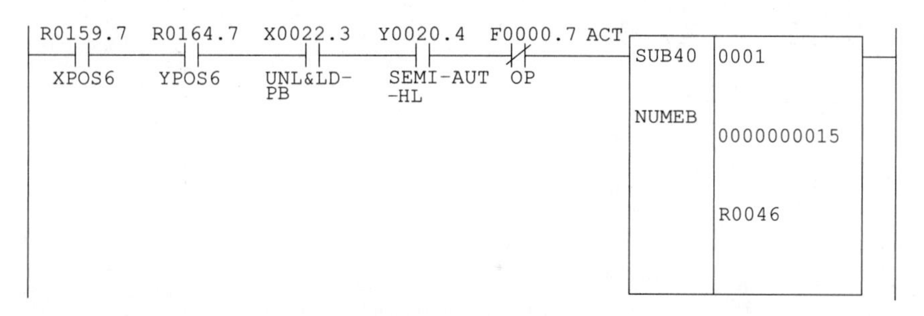

6）OP=0 的前提下，开始程序检索和运行启动。半自动方式，用“XY+ 定位”“XY- 定位”“取放料”按钮启动；全自动方式，用“循环启动”“料盘换料完成”按钮启动。

X0022.1 XY-P-PB
Y0020.4 SEMI-AUT-HL
F0000.7 OP
R0048.0 P-ST 程序启动
X0022.2 XY-N-PB
X0022.3 UNL&LD-PB
X0021.2 ST-PB
Y0020.3 FULL-AUT-HL
X0022.4 TRAY-CHG-PB

7）P-ST 信号上升沿。

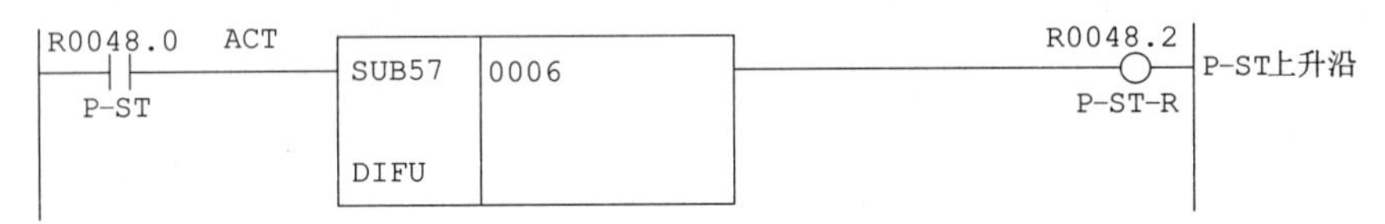

8）程序号设定，P-ST 信号接通后第二个扫描周期开始。

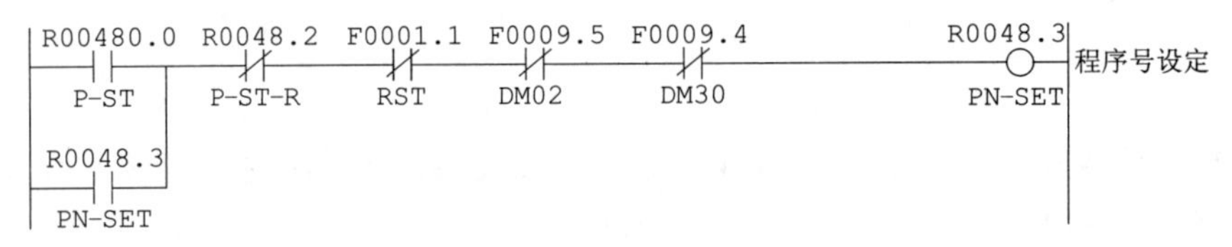

9）程序号存储器 R46 传送至工件号检索接口信号 G9。

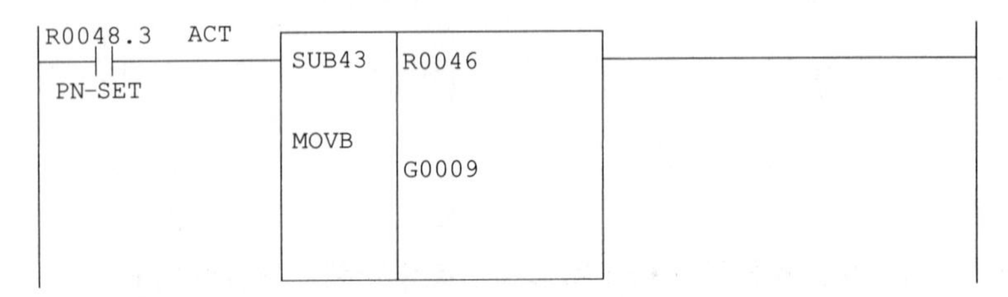

10）程序运行结束，程序号存储器 R46 清零。

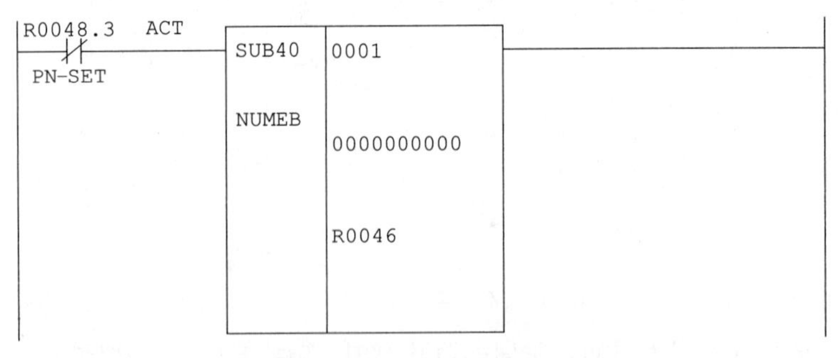

11）程序运行结束，工件号检索接口信号 G9 清零。

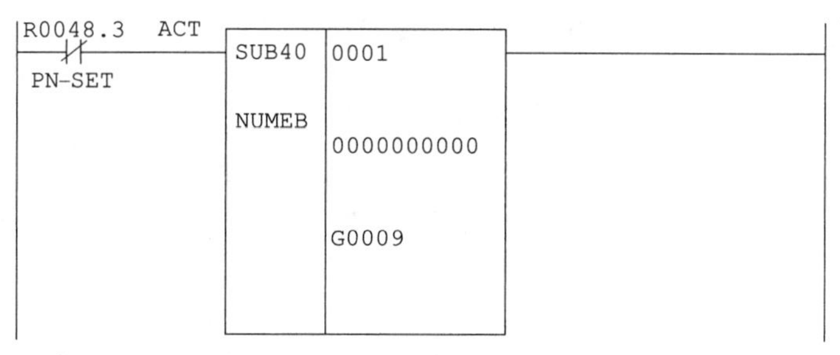

12）延时循环启动，PNS-ST（R48.7）下降沿有效。

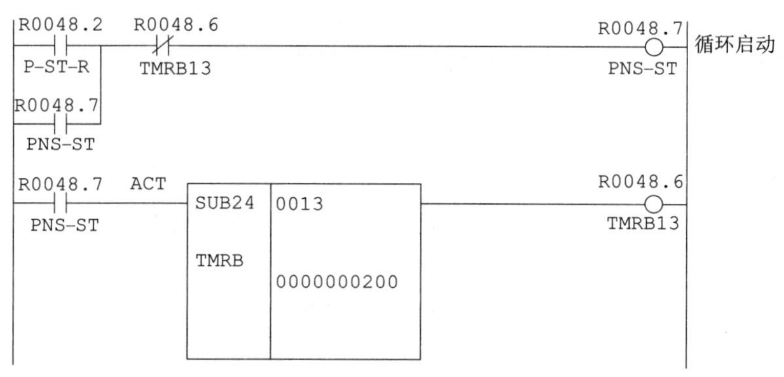

13）半自动程序启动 R31.0，该信号已在项目 3 中定义。

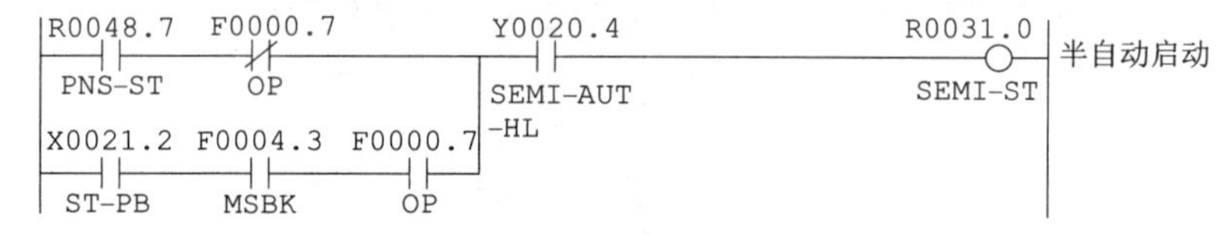

（2）扩展外部工件号检索与程序启动

半自动运行扩展外部工件号检索时序图如图 4-32 所示。半自动运行启动按钮包括“XY+ 定位”“XY- 定位”“取放料” 等。信号 G25.7 下降沿启动程序号检索。信号 G7.2 下降沿启动程序运行。R46 为程序号寄存器，为 2 字节二进制数据，最大 9999。

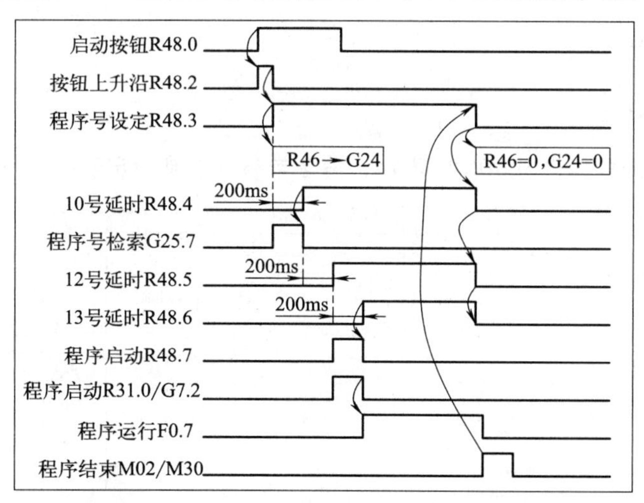

图 4-32　半自动运行扩展外部工件号检索时序图

1）XY+ 定位程序号 11，按 2 字节二进制设定到程序存储器 R46。

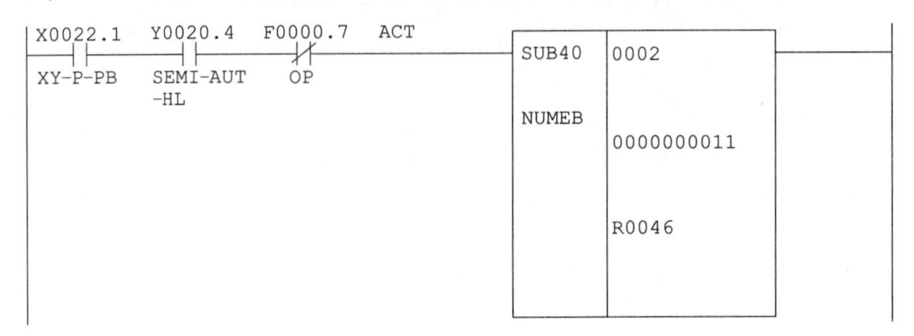

2）XY- 定位程序号 12，按 2 字节二进制设定到程序存储器 R46。

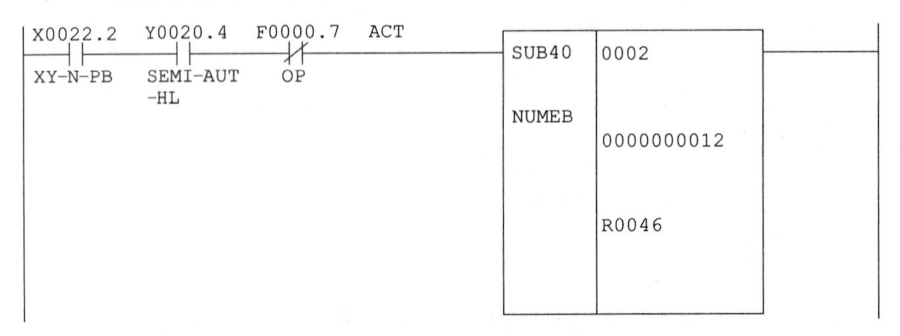

3）料盘位取放料半自动程序号 13，按 2 字节二进制设定到程序存储器 R46。取放料工件分别是 1 列 5 行、2 列 4 行、3 列 3 行、4 列 2 行、5 列 1 行。

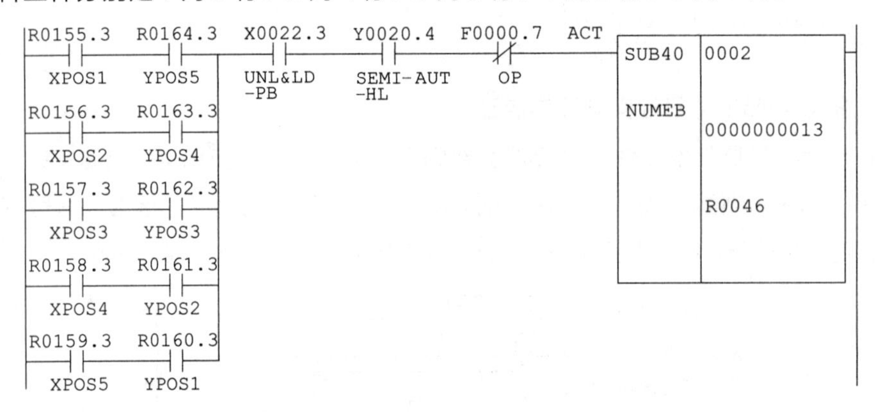

4）机床位取放料半自动程序号 14，按 2 字节二进制设定到程序存储器 R46。

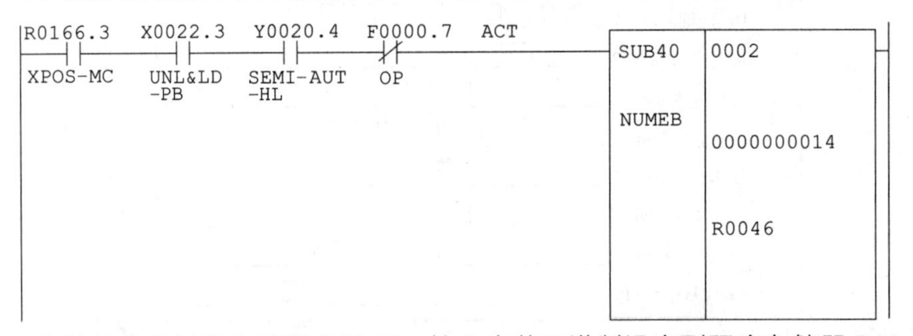

5）抽检位放料半自动程序号 15，按 2 字节二进制设定到程序存储器 R46。

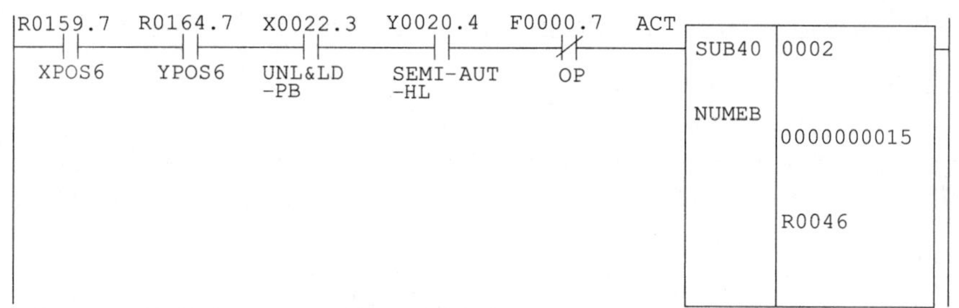

6）OP=0 的前提下，开始程序检索和运行启动。半自动方式，用“XY+ 定位”“XY- 定位”“取放料”按钮启动；全自动方式，用“循环启动”“料盘换料完成”按钮启动。

7）P-ST 信号上升沿。

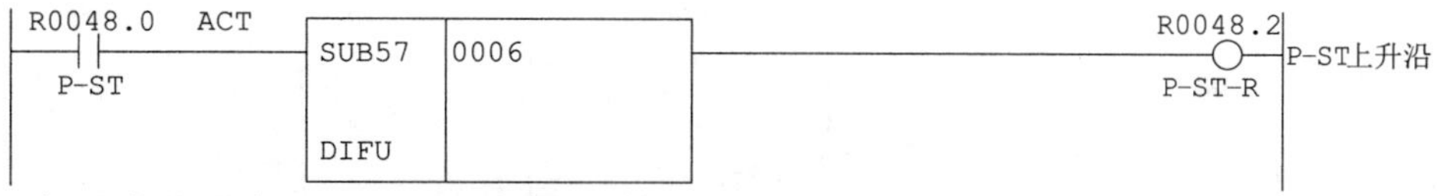

8）程序号设定，P-ST 信号接通后第二个扫描周期开始。

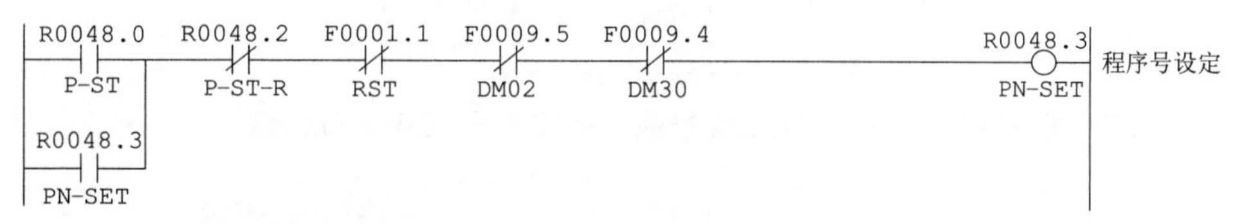

9）14 位工件号数据传送

① 程序号存储器 R46 传送至扩展工件号检索接口信号 G24，使用 1 字节数据传送指令 MOVB 传送。

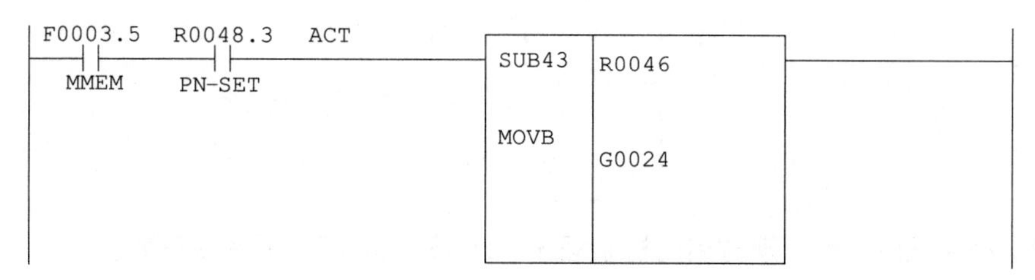

② 程序号存储器 R47.0 ~ R47.5 传送至扩展外部工件号检索接口信号 G25.0 ~ G25.5，使用位信号传送。

F0003.5	R0048.3	R0047.x	输出
F0003.5 MMEM	R0048.3 PN-SET	R0047.0	G0025.0 EPN8
F0003.5 MMEM	R0048.3 PN-SET	R0047.1	G0025.1 EPN9
F0003.5 MMEM	R0048.3 PN-SET	R0047.2	G0025.2 EPN10
F0003.5 MMEM	R0048.3 PN-SET	R0047.3	G0025.3 EPN11
F0003.5 MMEM	R0048.3 PN-SET	R0047.4	G0025.4 EPN12
F0003.5 MMEM	R0048.3 PN-SET	R0047.5	G0025.5 EPN13

10）程序运行结束，程序号存储器 R46 清零。

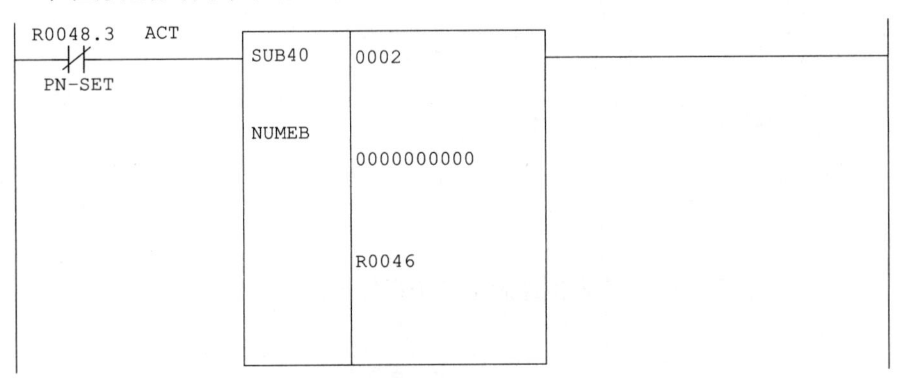

11）程序运行结束，扩展工件号检索接口信号 G24 ~ G25 清零。

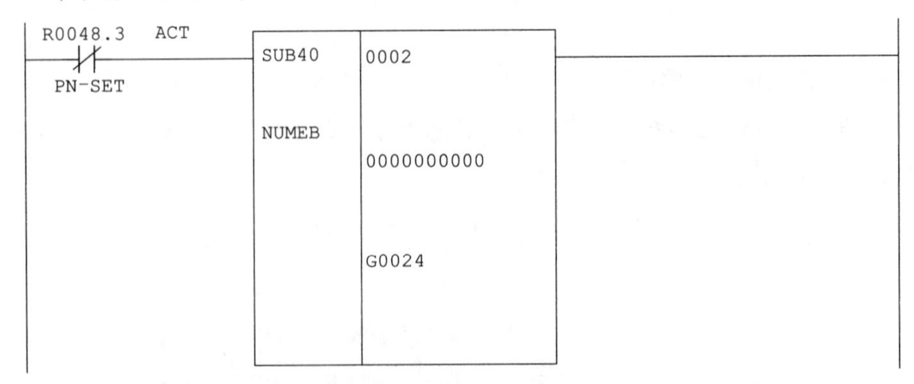

12）程序号设定后，延时启动检索程序，EPNS（G25.7）下降沿有效。

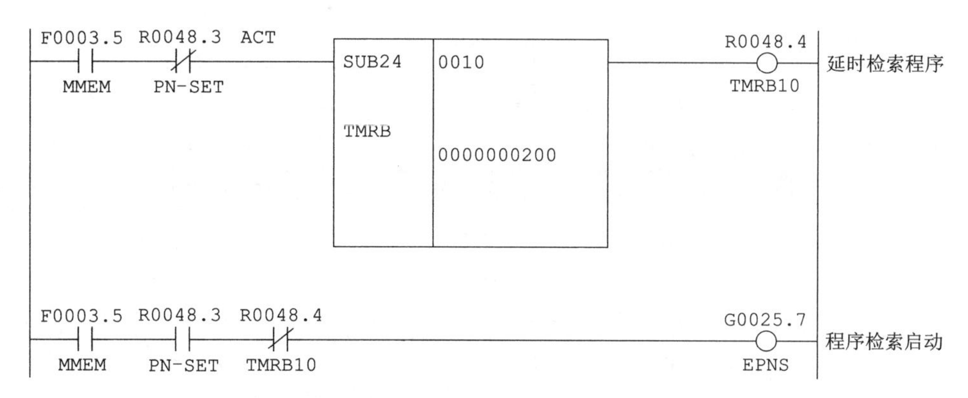

13）延时循环启动，PNS-ST（R48.7）下降沿有效。

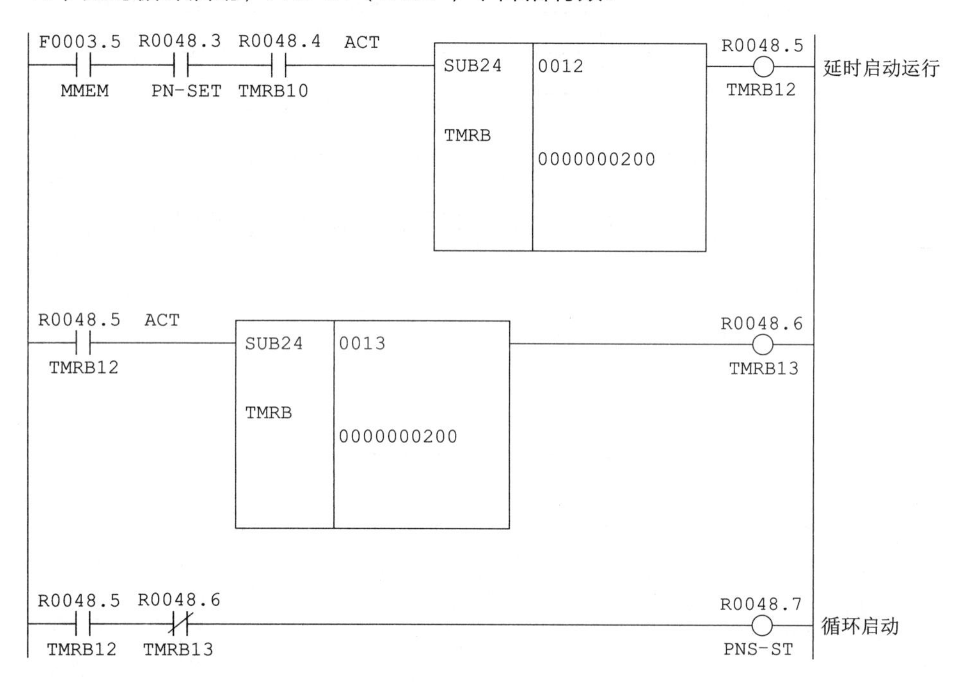

14）半自动程序启动 R31.0，该信号已在项目三中定义。

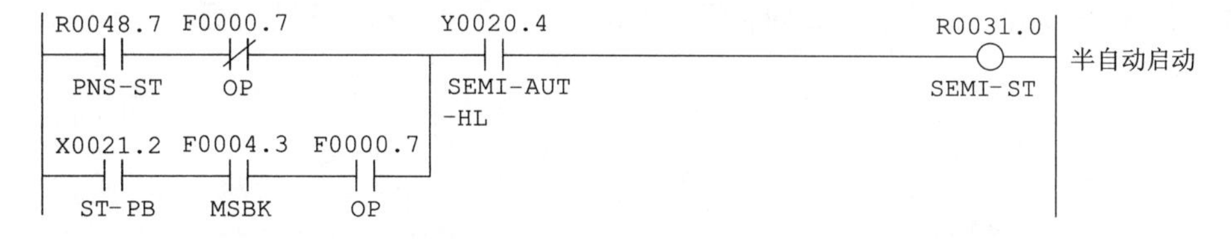

（3）外部程序号检索与程序启动

半自动运行外部程序号检索时序图如图 4-33 所示。半自动运行启动按钮包括“XY+ 定位”“XY- 定位”“取放料” 等。信号 G2.7 上升沿启动程序号读取，程序号读完成信号 F60.0 关闭信号 G2.7。程序号检索完成信号 F60.1 上升沿开始，延时 200ms 启动程序运行。R46 为程序号寄存器，为 2 字节 BCD 码数据，最大 9999。

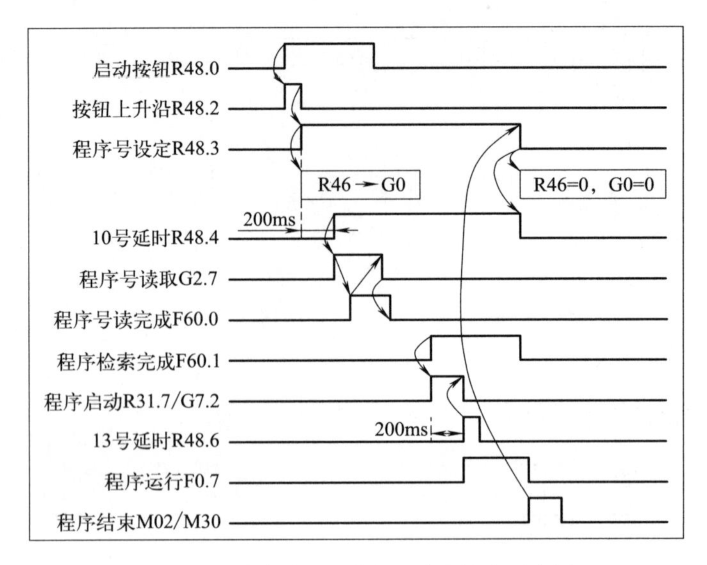

图 4-33 半自动运行外部程序号检索时序图

1）XY+ 定位程序号 11，按 2 字节 BCD 码设定到程序存储器 R46。

```
R9091.1                          BYT     SUB23 | 0011
L1
X0022.1   Y0020.4   F0000.7      ACT     NUME  | R0046
XY-P      SEMI-AUT  OP
-PB       -HL
```

2）XY- 定位程序号 12，按 2 字节 BCD 码设定到程序存储器 R46。

```
R9091.1                          BYT     SUB23 | 0012
L1
X0022.2   Y0020.4   F0000.7      ACT     NUME  | R0046
XY-N      SEMI-AUT  OP
-PB       -HL
```

3）料盘位取放料半自动程序号 13，按 2 字节 BCD 码设定到程序存储器 R46。取放料工件分别是 1 列 5 行、2 列 4 行、3 列 3 行、4 列 2 行、5 列 1 行。

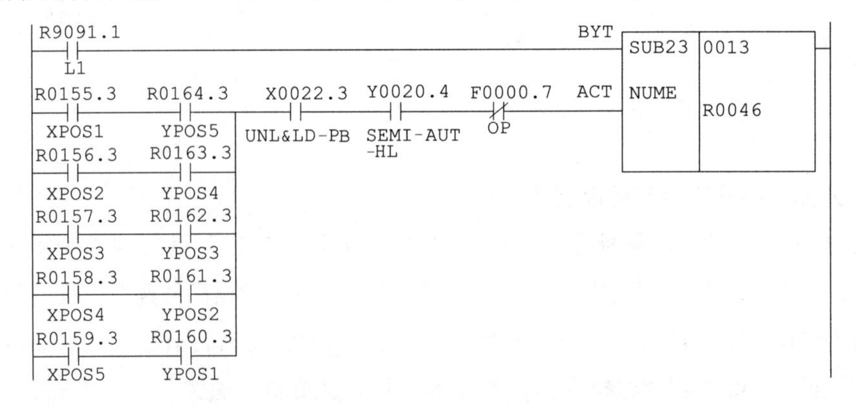

4）机床位取放料半自动程序号 14，按 2 字节 BCD 码设定到程序存储器 R46。

```
R9091.1                                    BYT   SUB23   0014
L1
R0166.3   X0022.3      Y0020.4    F0000.7  ACT   NUME    R0046
XPOS-MC   UNL&LD-PB    SEMI-AUT   OP
                       -HL
```

5）抽检位放料半自动程序号15，按2字节BCD码设定到程序存储器R46。

```
R9091.1                                              BYT   SUB23   0015
L1
R0159.7   R0164.7   Y0022.3     X0020.4    F0000.7   ACT   NUME    R0046
XPOS6     YPOS6     UNL&LD-PB   SEMI-AUT   OP
                                -HL
```

6）OP=0的前提下，开始程序检索和运行启动。半自动方式，用“XY+定位”“XY-定位”“取放料”按钮启动；全自动方式，用“循环启动”“料盘换料完成”按钮启动。

```
X0022.1     Y0020.4    F0000.7                R0048.0   程序启动
XY-P-PB     SEMI-AUT   OP                     P-ST
            -HL
X0022.2
XY-N-PB
X0022.3
UNL&LD-PB
X0021.2     Y0020.3
ST-PB       FULL-AUT
            -HL
X0022.4
TRAY-CHG
-PB
```

7）P-ST信号上升沿。

```
R0048.0   ACT   SUB57   0006           R0048.2   P-ST上升沿
P-ST            DIFU                   P-ST-R
```

8）程序号设定，P-ST信号接通后第二个扫描周期开始。

```
R0048.0   R0048.2   F0001.1   F0009.5   F0009.4     R0048.3   程序号设定
P-ST      P-ST-R    RST       DM02      DM30        PN-SET
R0048.3
PN-SET
```

9）程序号存储器R46传送至外部程序号检索接口信号G0，使用字数据传送指令MOVW传送。

F0003.5 R0048.3 ACT
MMEM PN-SET
SUB44 R0046
MOVW G0000

10）程序运行结束，程序号存储器 R46 清零。

R9091.1 BYT
L1
R0048.3 ACT
PN-SET
SUB23 0000
NUME R0046

11）程序运行结束，外部程序号检索接口信号 G0 ~ G1 清零。

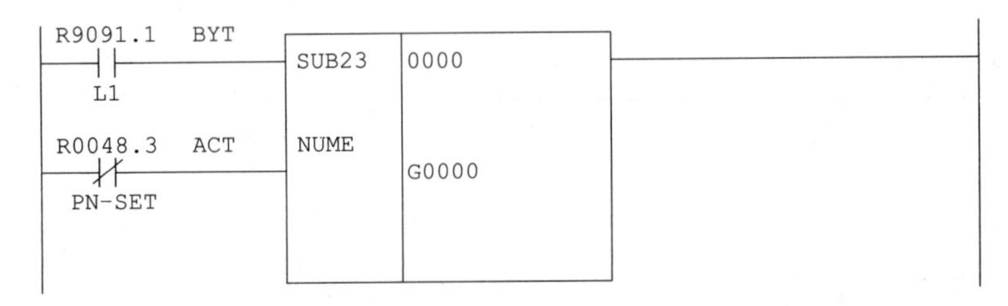

12）程序号设定后，延时启动检索程序，ESTB（G2.7）上升沿有效。

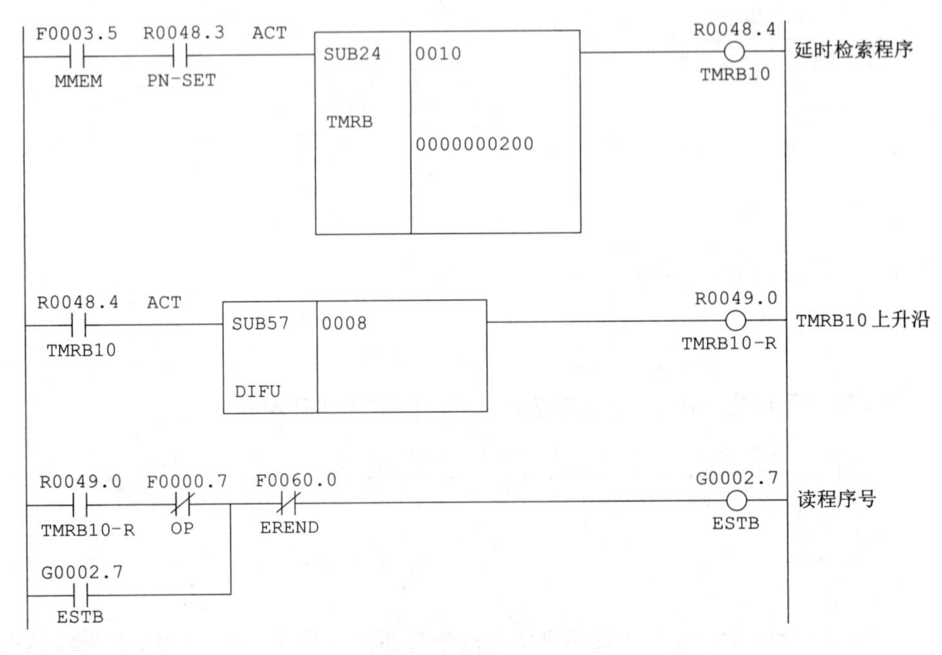

13）延时循环启动，NC-ST（R31.7）下降沿有效。

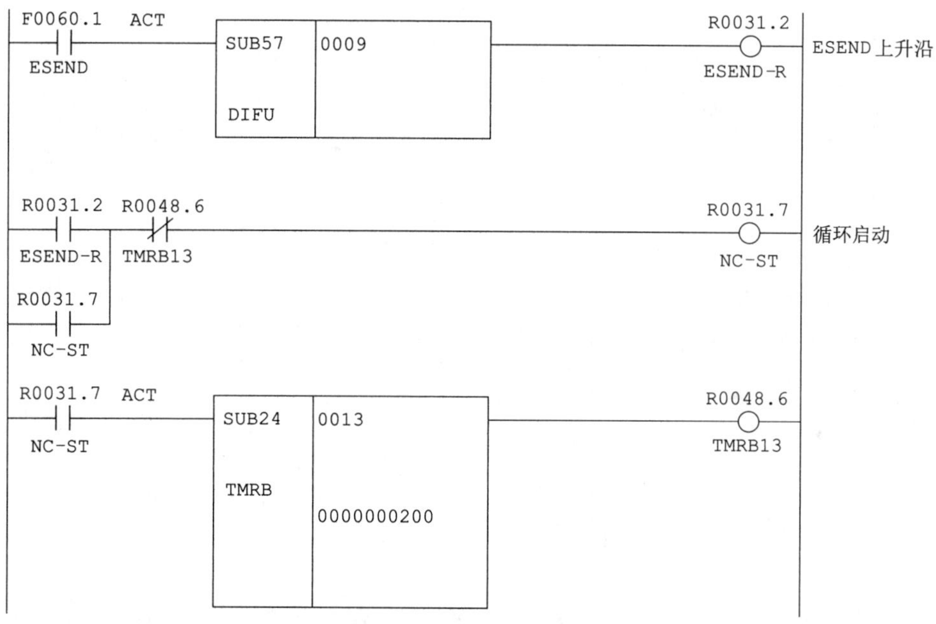

14）半自动程序启动 R31.0，该信号已在项目三中定义。

R0031.7 NC-ST　F0000.7 OP　Y0020.4 SEMI-AUT-HL　R0031.0 SEMI-ST　半自动启动

X0021.2 ST-PB　F0004.3 MSBK　F0000.7 OP

4.3.5.10　数据保护 PMC 程序

数据保护。当 KEY1 ~ KEY4（G46.3 ~ G46.6）为 1 时，允许输入程序、宏变量等数据。

X0015.3 KEY-PB　G0046.3 KEY1　数据保护

G0046.4 KEY2

G0046.5 KEY3

G0046.6 KEY4

4.3.5.11　进给倍率 PMC 程序

1）高速进给倍率 100%。

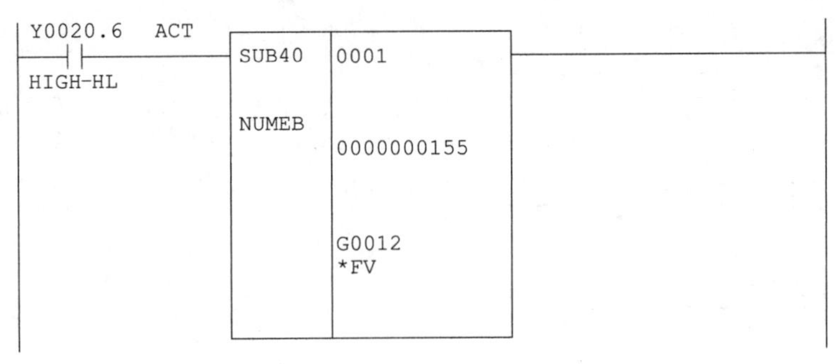

2）低速进给倍率 10%。

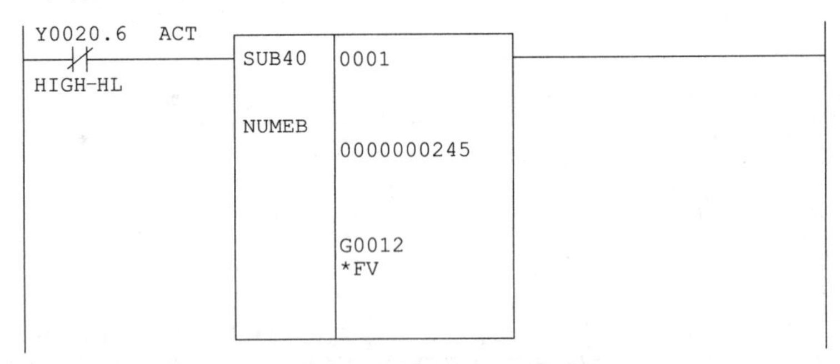

4.3.5.12 存储器方式下轴互锁 PMC 程序

（1）存储器方式下 X 轴互锁

Z 坐标 ≤ 50mm，或机床位 Z 到位且 X 坐标 ≥ 1500mm，或第 1 列 X 坐标 ± 5mm 范围内，或第 2 列 X 坐标 ± 5mm 范围内，或第 3 列 X 坐标 ± 5mm 范围内，或第 4 列 X 坐标 ± 5mm 范围内，或第 5 列 X 坐标 ± 5mm 范围内，或第 6 列 X 坐标 ± 5mm 范围内。

R0027.1 F0003.5 R0032.0
Z<=50 MMEM ITX-MEM X轴互锁-MEM
R0168.3 R0108.0
ZPOS-MC X>=1500
R0155.3
XPOS1
R0156.3
XPOS2
R0157.3
XPOS3
R0158.3
XPOS4
R0159.3
XPOS5
R0159.7
XPOS6

（2）存储器方式下 Y 轴互锁

Z 坐标≤ 50mm，或第 1 行 Y 坐标 ±5mm 范围内，或第 2 行 Y 坐标 ±5mm 范围内，或第 3 行 Y 坐标 ±5mm 范围内，或第 4 行 Y 坐标 ±5mm 范围内，或第 5 行 Y 坐标 ±5mm 范围内，或第 6 行 Y 坐标 ±5mm 范围内。

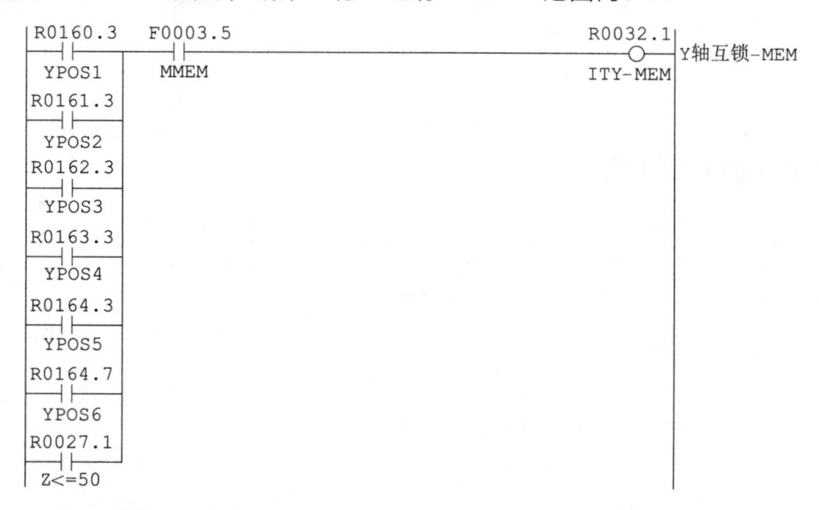

（3）存储器方式下 Z 轴互锁

1）Z 坐标≤ 50mm，或 X 轴在机床位；

2）半自动模式下，1 列 5 行坐标 ±5mm 范围内，或 2 列 4 行坐标 ±5mm 范围内，或 3 列 3 行坐标 ±5mm 范围内，或 4 列 2 行坐标 ±5mm 范围内，或 5 列 1 行坐标 ±5mm 范围内，或 6 列 6 行坐标 ±5mm 范围内。

3）全自动模式下，X 轴在料盘区。

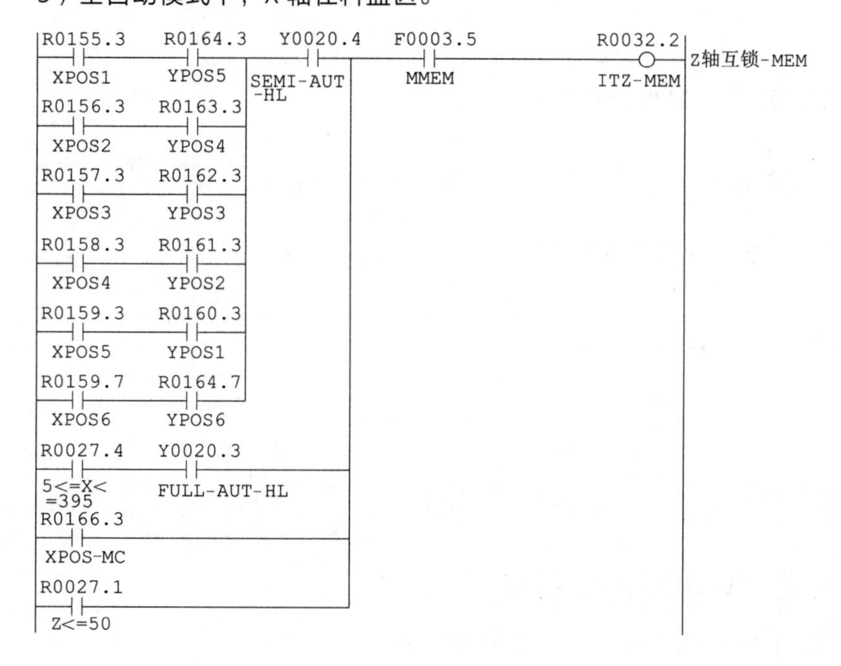

4.3.5.13 相关 M 代码功能 PMC 程序

1）M12 机床取料完成信号。

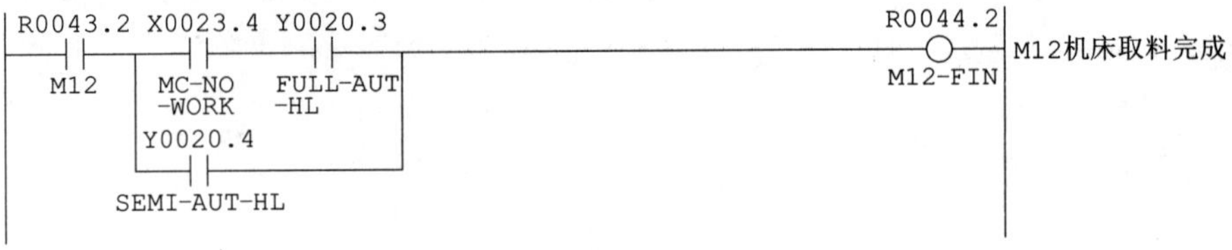

R0043.2 X0023.4 Y0020.3 R0044.2
M12 MC-NO -WORK FULL-AUT -HL M12-FIN M12机床取料完成
Y0020.4
SEMI-AUT-HL

2）M13 机床放料完成信号。

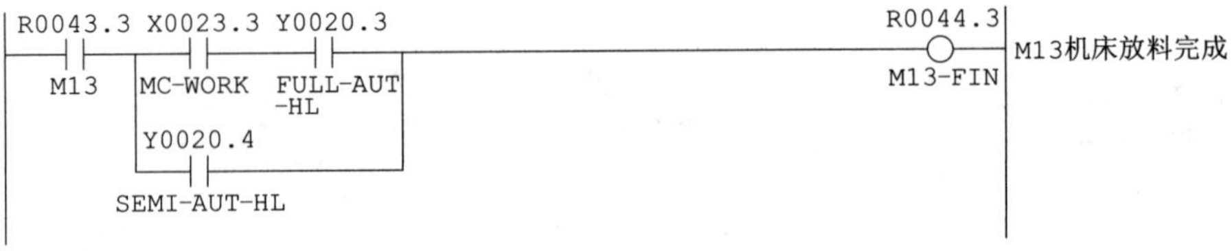

R0043.3 X0023.3 Y0020.3 R0044.3
M13 MC-WORK FULL-AUT -HL M13-FIN M13机床放料完成
Y0020.4
SEMI-AUT-HL

3）M28 ~ M35 代码译码，结果输出到 R51。

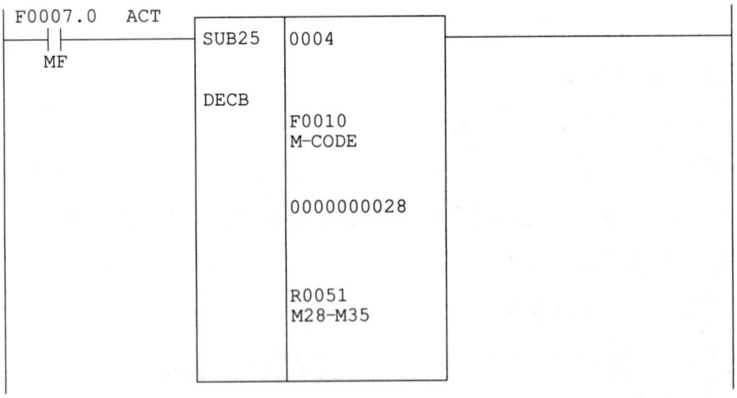

F0007.0 ACT
MF
SUB25 0004
DECB
F0010
M-CODE
0000000028
R0051
M28-M35

4）半自动模式下，M28 完成信号。

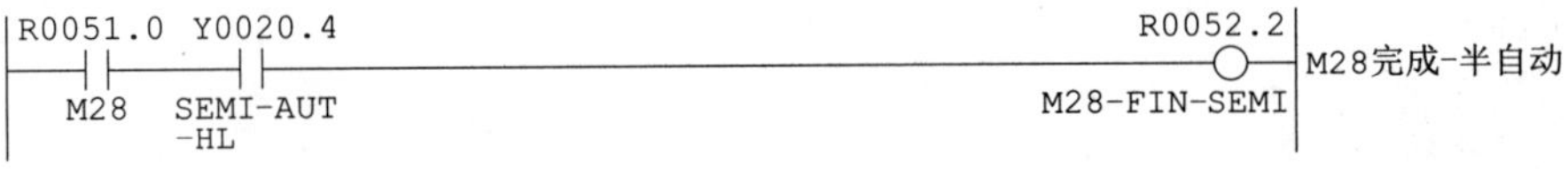

R0051.0 Y0020.4 R0052.2
M28 SEMI-AUT -HL M28-FIN-SEMI M28完成-半自动

5）项目四新增 M 代码完成信号。

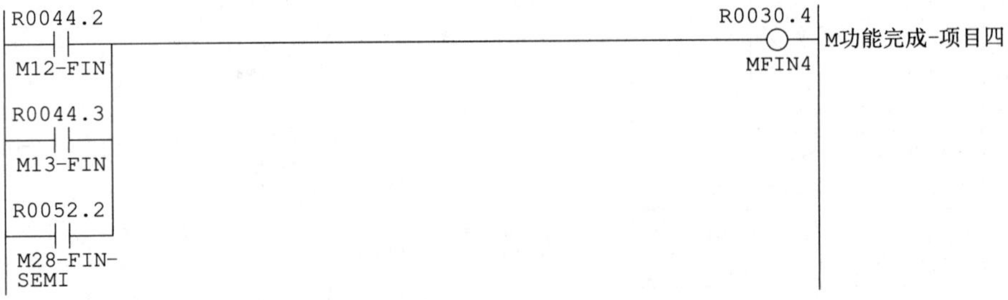

R0044.2 R0030.4
M12-FIN MFIN4 M功能完成-项目四
R0044.3
M13-FIN
R0052.2
M28-FIN-SEMI

4.3.5.14 单程序段功能 PMC 程序

1）单段按钮 SBK-PB（R1320.0）上升沿检测。

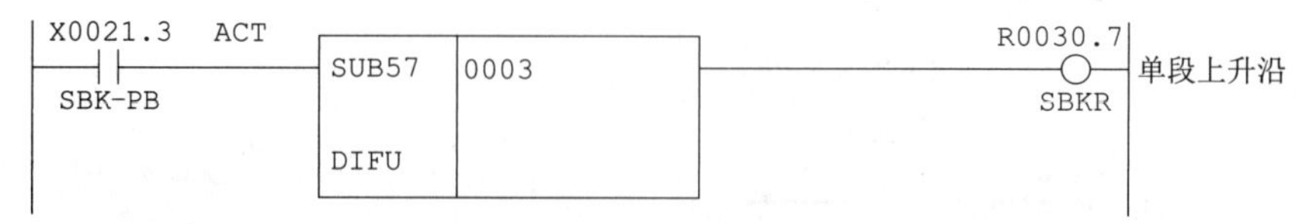

2）单段接口信号 SBK（G46.1）翻转。每按一次“单段”按钮，翻转一次 SBK 信号状态。

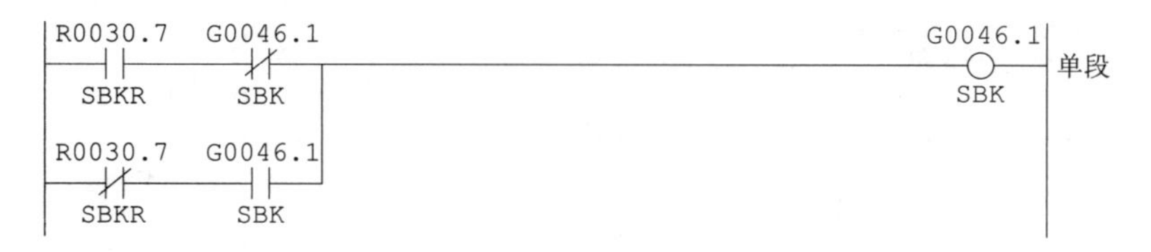

3）单段指示灯。

F0004.3
MSBK
Y0021.3
SBK-HL
单段灯

4.3.5.15　料盘行列号数码管显示 PMC 程序

料盘行号列号数码管采用动态显示，其显示时序如图 4-34 所示。用 50ms 的周期信号去做 3 号计数器的计数信号。该计数器从 1 开始计数，最大计数值为 4，为循环计数器，到达最大值后，又从 1 开始计数。当 3 号计数器的计数值 C3=1（R7.0 为 1）时，读入行号，且行号选通 Y4.4 置低电平，锁存行号；当 3 号计数器的计数值 C3=3（R7.1 为 1）时，读入列号，且列号选通 Y4.5 置低电平，锁存列号。

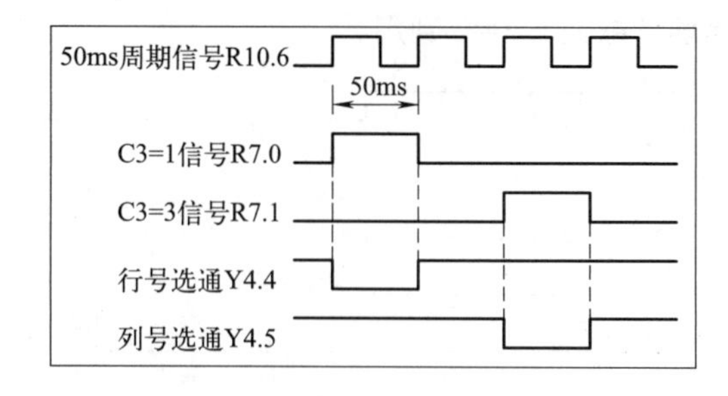

图 4-34　数码管动态显示时序

1）50ms 脉冲信号。

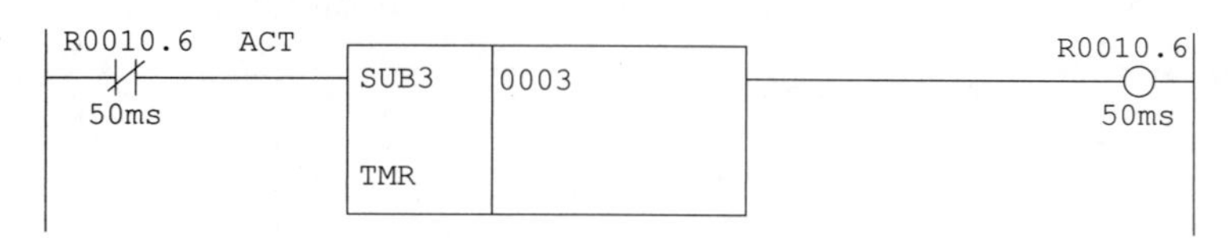

2）3 号计数器计数最大值 C8 设定为 4。

```
R9091.1  ACT     SUB40   0002
                 NUMEB   0000000004
                         C0008
```

3）50ms 脉冲信号计数，加计数，从 1 开始，计数到达 4，又从 1 开始循环计数。该计数器不复位。

```
R9091.1  CNO     SUB5   0003                R0010.7
  L1
R9091.1  UPDOWN  CTR
  L1
R9091.1  RST
  L1
R0010.6  ACT
 50ms
```

4）3 号计数器当前计数值 C10=1 判别。

```
R9091.1  ACT     SUB32   0002
                 COMPB   0000000001
                         C0010
R9000.0                                     R0007.0  C3=1
```

5）3 号计数器当前计数值 C10=3 判别。

```
R9091.1  ACT     SUB32   0002
                 COMPB   0000000003
                         C0010
R9000.0                                     R0007.1  C3=3
```

6）料盘行号 BCD 编码

① 料盘行号 BCD1。

```
R0160.3                                     R0005.0  料盘行号1
 YPOS1                                      Y-BCD-1
R0162.3
 YPOS3
R0164.3
 YPOS5
```

② 料盘行号 BCD2。

R0161.3 YPOS2
R0162.3 YPOS3
R0164.7 YPOS6
R0005.1 Y-BCD-2 料盘行号2

③ 料盘行号 BCD4。

R0163.3 YPOS4
R0164.3 YPOS5
R0164.7 YPOS6
R0005.2 Y-BCD-4 料盘行号4

7）料盘列号 BCD 编码

① 料盘列号 BCD1。

R0155.3 XPOS1
R0157.3 XPOS3
R0159.3 XPOS5
R0006.0 X-BCD-1 料盘列号1

② 料盘列号 BCD2。

R0156.3 XPOS2
R0157.3 XPOS3
R0159.7 XPOS6
R0006.1 X-BCD-2 料盘列号2

③ 料盘列号 BCD4。

R0158.3 XPOS4
R0159.3 XPOS5
R0159.7 XPOS6
R0006.2 X-BCD-4 料盘列号4

8）C3=1 时，行号传送至 Y4 显示。

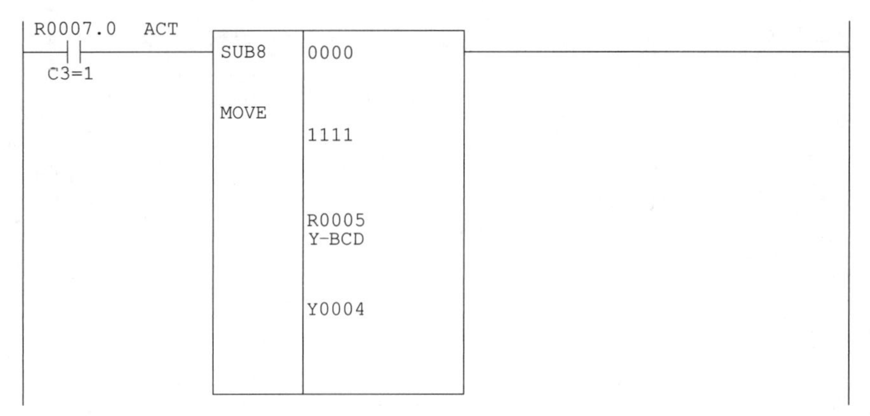

9）C3=3 时，列号传送至 Y4 显示。

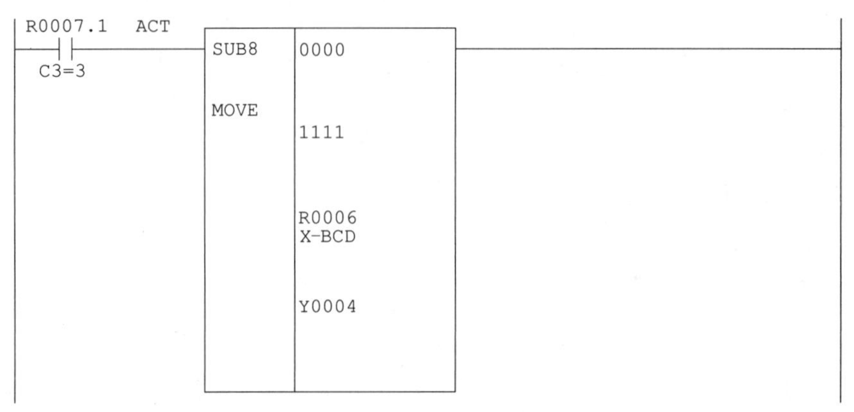

10）料盘行列号动态显示。

R0007.0 C3=1 —— Y0004.4 Y-LATCH 行号显示

R0007.1 C3=3 —— Y0004.5 X-LATCH 列号显示

4.3.5.16 报警信息显示 PMC 程序

1）XY 不在位检测，即 XY 未定位到 5 行 1 列，或 4 行 2 列，或 3 行 3 列，或 2 行 4 列，或 1 行 5 列，或 6 行 6 列，或机床位。

R0155.3 XPOS1 / R0164.3 YPOS5；R0156.3 XPOS2 / R0163.3 YPOS4；R0157.3 XPOS3 / R0162.3 YPOS3；R0158.3 XPOS4 / R0161.3 YPOS2；R0159.3 XPOS5 / R0160.3 YPOS1；R0159.7 XPOS6 / R0164.7 YPOS6；R0166.3 XPOS-MC —— R0016.1 XY-NOT-POS XY不在位

2）XY 定位未完成，即开始取放料操作，触发 AL2006（A0.6）报警。

X0022.3 UNL&LD-PB；R0016.1 XY-NOT-POS；A0000.6 AL2006；X0013.0 ERS-PB —— A0000.6 AL2006 XY 未定位

3）项目四报警信号。

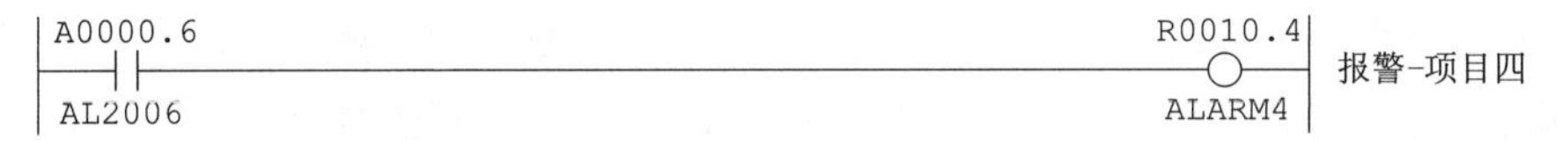

4.4 项目验证

4.4.1 半自动 XY 定位功能验证

（1）半自动 XY+ 定位功能验证

半自动 XY+ 定位一共有 7 个位置，如图 4-35 所示。

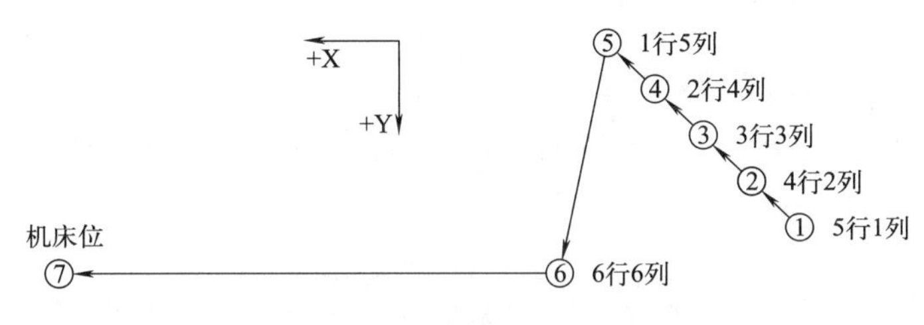

图 4-35 半自动 XY+ 定位位置

1）手轮移动 Z 轴，使 $Z \leqslant 50$mm。

2）选择半自动方式，按一下“XY+ 定位”按钮，系统自动调出 O11 程序并自动启动运行。先 Z 轴回原位，上升至 Z0，接着 XY 将正向定位到最近的一个位置，如当前位置在 1 号位置或 1 号至 2 号的中间位置，将定位到 2 号位置，行列号数码管显示“42”。

3）再按一下“XY+ 定位”按钮，将定位到 3 号位置，行列号数码管显示“33”。

4）每按一下“XY+ 定位”按钮，正向往前定位一个位置，当到达 7 号位置，即机床位时，再按“XY+ 定位”按钮，将定位到 1 号位置，行列号数码管显示“51”。

（2）半自动 XY- 定位功能验证

半自动 XY- 定位与 XY+ 定位一样也是 7 个位置，不同的是定位方向改为负向，如图 4-36 所示。

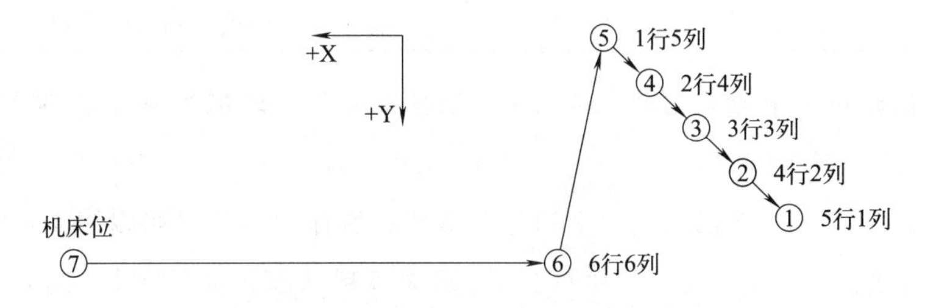

图 4-36 半自动 XY- 定位位置

1）手轮移动 Z 轴，使 $Z \leqslant 50\text{mm}$。

2）选择半自动方式，按一下“XY- 定位”按钮，系统自动调出 O12 程序并自动启动运行。先 Z 轴回原位，上升至 Z0，接着 XY 将负向定位到最近的一个位置，如当前位置在 7 号位置或 7 号至 6 号的中间位置，将定位到 6 号位置，行列号数码管显示“66”。

3）再按一下“XY- 定位”按钮，将定位到 5 号位置，行列号数码管显示“15”。

4）每按一下“XY- 定位”按钮，负向往前定位一个位置，当到达 1 号位置，即料盘 5 行 1 列时，再按“XY- 定位”按钮，将定位到 7 号位置，即机床位。

4.4.2 半自动取放料功能验证

（1）料盘区半自动取放料准备

1）按图 4-37 所示，在 5 行 1 列、4 行 2 列、3 行 3 列、2 行 4 列、1 行 5 列摆放 5 个工件。

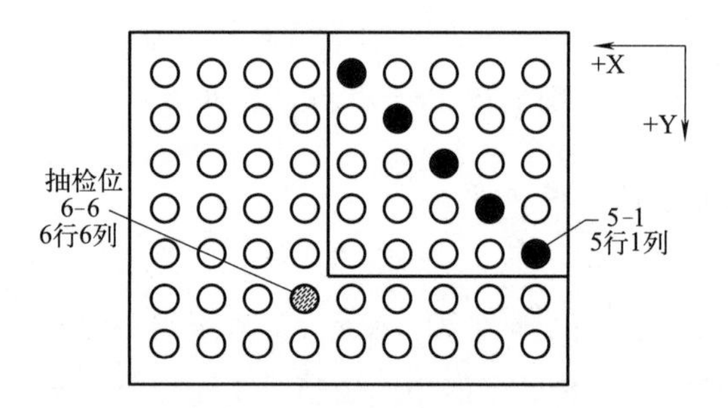

图 4-37 半自动运行工件摆放

2）按表 4-22 所示设定料盘料位工件号。

表 4-22 料盘料位工件号

序号	宏变量	设定值	说明
1	#951	10	5 行 1 列工件号 10
2	#942	20	4 行 2 列工件号 20
3	#933	30	3 行 3 列工件号 30
4	#924	40	2 行 4 列工件号 40
5	#915	50	1 行 5 列工件号 50

3）确认手爪 1 上是否有料。在料盘区取放料操作，手爪 1 必须是无料状态，且 #811=0。

4）确认手爪 2 上是否有料。在料盘区取放料操作，手爪 2 可以是无料状态，也可以是有料状态。如无料状态，#812=0；如为有料状态，#812=11，或 21，或 31，或 41，或 51。

5）通过半自动 XY+ 定位或 XY- 定位操作，完成 XY 在料盘区的定位。

（2）手爪 1 和手爪 2 均无料时料盘区半自动取放料功能验证

1）通过半自动 XY+ 定位或 XY- 定位操作，定位到 1 号料位，即 5 行 1 列。

2）半自动方式，按一下“取放料”按钮，系统自动调出 O13 程序并自动启动运行。运行过程如下：手爪取料姿态→手爪 1 张开→ Z 轴快速下降至取料逼近点→ Z 轴低速下降至取料目标点→手爪 1 闭合→延时 1s → Z 轴快速上升返回原位 Z0。整个过程只有取料没有放料。

3）取料结束，手爪 1 工件标志 #811=10，料盘 1 号料位工件标志 #951=0。

（3）卡盘无料机床区半自动取放料功能验证

1）通过半自动 XY+ 定位或 XY- 定位操作，定位到机床位。

2）通过半自动料盘区取放料操作，手爪 1 有料，手爪 2 无料。

3）通过半自动 XY+ 定位或 XY- 定位操作，定位到机床位。

4）半自动方式，按一下“取放料”按钮，系统自动调出 O14 程序并自动启动运行。运行过程如下：手爪放料姿态→卡盘张开→ Z 轴快速下降至机床位→ X 轴快速前进至放料逼近点→ X 轴低速前进至放料目标点→手爪 1 张开→卡盘闭合→ X 轴快速退回至机床位 X1500 → Z 轴快速上升返回原位 Z0。整个过程只有放料没有取料。

5）放料结束，手爪 1 工件标志 #811=0，卡盘工件标志 #813=10。

（4）卡盘有料机床区半自动取放料功能验证

1）通过半自动 XY+ 定位或 XY- 定位操作，定位到料盘 2 号料位，即 4 行 2 列。

2）通过半自动取放料操作，手爪 1 取得 4 行 2 列工件，此时 #811=20。

3）通过半自动 XY+ 定位或 XY- 定位操作，定位到机床位。

4）半自动方式，按一下“取放料”按钮，系统自动调出 O14 程序并自动启动运行。运行过程如下：手爪取放料姿态→ Z 轴快速下降至机床位→ X 轴快速前进至取料逼近点→ X 轴低速前进至取料目标点→手爪 2 闭合→卡盘张开→ X 轴快速退回至机床位 X1500 →手爪回转至放料姿态→ X 轴快速前进至放料逼近点→ X 轴低速前进至放料目标点→手爪 1 张开→卡盘闭合→ X 轴快速退回至机床位 X1500 → Z 轴快速上升返回原位 Z0。整个过程先取料后放料。

5）取放料结束，手爪 1 工件标志 #811=0，手爪 2 工件标志 #812=11，卡盘工件标志 #813=20。

（5）手爪 1 无料手爪 2 有料时料盘区半自动取放料功能验证

1）通过半自动机床取放料操作，手爪 2 已带料，手爪 2 工件标志 #812=11。

2）通过半自动 XY+ 定位或 XY- 定位操作，定位到料盘 3 号料位，即 3 行 3 列。

3）半自动方式，按一下“取放料”按钮，系统自动调出 O13 程序并自动启动运行。运行过程如下：手爪取料姿态→手爪 1 张开→ Z 轴快速下降至取料逼近点→ Z 轴低速下降至取料目标点→手爪 1 闭合→延时 1s → Z 轴上升至 Z650 →手爪回转至放料姿态→ Z 轴快速下降至放料逼近点→ Z 轴低速下降至放料目标点→手爪 2 张开→ Z 轴快速上升返回原位 Z0。整个过程先取料后放料。

4）取放料结束，手爪 1 工件标志 #811=30，料盘 1 号料位工件标志 #933=11。

（6）抽检位半自动放料功能验证

1）通过半自动机床取放料操作，手爪 2 已带料，手爪 2 工件标志 #812=21。

2）通过半自动 XY+ 定位或 XY- 定位操作，定位到抽检位，即 6 行 6 列。

3）半自动方式，按一下“取放料”按钮，系统自动调出 O15 程序并自动启动运行。运行过程如下：手爪放料姿态→ Z 轴快速下降至放料逼近点→ Z 轴低速下降至放料目标点→手爪 2 张开→ Z 轴快速上升返回原位 Z0。整个过程没有取料只有放料。

4）放料结束，手爪 2 工件标志 #812=0，抽检位工件标志 #966=21。

4.4.3 报警信息验证

半自动方式下，XY 未定位，即未定位到 5 行 1 列，或 4 行 2 列，或 3 行 3 列，或 2 行 4 列，或 1 行 5 列，或 6 行 6 列，或机床位时，按“取放料”按钮，将产生 AL2006 报警，显示“XY NOT LOCATED”，如图 4-38 所示，表示 XY 未定位。

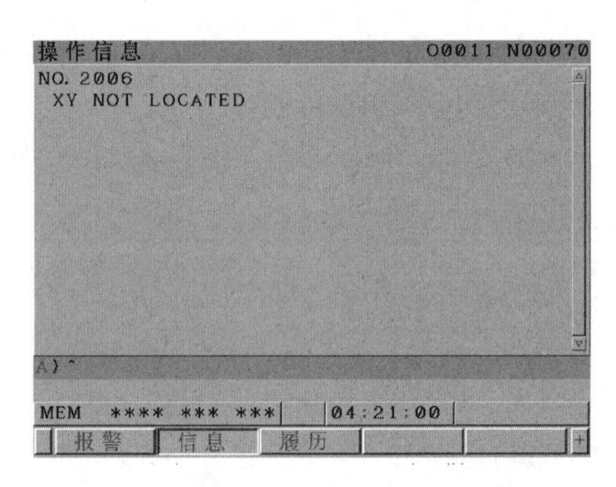

图 4-38 AL2006 报警

项目五 数控桁架机器人上下料全自动运行控制

5.1 项目要求

数控桁架机器人从 5 行 5 列料盘取料，为机床自动输送工件，加工完毕再送回料盘，循环过程为：

1）机床在联机状态，发出无料信号或加工完成信号，数控桁架机器人在料盘位取放料操作后，至机床待料位。

2）如果机床有料，数控桁架机器人先从机床卡盘取料，然后放料进机床卡盘；如果机床无料，则跳过取料动作，直接送料进机床卡盘（手爪 1 先松，卡盘后夹）。

3）数控桁架机器人在机床侧取放料结束，退出机床后，启动机床加工。

4）机床加工过程中，判断是否有预停，如有预停，数控桁架机器人不再为机床上下料，回料盘位放料后，停止运行；如无预停，数控桁架机器人回料盘位取放料后，在机床待料位等待。

5）机床加工结束，数控桁架机器人进行新一轮取放料操作。

6）运行过程中如有抽检请求，手爪 2 从机床取出的工件送至抽检位，即料盘 6 行 6 列。

5.2 相关知识

5.2.1 数控桁架机器人上下料全自动运行控制相关 PMC 指令

5.2.1.1 二进制数据除法运算指令 DIVB

DIVB 指令用于 1、2 和 4 字节长二进制数据的除法运算。DIVB 指令格式及举例如图 5-1 所示。DIVB 指令举例中，进行 2 字节二进制数据除法运算，其中除数为地址，R104=R100/R102。

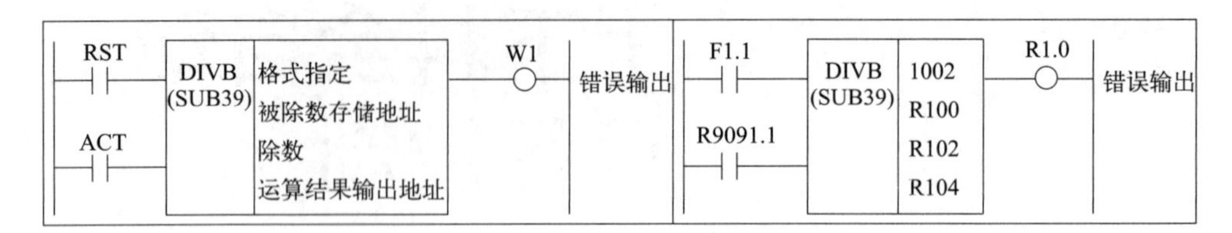

图 5-1 DIVB 指令格式及举例

控制条件及参数说明：

1）格式指定：指定数据长度（1、2 或 4 字节）和除数的指定方法（常数或地址）。指定方式与 ADDB 指令相同。

2）运算结果寄存器 R9000：设定运算信息。结果标志位参见 ADDB 指令。

3）余数存储在 R9002 ~ R9005 寄存器中。

5.2.1.2 写窗口数据指令 WINDW

WINDW 指令用于在 PMC 和 CNC 之间经由窗口写多种数据。WINDW 属低速响应功能。WINDW 指令格式如图 5-2 所示。

ACT=0，不执行 WINDW 功能；ACT=1，执行 WINDR 功能。在写完数据后，应立即将 ACT 复位一次。控制数据结构如图 5-3 所示。

图 5-2 WINDW 指令格式

地址	内容	说明
CTL+0	功能代码	在执行WINDW之前由顺序程序设定控制数据区
+2	结束代码	
+4	数据长度	
+6	数据号	
+8	数据属性	
+10 ⋮ +n	写入的数据	

图 5-3 WINDW 控制数据结构

常用写窗口数据功能见表 5-1。

表 5-1 常用写窗口数据功能列表

组别	序号	功能	功能代码	R/W	响应
CNC 信息	1	写入刀具偏置值	14	W	低速
	2	写入工件原点偏置值	16	W	低速
	3	写入参数	18	W	低速
	4	写入设定数据	20	W	低速
	5	写入宏变量	22	W	低速

续表

组别	序号	功能	功能代码	R/W	响应
CNC 信息	6	改写 P 代码宏变量的数值	60	W	低速
	7	写入程序检测画面数据	150	W	低速
轴信息	1	写入伺服电机转矩限制数据	152	W	低速

5.2.2　宏变量接口信号

宏变量接口信号是 PMC 和用户宏程序之间交换的信号，见表 5-2。

表 5-2　接口信号

变量号	功能
#1000 ~ #1015 #1032	把 16 位信号从 PMC 送到用户宏程序。变量 #1000 ~ #1015 用于按位传送。变量 #1032 用于一次传送 16 位信号
#1100 ~ #1115 #1132	把 16 位信号从用户宏程序送到 PMC。变量 #1100 ~ #1115 用于按位传送。变量 #1132 用于一次传送 16 位信号
#1133	变量 #1133 用于从用户宏程序一次传送一个 32 位的信号到 PMC

用户宏程序输入信号 UI000 ~ UI015（G054，G055）与宏变量的对应关系见表 5-3 和图 5-4。

表 5-3　用户宏程序输入信号

信号	个数	PMC 地址	宏变量
UI000	1	G54.0	#1000
UI001	1	G54.1	#1001
UI002	1	G54.2	#1002
…	…	…	…
UI015	1	G55.7	#1015
UI000 ~ UI015	16	G54 ~ G55	#1032

	#7	#6	#5	#4	#3	#2	#1	#0
G54	UI007	UI006	UI005	UI004	UI003	UI002	UI001	UI000
G55	UI015	UI014	UI013	UI012	UI011	UI010	UI009	UI008

图 5-4　用户宏程序输入信号的 PMC 地址

#1132 用于一次传送 16 位信号，即 #1100 ~ #1115 全部一次性传送，公式如下：

$$\#1032=\sum_{i=0}^{15}\{\#[1000+i]\times 2^{i}\}$$

用户宏程序输出信号 UO000 ~ UO015（F054 ~ F055）、UO100 ~ UO131（F056 ~ F059）见表 5-4 和图 5-5。

表 5-4 用户宏程序输出信号

信号	个数	PMC 地址	宏变量
UO000	1	F54.0	#1100
UO001	1	F54.1	#1101
UO002	1	F54.2	#1102
…	…	…	…
UO015	1	F55.7	#1115
UO000 ~ UO015	16	F54 ~ F55	#1132
UO100 ~ UO131	32	F56 ~ F59	#1133

	#7	#6	#5	#4	#3	#2	#1	#0
F54	UO007	UO006	UO005	UO004	UO003	UO002	UO001	UO000
F55	UO015	UO014	UO013	UO012	UO011	UO010	UO009	UO008
F56	UO107	UO106	UO105	UO104	UO103	UO102	UO101	UO100
F57	UO115	UO114	UO113	UO112	UO111	UO110	UO109	UO108
F58	UO123	UO122	UO121	UO120	UO119	UO118	UO117	UO116
F59	UO131	UO130	UO129	UO128	UO127	UO126	UO125	UO124

图 5-5 用户宏程序输出信号的 PMC 地址

5.2.3 宏变量相关系统参数

数控桁架机器人全自动运行相关系统参数如表 5-5 所示。

表 5-5 数控桁架机器人全自动运行相关系统参数

序号	参数号	参数设定说明
1	6000#5	0：用户宏程序语句不执行单段停止 1：用户宏程序语句执行单段停止
2	6000#7	0：用户宏程序语句不执行单段停止 1：用系统变量 #3003 来控制单段停止有效 / 无效
3	6001#0	0：接口信号标准规格（UI000 ~ UI015、UO000 ~ UO015、UO100 ~ UO131） 1：接口信号扩展规格（UI000 ~ UI031、UI100 ~ UI131、UI200 ~ UI231、UI300 ~ UI331、UO000 ~ UO031、UO100 ~ UO131、UO200 ~ UO231、UO300 ~ UO331）
4	6001#6	0：复位时，#100 ~ #199 清零 1：复位时，#100 ~ #199 不清零
5	6008#1	选择基于系统变量 #3000 的宏报警规格 0：将 3000 与代入变量 #3000 的值相加的报警号和报警信息一起显示（代入到 #3000 的值范围为 0 ~ 200） 1：显示出代入到 #3000 中的报警号和报警信息（可以代入到 #3000 的值范围为 0 ~ 4095） [例] 执行 #3000=1（ALARM MESSAGE）； 参数 6008#1=0 时，报警画面上显示出“MC3001 ALARM MESSAGE”（报警信息）； 参数 6008#1=1 时，报警画面上显示出“MC0001 ALARM MESSAGE”（报警信息）

5.3　项目实施

5.3.1　数控桁架机器人上下料全自动运行控制设计方案

（1）硬件连接方案

数控桁架机器人上下料全自动运行控制硬件连接方案如图 5-5 所示。

1）数控桁架机器人与机床侧数控系统西门子 828D 之间的信号交互使用通用 I/O 信号，即 FANUC 数控系统 I/O 模块 1-2 的 I/O 信号与 828D 的 PP72/48 模块 I/O 信号直接交互，均采用漏进源出的接线方式。

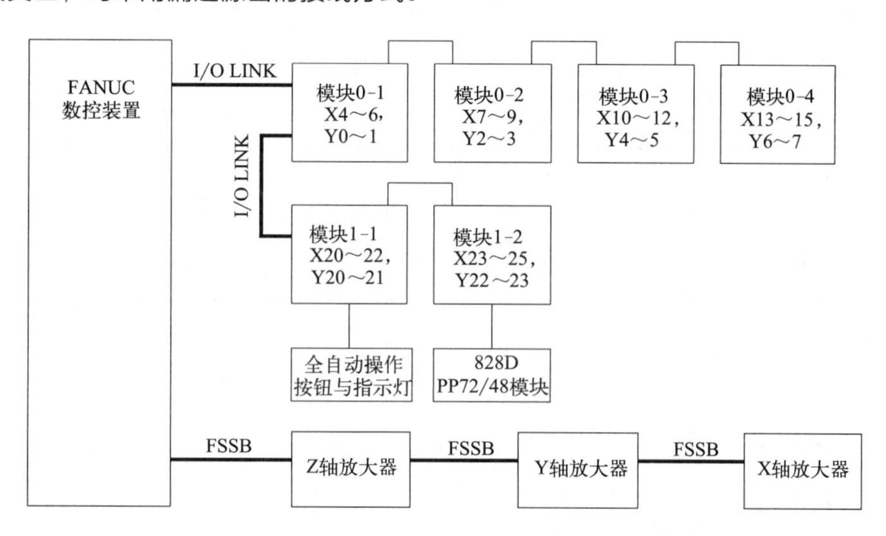

图 5-6　数控桁架机器人上下料全自动运行控制硬件连接方案

2）项目五操作盒新增 2 个带灯按钮和 1 个不带灯按钮，如图 5-7 所示。预停、抽检、换料盘完成等全自动操作相关按钮与指示灯接模块 1-1。

编辑 X20.5 Y20.5	MDI X20.1 Y20.1	JOG X20.2 Y20.2	全自动 X20.3 Y20.3	半自动 X20.4 Y20.4	手轮 X20.5 Y20.5	高速 X20.6 Y20.6	X20.7 Y20.7	抽检 X21.0 Y21.0	预停 X21.1 Y21.1	循环启动 X21.2 Y21.2
单段 X21.3 Y21.3	X轴 X21.4 Y21.4	Y轴 X21.5 Y21.5	Z轴 X21.6 Y21.6	正向 X21.7	负向 X22.0	XY+定位 X22.1	XY-定位 X22.2	取放料 X22.3	换料盘完成 X22.4	进给暂停 X22.5 Y21.7

图 5-7　项目五操作盒

（2）软件方案

1）设计 2 个主程序：料盘换料完成主程序 O9 和全自动运行主程序 O10。前者负责完成换新料盘后，料盘各料位工件标志的自动设定；后者负责实现机床的自动上下料。全自动 CNC 程序调用关系如图 5-8 所示，其中宏程序 O8000、子程序 O1013、O1014、O1015 与半自动时完全一样。

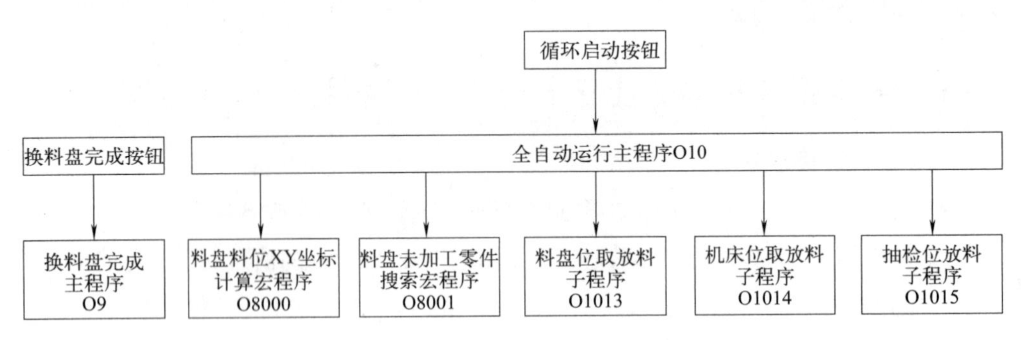

图 5-8 全自动 CNC 程序调用关系

2）数控桁架机器人取放料请求信号定义，如表 5-6 所示。

表 5-6 取放料请求信号

PMC 地址	宏接口信号	说明
G54.0	#1000	预停请求
G54.1	#1001	料盘料位请求取放料
G54.2	#1002	抽检位请求放料
G55.0	#1008	机床请求取放料

料盘料位请求取放料条件：机床在联机且无报警状态下，手爪 1 无料，且料盘料位有料未加工。

机床请求取放料条件：机床在联机且无报警状态下，手爪 1 有料，且机床无料或有料已加工完毕；或手爪 1 与手爪 2 均无料，机床有料已加工完毕。

料盘料位有料未加工时，料盘料位请求取放料优先；料盘料位无料未加工时，机床请求取放料优先。

如出现预停信号，机械手不再为机床取料。

3）在机器人侧，项目四已设计 2 个 M 代码，分别是“机床取料完成”和“机床放料完成”。“机床放料完成”用于启动机床程序运行。本项目新增 2 个 M 代码：M10，请求信号确认；M11，请求响应确认。

4）用窗口指令读宏变量 #810 ~ #813、#966 中数据到 PMC，可以判断料盘、手爪、机床卡盘、抽检位上有无工件。读写宏变量控制数据块如图 5-9 所示。小数位数指定为 3，读出的宏变量值放大 1000 倍，如 #811=10，当在 PMC 中读它后，D210-D213=10000。

5.3.2 数控桁架机器人上下料全自动运行控制相关 I/O 地址

1）数控桁架机器人全自动运行操作相关 I/O 地址见表 5-7。

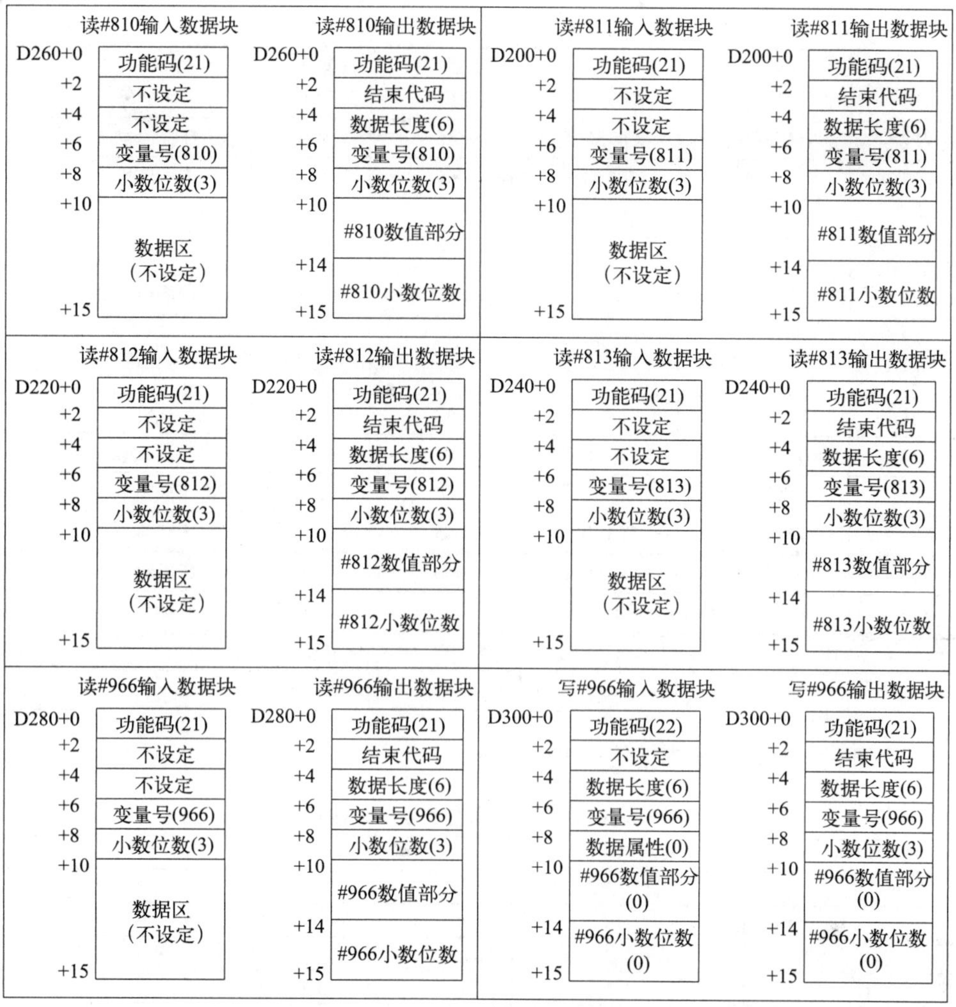

读#810输入数据块
D260+0 功能码(21)
+2 不设定
+4 不设定
+6 变量号(810)
+8 小数位数(3)
+10 数据区（不设定）
+15

读#810输出数据块
D260+0 功能码(21)
+2 结束代码
+4 数据长度(6)
+6 变量号(810)
+8 小数位数(3)
+10 #810数值部分
+14 #810小数位数
+15

读#811输入数据块
D200+0 功能码(21)
+2 不设定
+4 不设定
+6 变量号(811)
+8 小数位数(3)
+10 数据区（不设定）
+15

读#811输出数据块
D200+0 功能码(21)
+2 结束代码
+4 数据长度(6)
+6 变量号(811)
+8 小数位数(3)
+10 #811数值部分
+14 #811小数位数
+15

读#812输入数据块
D220+0 功能码(21)
+2 不设定
+4 不设定
+6 变量号(812)
+8 小数位数(3)
+10 数据区（不设定）
+15

读#812输出数据块
D220+0 功能码(21)
+2 结束代码
+4 数据长度(6)
+6 变量号(812)
+8 小数位数(3)
+10 #812数值部分
+14 #812小数位数
+15

读#813输入数据块
D240+0 功能码(21)
+2 不设定
+4 不设定
+6 变量号(813)
+8 小数位数(3)
+10 数据区（不设定）
+15

读#813输出数据块
D240+0 功能码(21)
+2 结束代码
+4 数据长度(6)
+6 变量号(813)
+8 小数位数(3)
+10 #813数值部分
+14 #813小数位数
+15

读#966输入数据块
D280+0 功能码(21)
+2 不设定
+4 不设定
+6 变量号(966)
+8 小数位数(3)
+10 数据区（不设定）
+15

读#966输出数据块
D280+0 功能码(21)
+2 结束代码
+4 数据长度(6)
+6 变量号(966)
+8 小数位数(3)
+10 #966数值部分
+14 #966小数位数
+15

写#966输入数据块
D300+0 功能码(22)
+2 不设定
+4 数据长度(6)
+6 变量号(966)
+8 数据属性(0)
+10 #966数值部分(0)
+14 #966小数位数(0)
+15

写#966输出数据块
D300+0 功能码(21)
+2 结束代码
+4 数据长度(6)
+6 变量号(966)
+8 小数位数(3)
+10 #966数值部分(0)
+14 #966小数位数(0)
+15

图 5-9　读写宏变量控制数据块

表 5-7　数控桁架机器人全自动运行操作相关 I/O 地址

序号	地址	符号名	模块接口	管脚号	线号	元件号	说明
1	X21.0	CHK-PB	CB150-5	25	X211	-SB211	抽检按钮
2	X21.1	PRE-STOP-PB	CB150-5	26	X211	-SB211	预停按钮
3	X22.4	TRAY-CHG-PB	CB150-5	14	X224	-SB224	换料盘完成按钮
4	Y21.0	CHK-HL	CB150-5	02	Y210	-HL210	抽检灯
5	Y21.1	PRE-STOP-HL	CB150-5	03	Y211	-HL211	预停灯

2）FANUC 数控系统与西门子数控系统信号交互见表 5-8。

表 5-8　FANUC 数控系统与西门子数控系统信号交互

FANUC 地址	FANUC 符号名	FANUC 模块接口	FANUC 管脚号	西门子地址	说明
Y22.0	MC-PN1	CB150-6	34	I0.0	机床程序号 1

续表

FANUC 地址	FANUC 符号名	FANUC 模块接口	FANUC 管脚号	西门子 地址	说明
Y22.1	MC-PN2	CB150-6	35	I0.1	机床程序号 2
Y22.2	MC-PN4	CB150-6	36	I0.2	机床程序号 4
Y22.3		CB150-6	37	I0.3	
Y22.4	MC-UNL-FIN	CB150-6	38	I0.4	机床取料完成
Y22.5	MC-LD-FIN	CB150-6	39	I0.5	机床放料完成
Y22.6		CB150-6	40	I0.6	
Y22.7		CB150-6	41	I0.7	
X23.0	MC-ONLINE	CB150-6	42	Q0.0	机床联机
X23.1	MC-RUN	CB150-6	43	Q0.1	机床运行中
X23.2	MC-AL	CB150-6	44	Q0.2	机床报警
X23.3	MC-WORK	CB150-6	45	Q0.3	机床有料
X23.4	MC-NO-WORK	CB150-6	46	Q0.4	机床无料
X23.5	MC-CUT-FIN	CB150-6	47	Q0.5	机床加工完成
X23.6		CB150-6	48	Q0.6	
X23.7		CB150-6	49	Q0.7	

3）西门子数控系统本地信号见表 5-9。

表 5-9 西门子数控系统本地信号

按钮地址	指示灯地址	说明
I1.0	Q1.0	机床联机
I1.1	Q1.1	机床有料
I1.2	Q1.2	机床无料
I1.3	Q1.3	机床加工完成

5.3.3 数控桁架机器人上下料全自动运行控制相关电气原理图

5.3.3.1 数控桁架机器人全自动运行操作相关输入输出电气原理图

数控桁架机器人全自动运行操作相关输入输出电气原理图如图 5-10 所示。

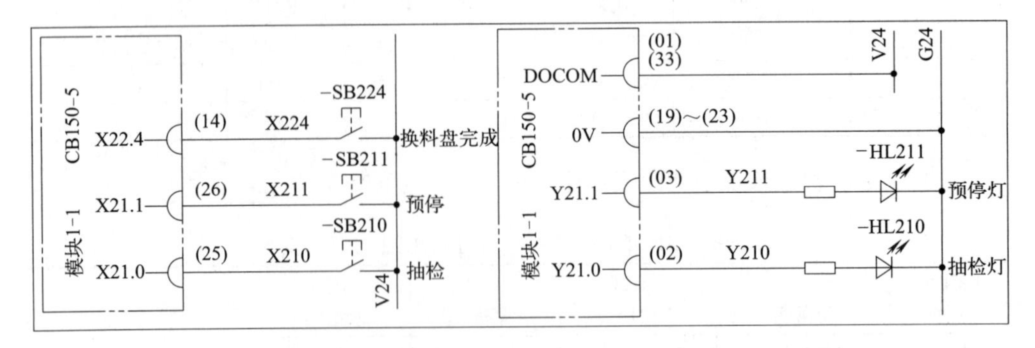

图 5-10 数控桁架机器人全自动运行操作相关输入输出电气原理图

5.3.3.2　数控桁架机器人与数控机床信号交互电气原理图

数控桁架机器人与数控机床信号交互电气原理图如图 5-11 所示。FANUC 与西门子均为漏进源出，FANUC 侧输入公共端 DICOM0 接电源负，即 G24，两侧输出公共端 DOCOM 均接电源正，即 V24。

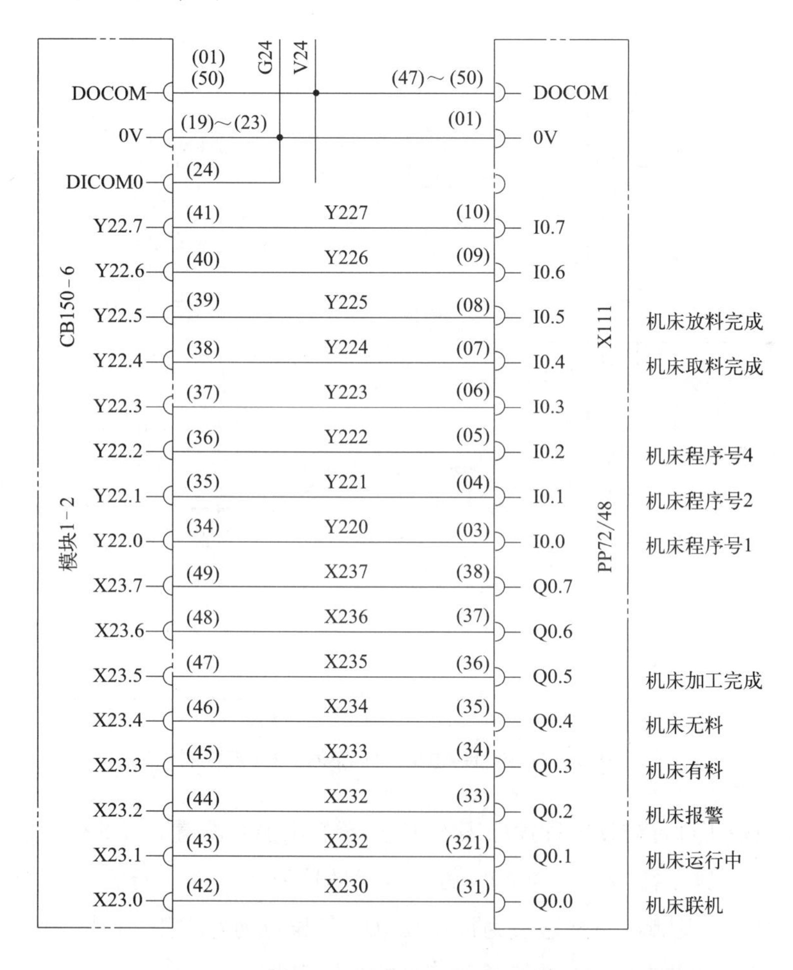

图 5-11　数控桁架机器人与数控机床信号交互电气原理图

5.3.4　数控桁架机器人上下料全自动运行 NC 程序

5.3.4.1　料盘料位工件标志设定 NC 程序

更换料盘，即装入了新的未加工零件，需要对其各料位设定工件标志。为此设计了料盘料位工件标志设定程序，在全自动模式下，可以通过“换料盘完成”按钮一键调用。

料盘料位工件标志设定程序流程图如图 5-12 所示。程序分两部分：一是料盘 7 行 9 列料位各工件标志清零；二是料盘 5 行 5 列各料位工件标志设定。程序两部分均设置两重循环嵌套，内循环为列，外循环为行。

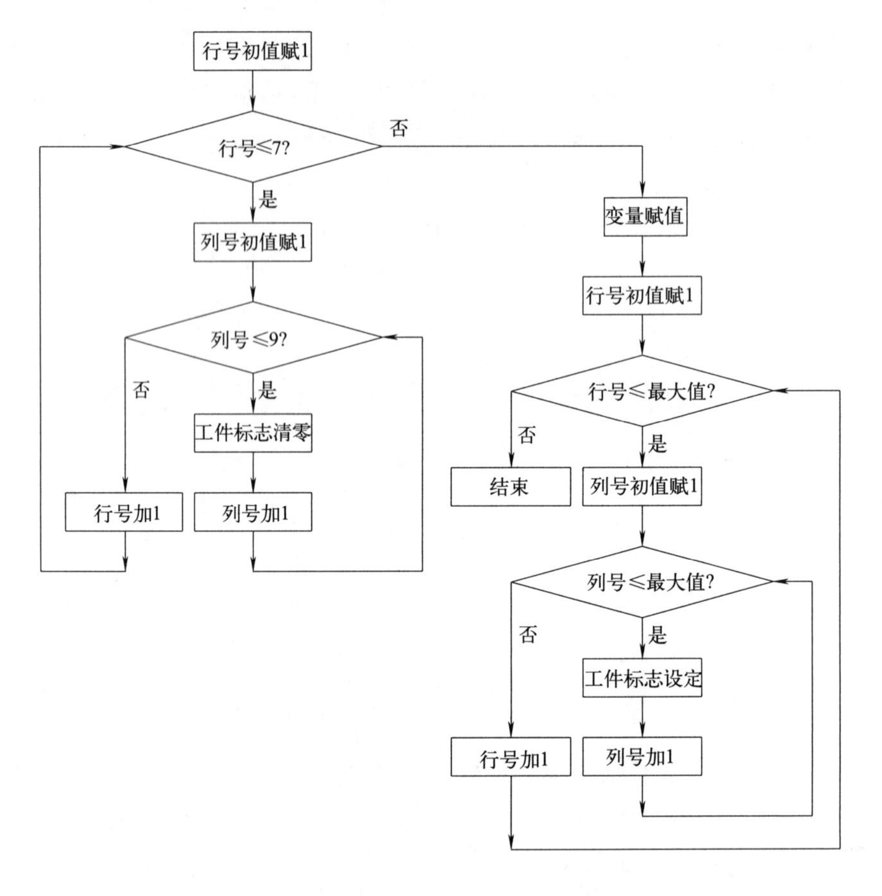

图 5-12　料盘料位工件标志设定程序流程图

料盘料位工件标志设定程序如表 5-10 所示。本项目设置 5 行 5 列料盘，第 1 行工件号为 10，第 2 行工件号为 20，第 3 行工件号为 30，第 4 行工件号为 40，第 5 行工件号为 50。因此工件标志设为行号乘 10。如果行列号改变，可以适当修改 #31、#32。如果工件摆放有变化，也可修改工件标志设定值。

表 5-10　料盘料位工件标志设定程序

序号	程序	注释
1	O0009（Tray_CHG_END）	程序号
2	N10#1=1（Row）	行号赋初值 1
3	N20WHILE[#1LE7]DO1	行循环
4	N30#2=1（Column）	列号赋初值 1
5	N40WHILE[#2LE9]DO2	列循环
6	N50#[900+#1*10+#2]=0	料盘 7 行 9 列各料位工件标志清零
7	N60#2=#2+1	列号加 1
8	N70END2	列循环结束
9	N80#1=#1+1	行号加 1

续表

序号	程序	注释
10	N90END1	行循环结束
11	#31=5	料盘行号设定
12	#32=5	料盘列号设定
13	N110#1=1（Row）	行号赋初值 1
14	N120WHILE[#1LE#31]DO1	行循环
15	N130#2=1（Column）	列号赋初值 1
16	N140WHILE[#2LE#32]DO2	列循环
17	N150#[900+#1*10+#2]=10*#1	料盘 5 行 5 列各料位工件标志设定
18	N160#2=#2+1	列号加 1
19	N170END2	列循环结束
20	N180#1=#1+1	行号加 1
21	N190END1	行循环结束
22	N200M30	程序结束

5.3.4.2　数控机器人全自动运行 NC 程序

（1）料盘未加工零件搜索宏程序

料盘未加工零件搜索宏程序 O8001 的调用格式：G65P8001A_B_。

A（#1）：料盘行号。

B（#2）：料盘列号。

料盘未加工零件搜索宏程序流程图如图 5-13 所示。程序运行的结果是将搜索到的未加工零件所处行列号输出到公共变量 #120。同时还将其工件标志输出给公共变量 #810。如果全部搜索完毕，都未发现有未加工零件，则产生报警 MC3010。

料盘未加工零件搜索宏程序如表 5-11 所示。

表 5-11　料盘未加工零件搜索宏程序

序号	程序	注释
1	O8001（WORK_SEARCH）	程序号
2	#31=1（Row）	行号赋初值 1
3	WHILE[#31LE#1]DO1	行循环
4	#32=1（Column）	列号赋初值 1
5	WHILE[#32LE#2]DO2	列循环
6	IF[#[900+#31*10+#32]EQ10]GOTO30	料盘料位工件标志等于 10，跳转 N30
7	IF[#[900+#31*10+#32]EQ20]GOTO30	料盘料位工件标志等于 20，跳转 N30
8	IF[#[900+#31*10+#32]EQ30]GOTO30	料盘料位工件标志等于 30，跳转 N30
9	IF[#[900+#31*10+#32]EQ40]GOTO30	料盘料位工件标志等于 40，跳转 N30
10	IF[#[900+#31*10+#32]EQ50]GOTO30	料盘料位工件标志等于 50，跳转 N30
11	#32=#32+1	列号加 1
12	END2	列循环结束

续表

序号	程序	注释
13	#31=#31+1	行号加 1
14	END1	行循环结束
15	N20#3000=10（Tray_CHG）	搜索完毕，无未加工工件，产生 MC3010 报警
16	N30#120=#31*10+#32	行号 ×10+ 列号，赋值给 #120
17	#810=#[900+#120]	搜索到的未加工零件的工件标志赋值给 #810
18	M99	宏程序结束返回

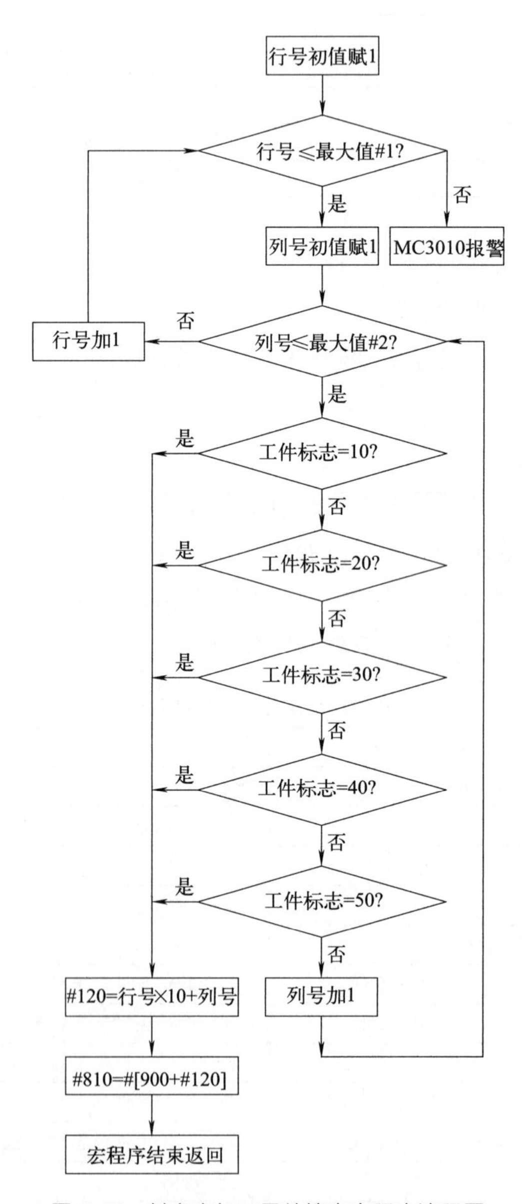

图 5-13　料盘未加工零件搜索宏程序流程图

（2）全自动运行 NC 程序

全自动运行程序流程图如图 5-14 所示。在手爪 1 无料，即 #811=0 时，调料盘未加工零件搜索宏程序 O8001，搜索料盘 5 行 5 列矩阵中未加工零件；手爪 1 有料时，跳过此环节。接下来依次判断从 PMC 发来的请求信号 #1001、#1002 和 #1008，如有请求，则进行相应的取放料处理。这里的子程序 O1013、O1014、O1015 与半自动运行时完全一样。在料盘位取放料结束和抽检位放料结束，还需判断是否有预停，如有，结束运行；如无，则继续返回运行。

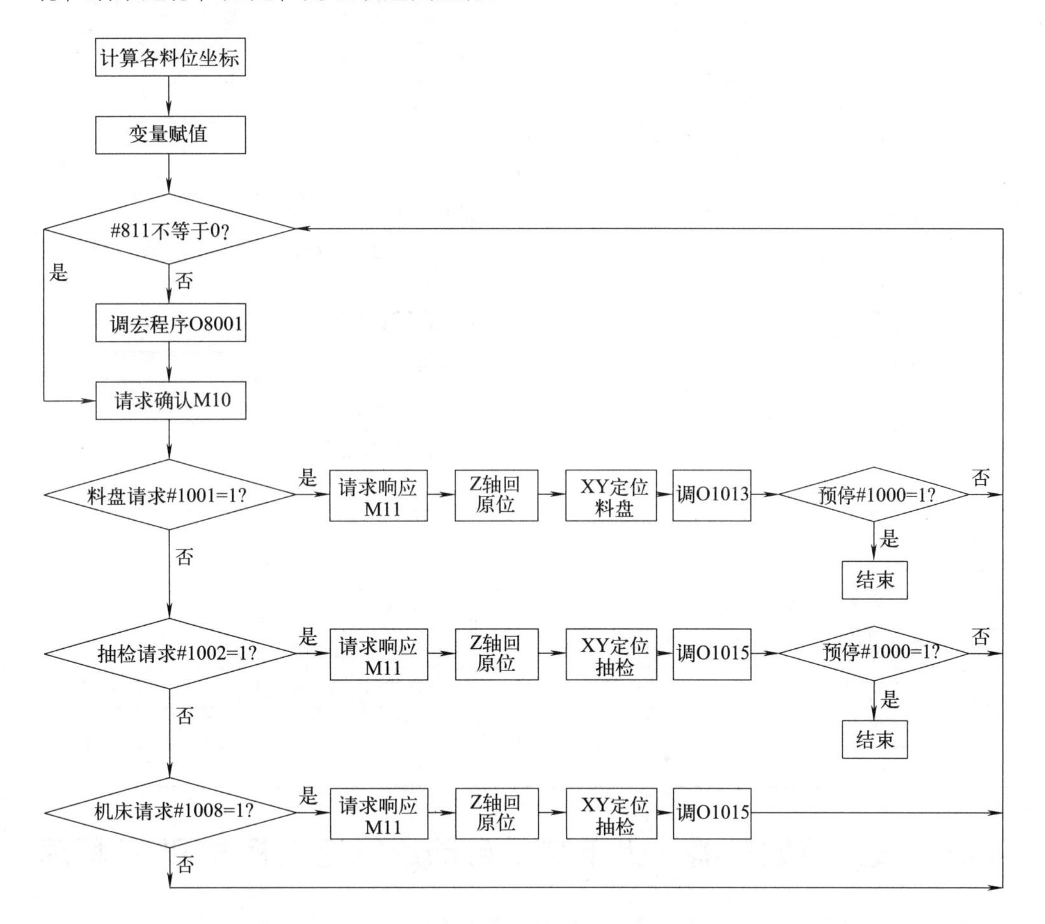

图 5-14　全自动运行程序流程图

全自动运行程序清单见表 5-12。

表 5-12　全自动运行程序

序号	程序	注释
1	O0010（FULL_AUT）	程序号
2	G65P8000X7.03Y13.8I6J6U54.9V52.54W0.82	计算料盘 6 行 6 列各料位 XY 坐标
3	#500=1600（MC_X）	机床位 X 坐标设定

续表

序号	程序	注释
4	N10IF[#811NE0]GOTO40	手爪 1 有料，即 #811 $\neq$ 0，跳转 N40
5	G65P8001A5B5	调宏程序 8001 搜索 5 行 5 列料盘未加工零件
6	N40M10（REQ_CONFIR）	PMC 请求确认
7	IF[#1001EQ1]GOTO100	#1001=1，有料盘取放料请求，跳转 N100
8	IF[#1002EQ1]GOTO200	#1002=1，有抽检放料请求，跳转 N200
9	IF[#1008EQ1]GOTO600	#1008=1，有机床取放料请求，跳转 N600
10	GOTO10	跳转 N10
11	N100M11	PMC 请求响应确认
12	G94G90G01Z0F5000	Z 轴回原位 Z0
13	G94G90G01X#[500+#120]Y#[600+#120] F8000	XY 定位至料盘料位
14	M98P1013	调用料盘料位取放料子程序
15	IF[#1000EQ1]GOTO999	#1000=1，即有预停请求，跳转 N999
16	GOTO10	跳转 N10
17	N200M11	PMC 请求确认
18	G94G90G01Z0F5000	Z 轴回原位 Z0
19	G94G90G01X#566Y#666F8000	XY 定位至抽检位
20	M98P1015	调用抽检位放料子程序
21	IF[#1000EQ1]GOTO999	#1000=1，即有预停请求，跳转 N999
22	GOTO10	跳转 N10
23	N600M11	PMC 请求响应确认
24	G94G90G01Z0F5000	Z 轴回原位 Z0
25	G94G90G01X#500F8000	XY 定位至机床位
26	M98P1014	调用机床位取放料子程序
27	GOTO10	跳转 N10
28	N999M30	程序结束

5.3.5 数控桁架机器人上下料全自动运行控制相关 PMC 程序

5.3.5.1 料盘料位工件状态标志寄存器读取与判别 PMC 程序

（1）读料盘料位工件状态标志变量 #810

通过窗口读取料盘料位工件状态标志寄存器 #810 变量的值。

1）读宏变量功能代码 21，设定到 D260。

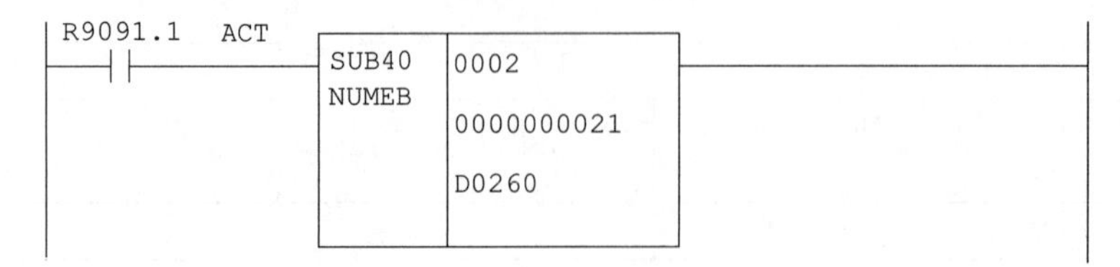

2）宏变量数据长度字节 6，设定到 D264。

R9091.1　ACT

SUB40 NUMEB　0002　0000000006　D0264

3）宏变量号 810，设定到 D266。

R9091.1　ACT

SUB40 NUMEB　0002　0000000810　D0266

4）读取 #810 变量值操作启动，结果存放到 D270。

R0033.5　ACT　#810-RD

SUB51 WINDR　D0260

R0033.5　#810-RD

5）D276（#810）=D270/1000。

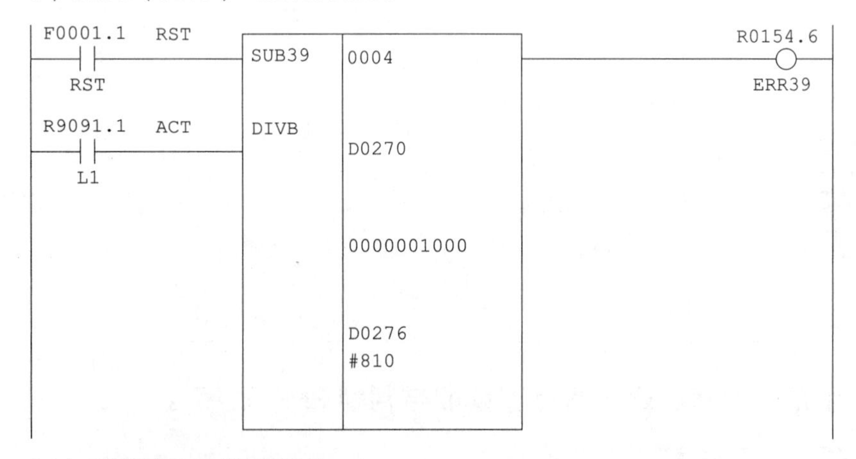

（2）料盘料位工件号判别

1）#810=10 判别，即料盘料位工件号为 10 的判别。

R9091.1　ACT

SUB32 COMPB　0004　0000000010　D0276

R9000.0

R0050.0　#810=10

2）#810=20 判别，即料盘料位工件号为 20 的判别。

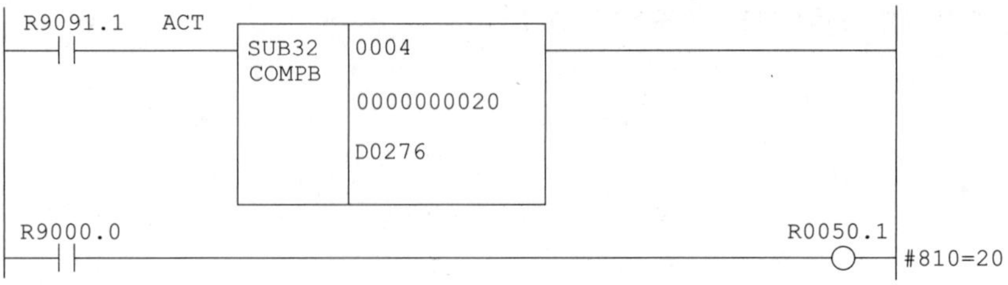

```
R9091.1    ACT   SUB32 COMPB | 0004 | 0000000020 | D0276
R9000.0                                    R0050.1  #810=20
```

3）#810=30 判别，即料盘料位工件号为 30 的判别。

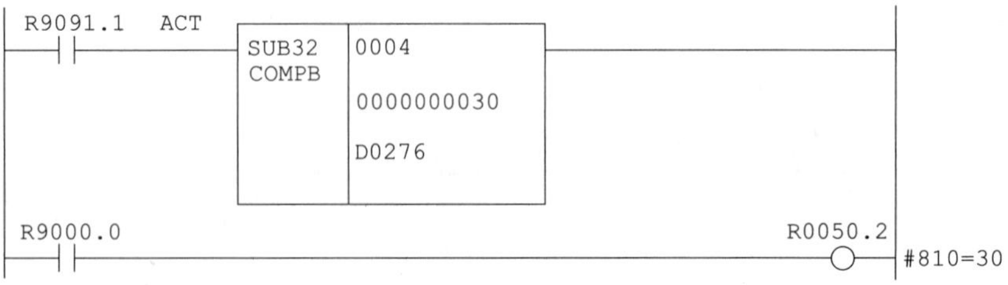

```
R9091.1    ACT   SUB32 COMPB | 0004 | 0000000030 | D0276
R9000.0                                    R0050.2  #810=30
```

4）#810=40 判别，即料盘料位工件号为 40 的判别。

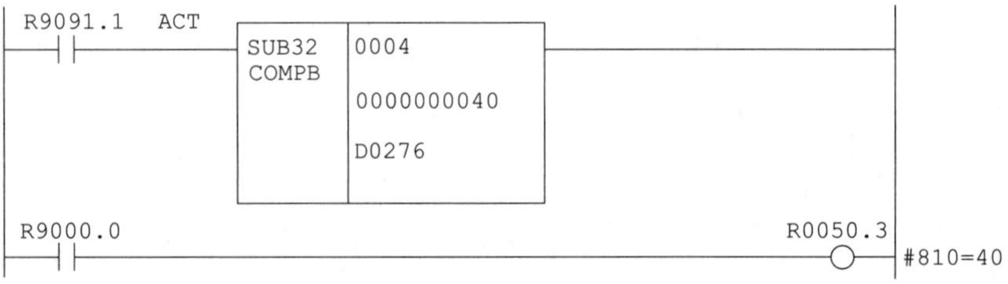

```
R9091.1    ACT   SUB32 COMPB | 0004 | 0000000040 | D0276
R9000.0                                    R0050.3  #810=40
```

5）#810=50 判别，即料盘料位工件号为 50 的判别。

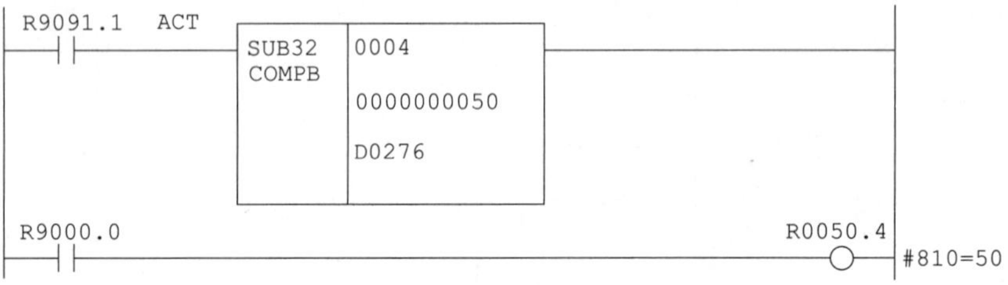

```
R9091.1    ACT   SUB32 COMPB | 0004 | 0000000050 | D0276
R9000.0                                    R0050.4  #810=50
```

5.3.5.2 手爪工件状态标志寄存器读取与判别 PMC 程序

（1）读手爪 1 工件状态标志变量 #811

通过窗口读取手爪 1 工件状态标志寄存器 #811 变量的值，并判断 #811=0，手爪 1 无料判别。

1）读宏变量功能代码 21，设定到 D200。

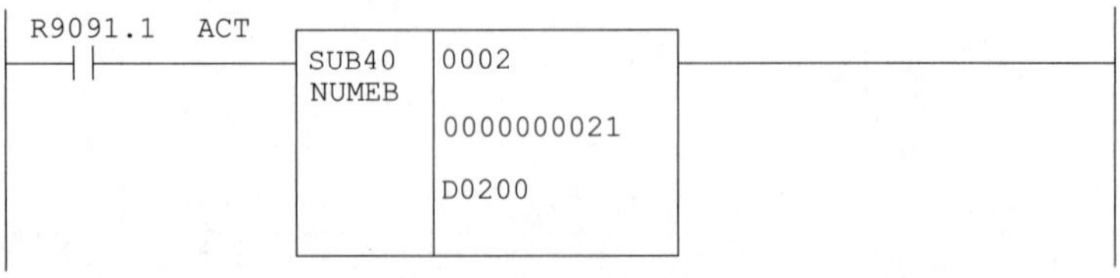

```
R9091.1    ACT   SUB40 NUMEB | 0002 | 0000000021 | D0200
```

2）宏变量数据长度字节 6，设定到 D204。

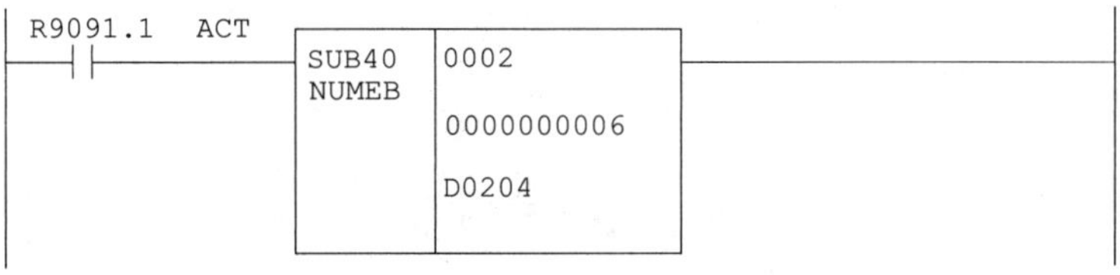

```
R9091.1   ACT
──┤ ├──────── SUB40  | 0002
              NUMEB  | 0000000006
                     | D0204
```

3）宏变量号 811，设定到 D206。

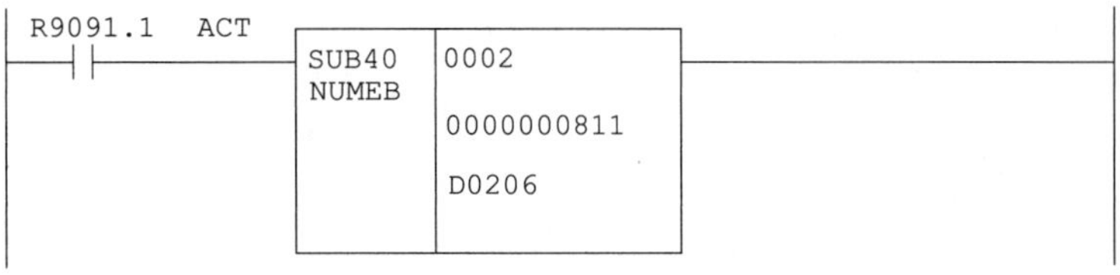

```
R9091.1   ACT
──┤ ├──────── SUB40  | 0002
              NUMEB  | 0000000811
                     | D0206
```

4）读取 #811 变量值操作启动，结果存放到 D210。

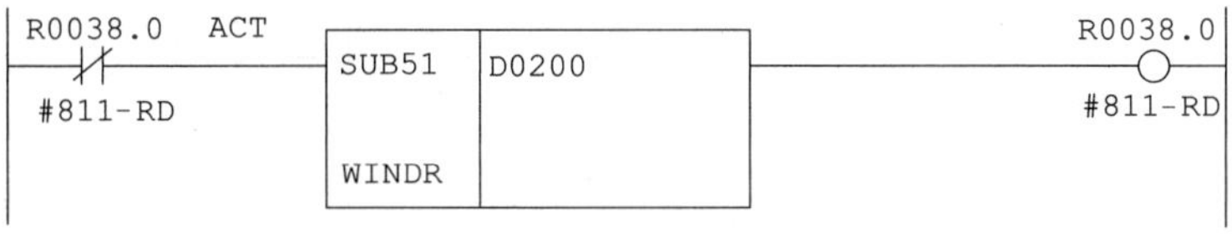

```
R0038.0   ACT                                  R0038.0
──┤/├──────── SUB51  | D0200  ──────────────────( )──
#811-RD                                        #811-RD
              WINDR  |
```

5）D216（#811）=D210/1000。

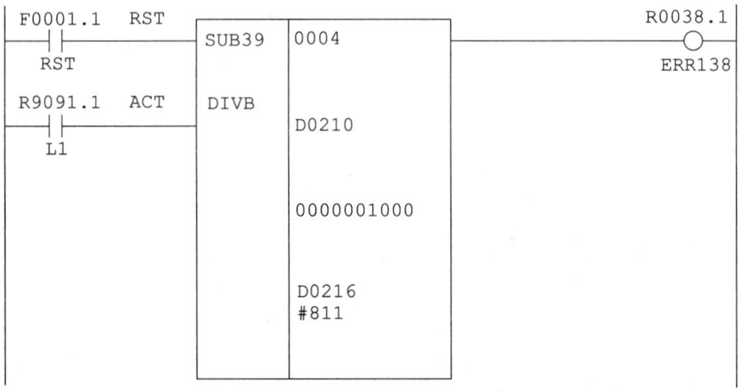

```
F0001.1   RST                                  R0038.1
──┤ ├──────── SUB39  | 0004   ──────────────────( )──
  RST                                          ERR138
R9091.1   ACT
──┤ ├──────── DIVB   | D0210
  L1                 | 0000001000
                     | D0216
                     | #811
```

6）#811=0 判别，即料盘 #1 手爪无料判别。

```
F9091.1   ACT
──┤ ├──────── SUB32  | 0004
              COMPB  | 0000000000
                     | D0216
R9000.0                                        R0038.2
──┤ ├──────────────────────────────────────────( )── #811=0
```

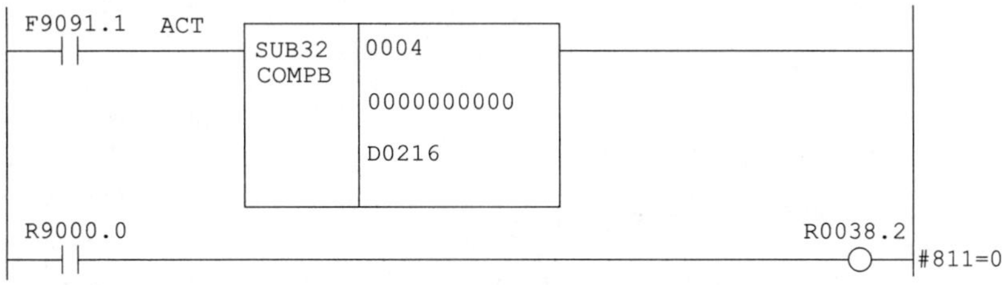

（2）读手爪 2 工件状态标志变量 #812

通过窗口读取手爪 2 工件状态标志寄存器 #812 变量的值，并判断 #812=0，手爪 1 无料判别。

1）读宏变量功能代码 21，设定到 D220。

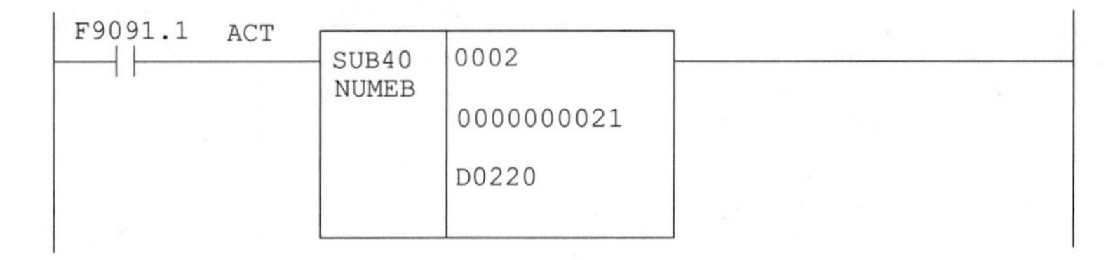

2）宏变量数据长度字节 6，设定到 D224。

F9091.1 ACT
SUB40 NUMEB
0002
0000000006
D0224

3）宏变量号 812，设定到 D226。

F9091.1 ACT
SUB40 NUMEB
0002
0000000812
D0226

4）读取 #812 变量值操作启动，结果存放到 D230。

R0039.0 ACT
#812-RD
SUB51 D0220
WINDR
R0039.0
#812-RD

5）D236（#812）=D230/1000。

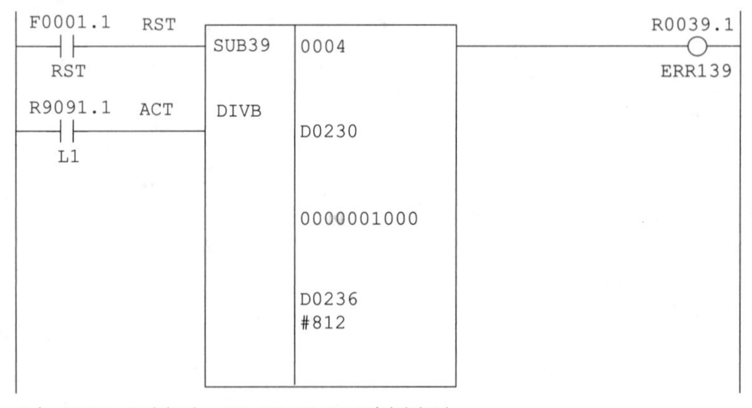

6）#812=0 判别，即 #2 手爪无料判别。

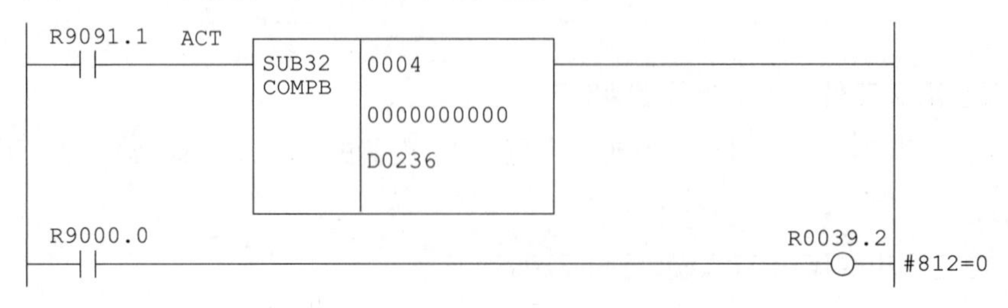

5.3.5.3 机床卡盘工件状态标志寄存器读取与判别 PMC 程序

（1）读机床卡盘工件状态标志变量 #813

通过窗口读取 #813 变量的值。

1）读宏变量功能代码 21，设定到 D240。

```
R9091.1   ACT
--| |------------ SUB40   0002
                  NUMEB
                          0000000021
                          D0240
```

2）宏变量数据长度字节 6，设定到 D244。

```
R9091.1   ACT
--| |------------ SUB40   0002
                  NUMEB
                          0000000006
                          D0244
```

3）宏变量号 813，设定到 D246。

```
R9091.1   ACT
--| |------------ SUB40   0002
                  NUMEB
                          0000000813
                          D0246
```

4）读取 #813 变量值操作启动，结果存放到 D250。

```
R0040.0   ACT                                   R0040.0
--|/|------------ SUB51   D0240  ----------------( )--
#813-RD                                         #813-RD
                  WINDR
```

5）D256（#813）=D250/1000。

```
F0001.1   RST                                   R0040.1
--| |------------ SUB39   0004  -----------------( )--
  RST                                           ERR140
F9091.1   ACT
--| |------------ DIVB
  L1                      D0250

                          0000001000

                          D0256
                          #813
```

（2）机床卡盘工件判别

1）#813=0 判别，即卡盘无料判别。

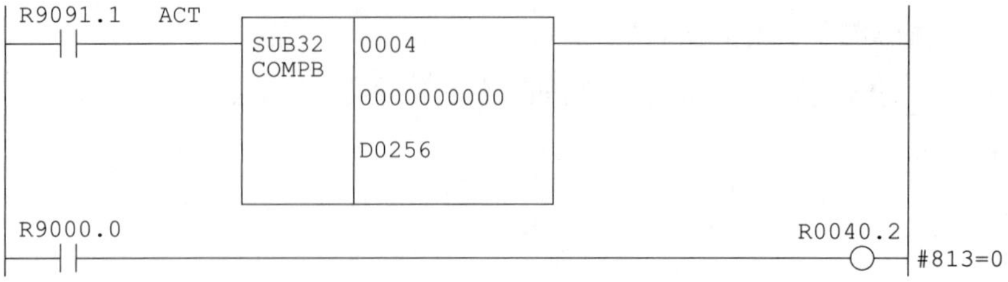

```
R9091.1   ACT   SUB32 COMPB   0004
                              0000000000
                              D0256
R9000.0                                   R0040.2   #813=0
```

2）#813=10 判别，即卡盘工件号 10 判别。

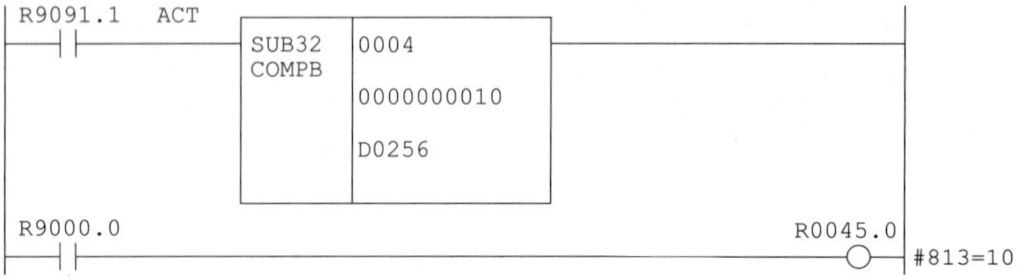

```
R9091.1   ACT   SUB32 COMPB   0004
                              0000000010
                              D0256
R9000.0                                   R0045.0   #813=10
```

3）#813=20 判别，即卡盘工件号 20 判别。

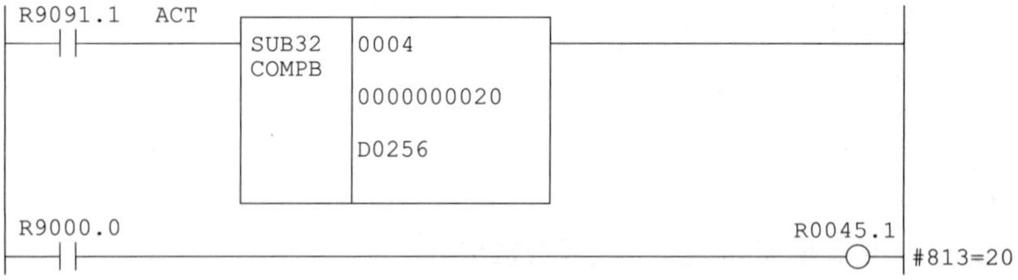

```
R9091.1   ACT   SUB32 COMPB   0004
                              0000000020
                              D0256
R9000.0                                   R0045.1   #813=20
```

4）#813=30 判别，即卡盘工件号 30 判别。

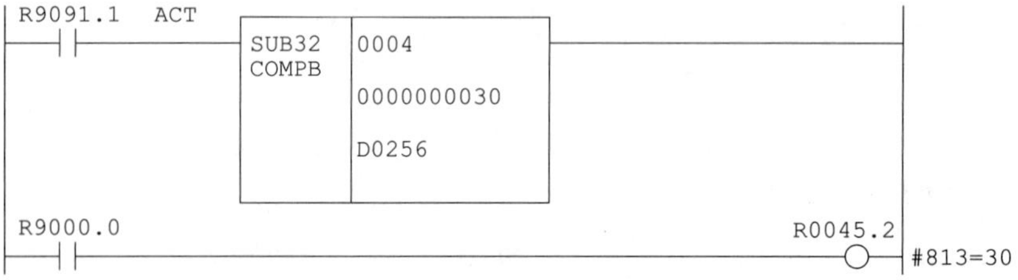

```
R9091.1   ACT   SUB32 COMPB   0004
                              0000000030
                              D0256
R9000.0                                   R0045.2   #813=30
```

5）#813=40 判别，即卡盘工件号 40 判别。

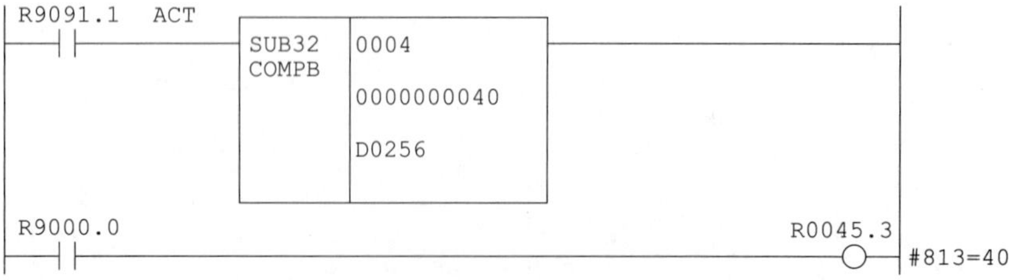

```
R9091.1   ACT   SUB32 COMPB   0004
                              0000000040
                              D0256
R9000.0                                   R0045.3   #813=40
```

6）#813=50 判别，即卡盘工件号 50 判别。

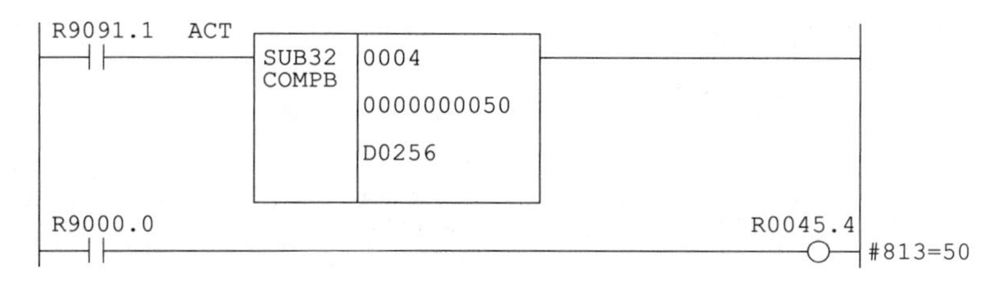

5.3.5.4 抽检位工件状态标志寄存器读取与判别 PMC 程序

通过窗口读取抽检位工件状态标志寄存器 #966 变量的值，并判断 #966=0，即抽检位无料判别。

1）读宏变量功能代码 21，设定到 D280。

```
R9091.1   ACT   SUB40 NUMEB   0002
                              0000000021
                              D0280
```

2）宏变量数据长度字节 6，设定到 D284。

```
R9091.1   ACT   SUB40 NUMEB   0002
                              0000000006
                              D0284
```

3）宏变量号 966，设定到 D286。

```
R9091.1   ACT   SUB40 NUMEB   0002
                              0000000966
                              D0286
```

4）读取 #966 变量值操作启动，结果存放到 D290。

```
R0052.4        R0033.6    ACT   SUB51  D0280      R0033.6
#966-CLEAR     #966-RD          WINDR             #966-RD
```

5）D296（#966）=D290/1000。

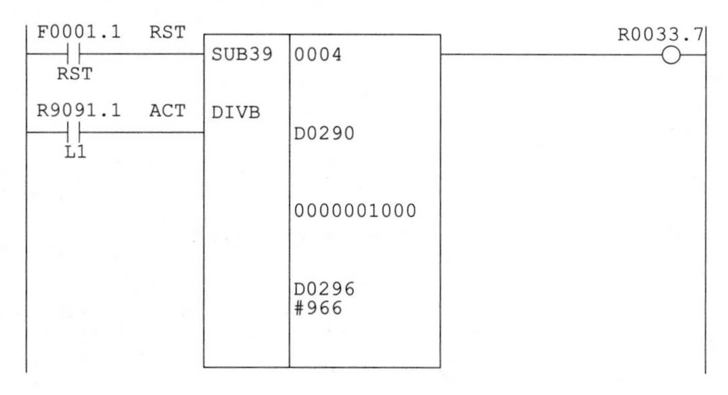

6）#966=0 判别，即抽检位无料判别。

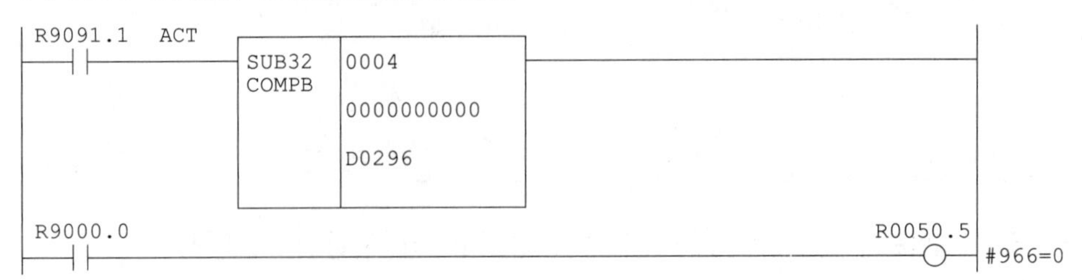

5.3.5.5 请求信号 PMC 程序

（1）料盘料位取放料请求信号

1）料盘料位请求互锁。

R0041.6 R0041.2 R0042.1
MC-REQ CHK-REQ TRAY-IT 料盘请求互锁

2）料盘料位请求取放料。

前提条件包括：①桁架全自动方式（FULL-AUT-HL=1）；②机床联机（MC-ONLINE=1）；③机床无报警（MC-AL=0）。

料盘料位有未加工工件（#810=10，或 #810=20，或 #810=30，或 #810=40，或 #810=50）时，手爪 1 无料（#811=0，GR1-WK=0），产生料盘料位取放料请求信号 TRAY-REQ（R41.1）。

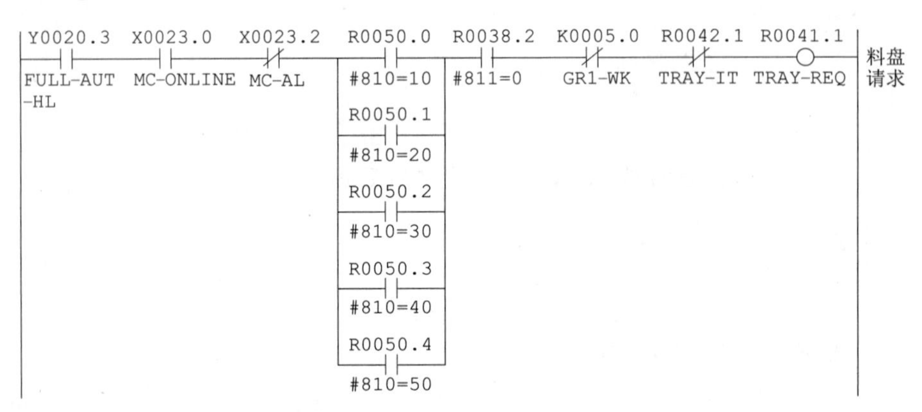

（2）机床位取放料请求信号

1）机床位请求互锁。

R0041.1 R0041.2 R0042.6
TRAY-REQ CHK-REQ MC-IT 机床请求互锁

2）机床位请求取放料。

前提条件包括：①桁架全自动方式（FULL-AUT-HL=1）；②机床联机（MC-ONLINE=1）；③机床无报警（MC-AL=0）。

卡盘无料，即 #813=0 时，手爪 1 有料（#811 ≠ 0,GR1-WK=1），产生放料请求。

卡盘有料，即 #813 ≠ 0 时，机床有料（MC-WORK=1），机床加工完成（MC-CUT-FIN=1），且手爪 2 无料（#812=0，GR2-WK=0），产生取料请求。

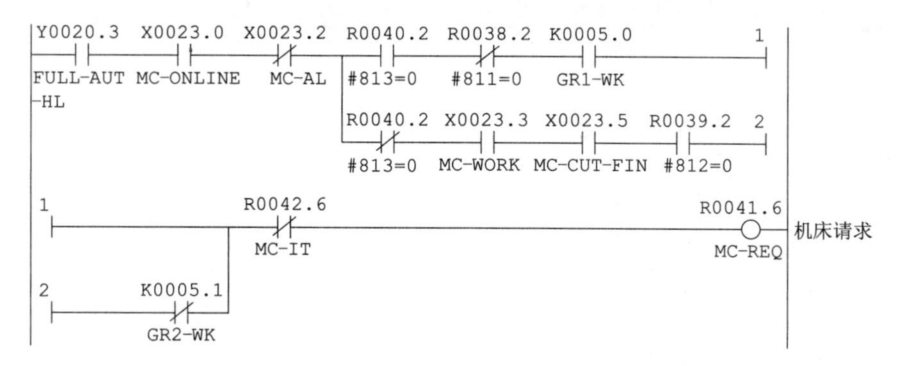

（3）抽检位放料请求信号

1）操作盒“抽检”按钮长按 3s 有效。

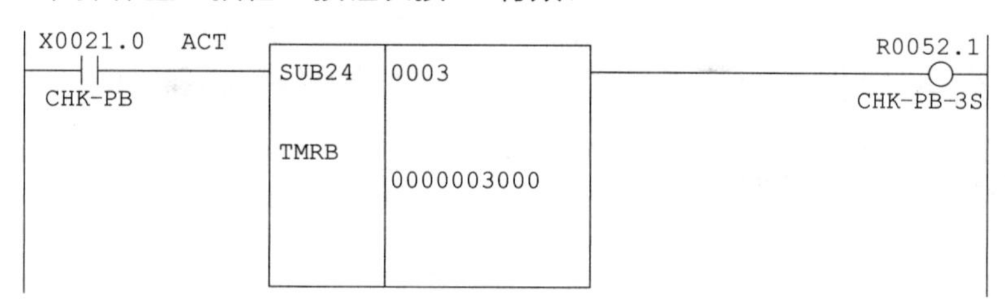

2）“抽检”按钮长按 3s 产生抽检请求启动信号 CHK-REQ-ST（R52.0），该信号由抽检完成 M28 关闭。

R0052.1　R0051.0　R0052.0
CHK-PB-3S　M28　CHK-REQ-ST　抽检请求启动
R0052.0
CHK-REQ-ST

3）抽检完成后，产生全自动模式下 M28 的完成信号 M28-FIN-AUT（R52.3），此时，抽检灯闪烁，再按一下“抽检”按钮，清除该信号。

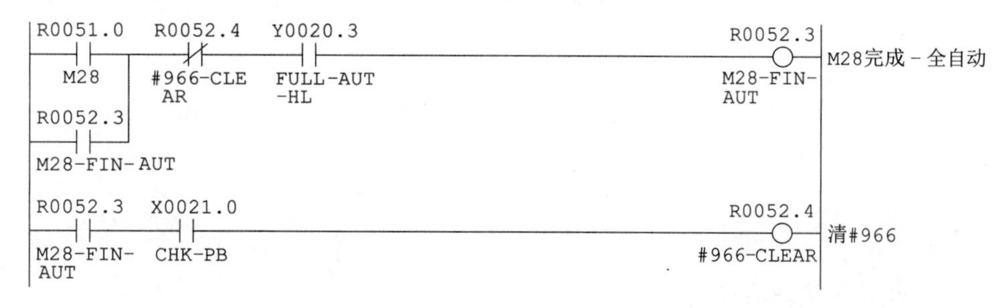

4）抽检请求启动后，抽检灯 CHK-HL（Y21.0）常亮，抽检完成（R52.3=1）后灯闪烁，然后按一下“抽检”按钮，灯熄灭。

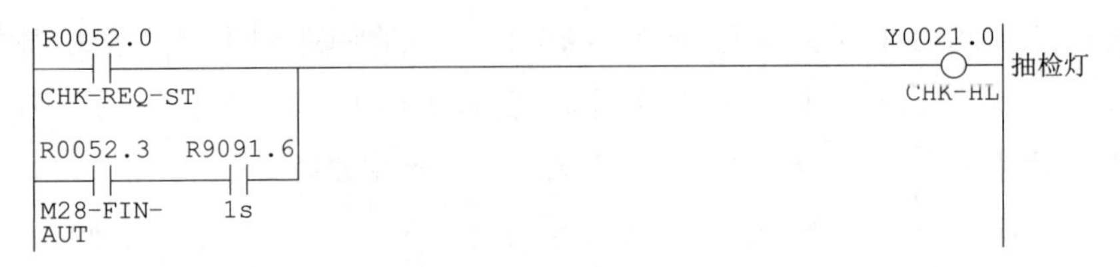

5）清除 #966。

① 写宏变量功能代码 22，设定到 D300。

R9091.1 ACT
SUB40 NUMEB
0002
0000000022
D0300

② 宏变量数据长度字节 6，设定到 D304。

R9091.1 ACT
SUB40 NUMEB
0002
0000000006
D0304

③ 宏变量号 966，设定到 D306。

R9091.1 ACT
SUB40 NUMEB
0002
0000000966
D0306

④ D310 置 0。

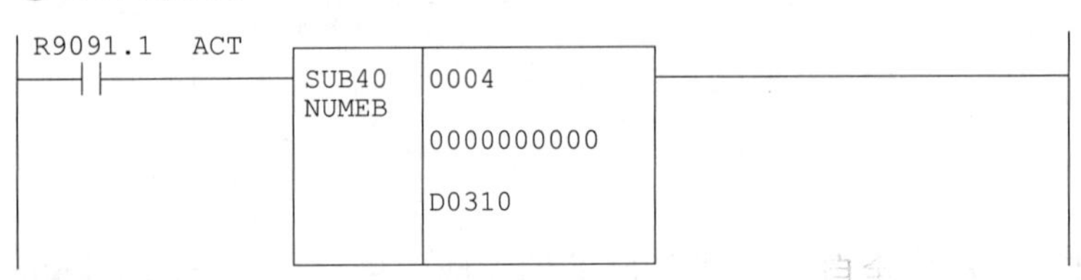

⑤ #966 变量置 0 操作启动。

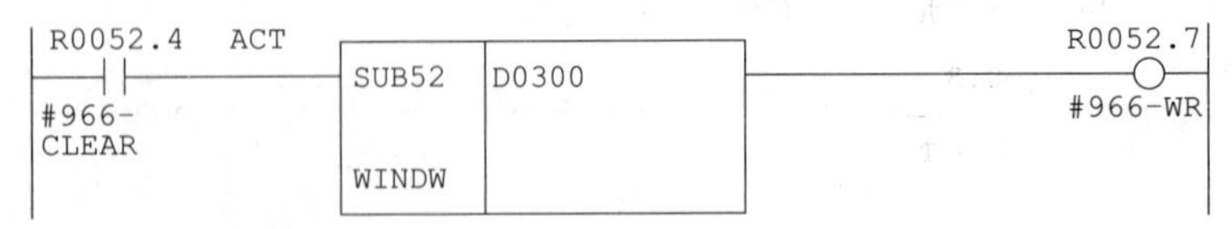

6）抽检位请求互锁。

R0041.6 R0041.1 R0042.2
MC-REQ TRAY-REQ CHK-IT
抽检请求互锁

7）机床位请求取放料。

前提条件包括：①桁架全自动方式（FULL-AUT-HL=1）；②机床联机（MC-ONLINE=1）；③机床无报警（MC-AL=0）。

手爪 2 有料（#812 ≠ 0，GR2-WK=1），且抽检位无料（#966=0），来自操作盒的抽检启动信号 CHK-REQ-ST，产生抽检请求信号 CHK-REQ（R41.2）。

```
Y0020.3    X0023.0    X0023.2   R0052.0   R0039.2   K0005.1   R0050.5     1
FULL-AUT   MC-ONLINE  MC-AL     CHK-REQ   #812=0    GR2-WK    #966=0
-HL                             -ST
1          R0042.2                                             R0041.2  抽检请求
           CHK-IT                                              CHK-REQ
```

（4）取放料请求宏变量接口信号

1）料盘料位请求取放料宏变量 #1001（G54.1），前提条件是程序运行中 OP（F0.7）=1。M10：请求信号确认；M11：请求响应确认。

```
R0043.0   R0041.1    R0043.1   F0000.7                G0054.1  料盘请求
M10       TRAY-REQ   M11       OP                     #1001
G0054.1
#1001
```

2）抽检位请求放料宏变量 #1002（G54.2），前提条件是程序运行中 OP（F0.7）=1。M10：请求信号确认；M11：请求响应确认。

```
R0043.0   R0041.2    R0043.1   F0000.7                G0054.2  抽检请求
M10       CHK-REQ    M11       OP                     #1002
G0054.2
#1002
```

3）机床位请求取放料宏变量 #1008（G55.0），前提条件是程序运行中 OP（F0.7）=1。M10：请求信号确认；M11：请求响应确认。

```
R0043.0   R0041.6    R0043.1   F0000.7                G0055.0  机床请求
M10       MC-REQ     M11       OP                     #1008
G0055.0
#1008
```

5.3.5.6　相关 M 代码功能 PMC 程序

1）M10 完成信号。

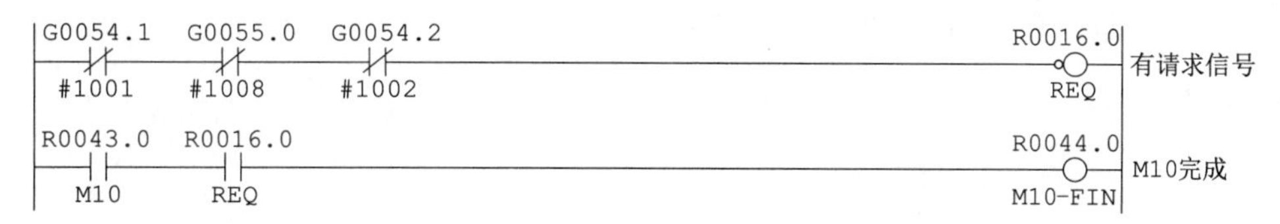

2）M11 完成信号。

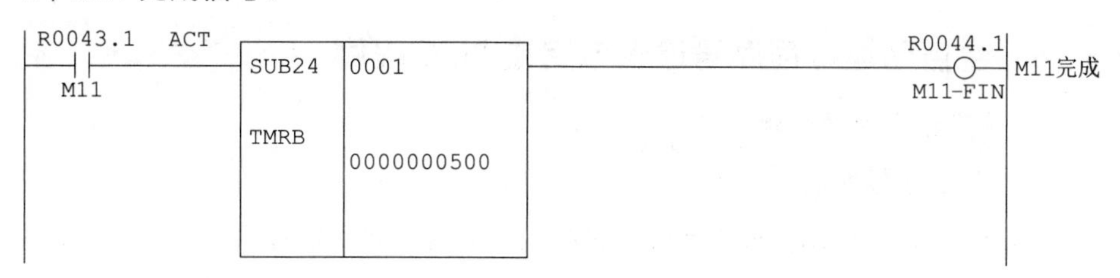

3）项目五中 M 代码完成信号。

5.3.5.7 数控机器人与机床交互信号 PMC 程序

1）机床取料完成 MC-UNL-FIN（Y22.4）。

R0043.2
M12
Y0022.4
MC-UNL-FIN
机床放料完成

2）机床放料完成 MC-LD-FIN（Y22.5）。

R0043.3
M13
Y0022.5
MC-LD-FIN
机床放料完成

3）机床程序号 MC-PN1（Y22.0）。

R0045.0
#813=10
R0045.2
#813=30
R0045.4
#813=50
Y0022.0
MC-PN1
机床程序号1

4）机床程序号 MC-PN2（Y22.1）。

R0045.1
#813=20
R0045.2
#813=30
Y0022.1
MC-PN2
机床程序号2

5）机床程序号 MC-PN4（Y22.2）。

R0045.3
#813=40
R0045.4
#813=50
Y0022.2
MC-PN4
机床程序号4

5.3.5.8 全自动运行程序号检索与启动 PMC 程序

（1）全自动程序号设定

1）外部工件号检索。

① 全自动程序号 10，按 1 字节二进制设定到程序号存储器 R46。

X0021.2　Y0020.3　F0000.7　ACT
ST-PB　FULL-AUT -HL　OP
SUB40　0001
NUMEB　0000000010
R0046

② 换料盘完成程序号 9，按 1 字节二进制设定到程序号存储器 R46。

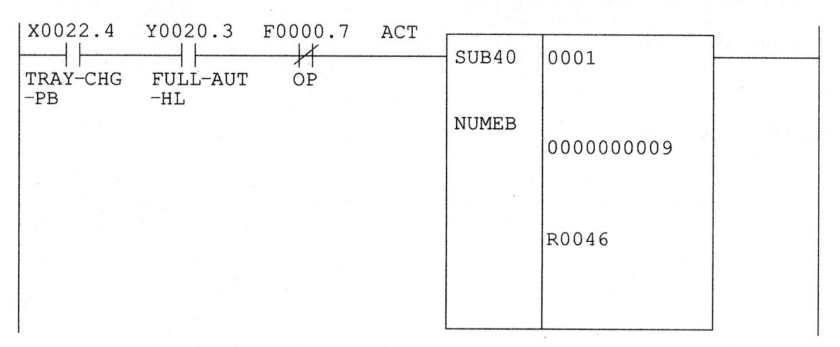

2）扩展外部工件号检索。

① 全自动程序号 10，按 2 字节二进制设定到程序号存储器 R46。

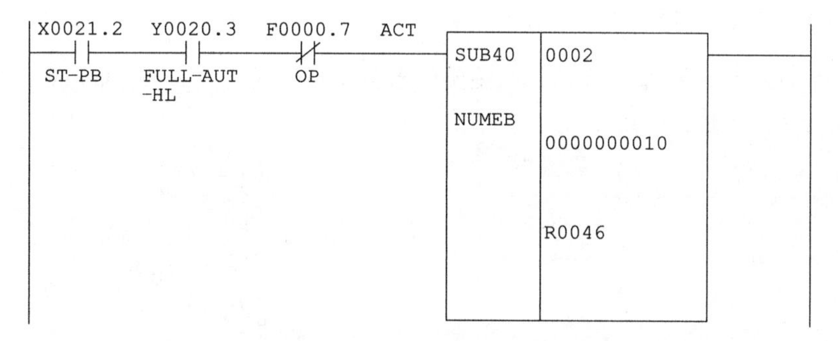

② 换料盘完成程序号 9，按 2 字节二进制设定到程序号存储器 R46。

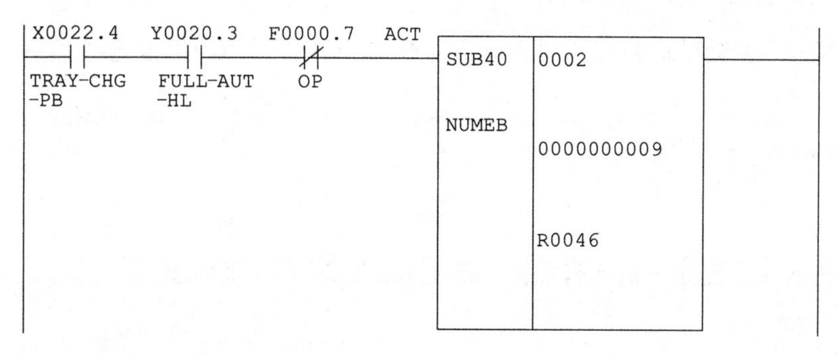

3）外部程序号检索。

① 全自动程序号 10，按 2 字节 BCD 码设定到程序号存储器 R46。

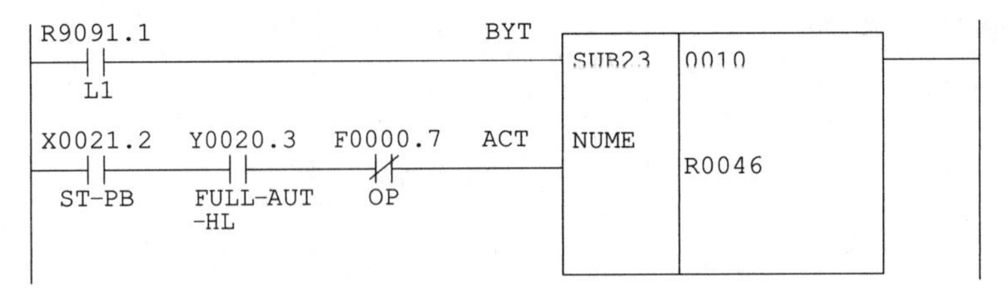

② 换料盘完成程序号 9，按 2 字节 BCD 码设定到程序号存储器 R46。

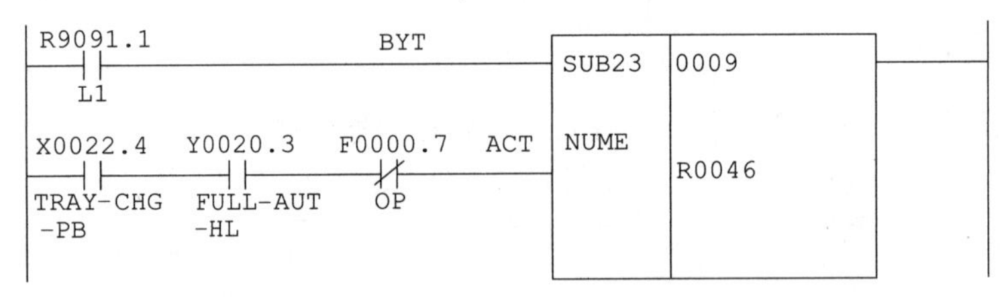

（2）全自动循环启动

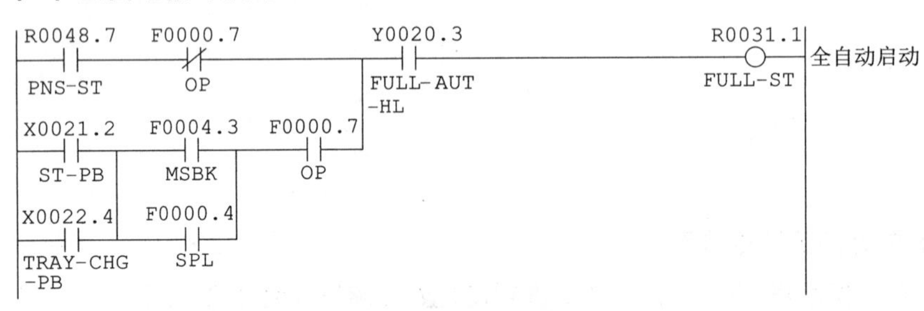

5.3.5.9 预停 PMC 程序

按“预停”按钮，“预停”灯亮，产生预停宏变量接口信号 #1000（G54.0）。NC 程序运行结束复位，“预停”灯灭。

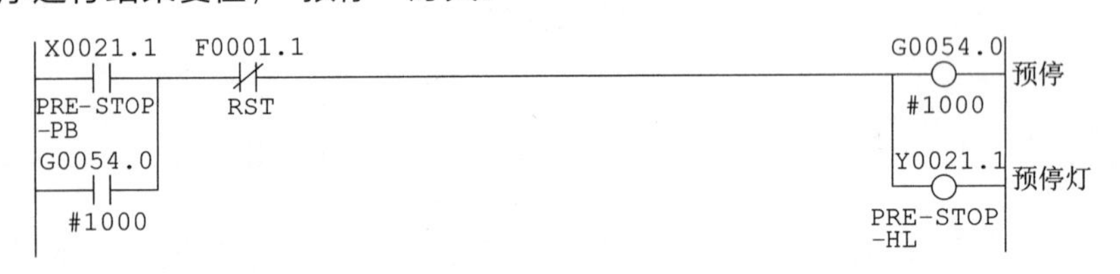

5.3.5.10 报警信息显示 PMC 程序

1）桁架机器人全自动，机床未进入联机，产生 AL2007（A0.7）报警。

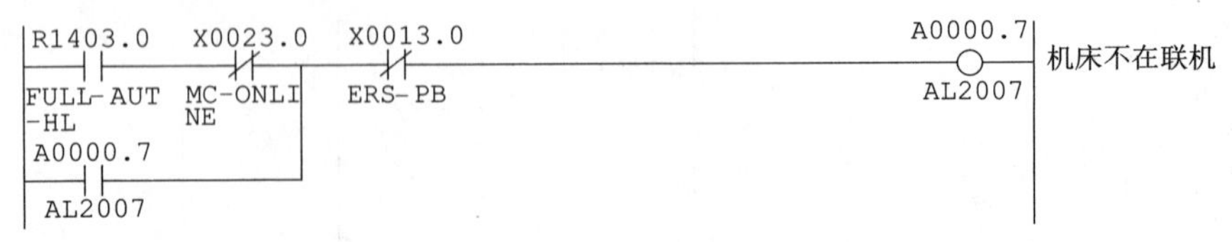

2）桁架机器人全自动，机床有报警，产生 AL2008（A1.0）报警。

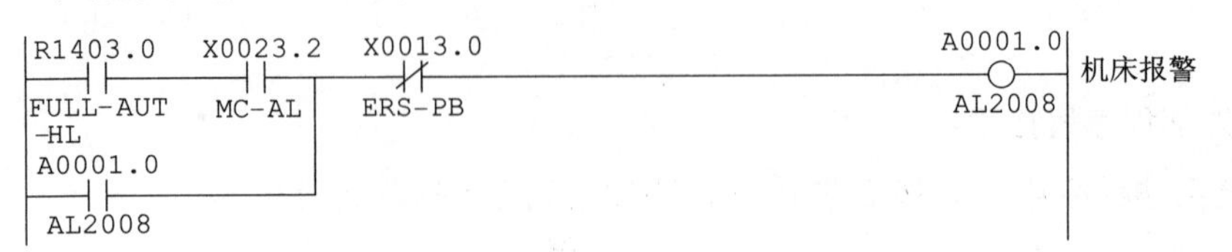

3）项目五报警。

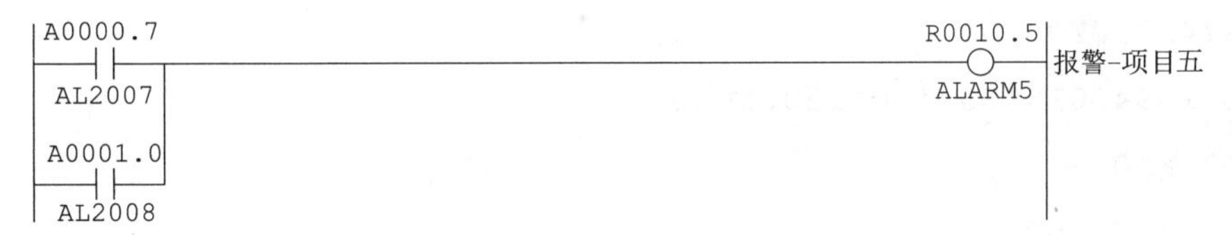

5.4　项目验证

5.4.1　数控桁架机器人上下料全自动连续运行功能验证

（1）西门子 828D 数控系统联机准备

1）系统上电后，按“FEED START”按钮使能伺服驱动，然后在回零方式下，依次选择 X、Y、Z 轴，按“+”按钮，分别完成 X、Y、Z 轴回零。

2）根据卡盘实际有无料状态，选择设定机床是“有料”，还是“无料”。如果有料，需在 MDA 方式运行 M36，将机床设定为“加工完成”状态。

3）按“联机”按钮，进入联机模式。联机模式，828D 系统自动进入“AUTO”方式；关闭联机模式，828D 才可以选择其他方式。

4）西门子数控侧 5 种工件对应的程序号分别为 1 号 ~ 5 号。M36：加工完成；M37：加工完成取消。

① 1.MPF：

```
G74X0Y0Z0
G94G91G01X50Y50Z50F500
G04F10
X-50Y-50Z-50
G04F10
M36
M30
```

② 2.MPF：

```
G74X0Y0Z0
G91G94G01X100Y100Z100F1000
G04F10
X-100Y-100Z-100
G04F10
M36
M30
```

③ 3.MPF：

```
G74X0Y0Z0
G91G94G01X150Y150Z150F1000
G04F10
X-150Y-150Z-150
G04F10
M36
M30
```

④ 4.MPF：

```
G74X0Y0Z0
G91G94G01X200Y200Z200F1000
G04F10
X-200Y-200Z-200
G04F10
M36
M30
```

⑤ 5.MPF：

```
G74X0Y0Z0
G91G94G01X250Y250Z250F1000
G04F10
X-250Y-250Z-250
G04F10
M36
M30
```

（2）料盘准备

1）为方便验证，料盘摆放 6 个零件，3 行 2 列，如图 5-15 所示。

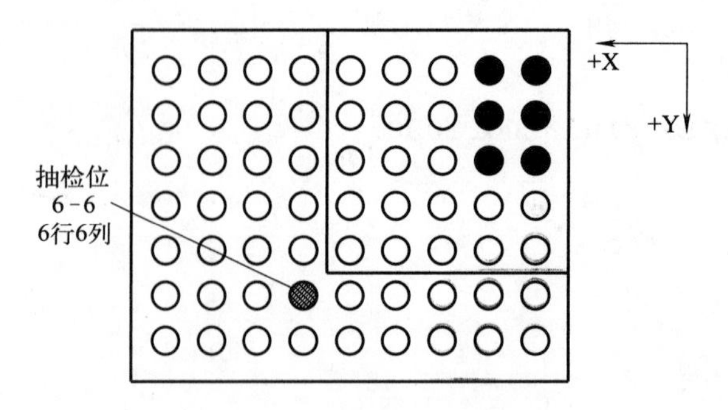

图 5-15　全自动运行工件摆放

2）依据零件的摆放，修改 O9 程序。需要修改表 5-10 中两行语句，将料盘行号设定 #31=5 修改为 #31=3；料盘列号设定 #32=5 修改为 #32=2。

3）在全自动方式下，按“换料盘完成”按钮，将自动检索 O9 程序并启动运行。运行完毕，完成图 5-15 所示 6 个零件的工件号设定，如表 5-13 所示。

表 5-13　全自动方式料盘工件号设定结果

序号	宏变量	设定值	说明
1	#911	10	1 行 1 列工件号为 10，未加工
2	#912	10	1 行 2 列工件号为 10，未加工
3	#921	20	2 行 1 列工件号为 20，未加工
4	#922	20	2 行 2 列工件号为 20，未加工
5	#931	30	3 行 1 列工件号为 30，未加工
6	#932	30	3 行 2 列工件号为 30，未加工

4）确认手爪 1 无料，#811=0；确认手爪 2 无料，#812=0；确认卡盘无料，#813=0。

5）全自动方式下，按“循环启动”按钮，自动搜索全自动运行程序 O10 并启动运行。料盘侧的取料顺序依次为：1 行 1 列、1 行 2 列、2 行 1 列、2 行 2 列、3 行 1 列、3 行 2 列。由于全自动循环启动时，手爪 2 无料，机床也无料，因此在 1 行 1 列、1 行 2 列的取放料过程中只有取料没有放料；2 行 1 列、2 行 2 列、3 行 1 列、3 行 2 列的取放料过程中先取料后放料。

6）1 行 1 列、1 行 2 列件送达机床后，西门子 828D 自动启动 1 号程序运行；2 行 1 列、2 行 2 列零件送达机床后，西门子 828D 自动启动 2 号程序运行；3 行 1 列、3 行 2 列零件送达机床后，西门子 828D 自动启动 3 号程序运行。

7）6 个零件全部取出后，料盘无料可取时，系统出现 MC3010 报警，如图 5-16 所示，报警信息显示“MC3010 Tray_CHG”，提示更换料盘。

8）出现 MC3010 报警时，机床卡盘有料，#813=30；手爪 1 无料，#811=0；手爪 2 有料，#812=31。料盘 3 行 2 列中有 4 个已加工完成的零件，如图 5-17 所示。

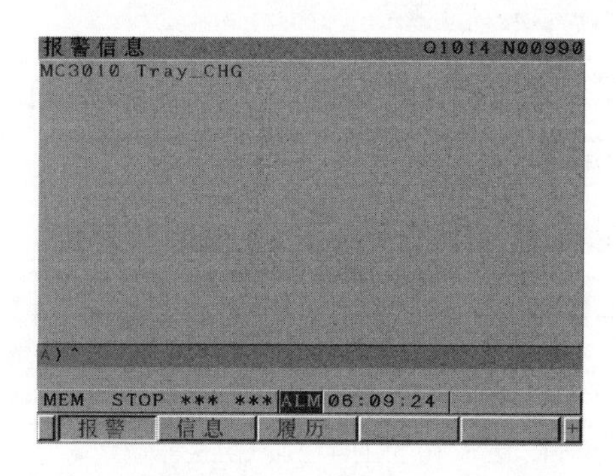

图 5-16　MC3010 报警

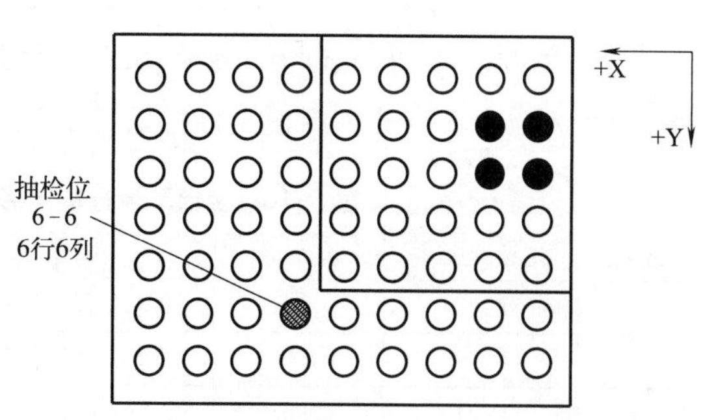

图 5-17　全自动运行结束料盘工件分布

9）出现 MC3010 报警时，料盘 3 行 2 列料位工件号如表 5-14 所示。

表 5-14 全自动运行第一轮结束料盘料位工件号

序号	宏变量	设定值	说明
1	#911	0	1 行 1 列工件号为 0，表示无工件
2	#912	0	1 行 2 列工件号为 0，表示无工件
3	#921	11	2 行 1 列工件号为 11，表示 10 号工件已加工完成
4	#922	11	2 行 2 列工件号为 11，表示 10 号工件已加工完成
5	#931	21	3 行 1 列工件号为 21，表示 20 号工件已加工完成
6	#932	21	3 行 2 列工件号为 21，表示 20 号工件已加工完成

10）换新料盘，3 行 2 列零件。按“换料盘完成”按钮，完成料盘料位工件号设定。

11）按“循换启动”，开始第二轮循环。此轮循环开始，料盘 6 个料位全部是先取后放。运行到出现 MC3010 报警时，料盘 3 行 2 列中有 6 个已加工完成的零件。料盘 3 行 2 列料位工件号如表 5-15 所示。

表 5-15 全自动运行第二轮结束料盘料位工件号

序号	宏变量	设定值	说明
1	#911	31	1 行 1 列工件号为 31，表示 30 号工件已加工完成
2	#912	31	1 行 2 列工件号为 31，表示 30 号工件已加工完成
3	#921	11	2 行 1 列工件号为 11，表示 10 号工件已加工完成
4	#922	11	2 行 2 列工件号为 11，表示 10 号工件已加工完成
5	#931	21	3 行 1 列工件号为 21，表示 20 号工件已加工完成
6	#932	21	3 行 2 列工件号为 21，表示 20 号工件已加工完成

5.4.2 数控桁架机器人上下料全自动运行预停功能验证

1）仍然是 3 行 2 列零件的全自动循环。如取完 2 行 1 列零件，并在送往机床的过程中，按一下“预停”按钮，“预停”灯点亮。

2）机床侧取放料完成后，返回料盘区取放料，待 2 行 2 列取放料完成，全自动程序 O10 结束运行，“预停”灯熄灭，不再为机床上下料。

3）此时，手爪 1 有料，#811=20；手爪 2 无料，#812=0；机床卡盘有料 #813=20。料盘 3 行 2 列料位工件号如表 5-16 所示。

表 5-16 全自动运行暂停结束料盘料位工件号

序号	宏变量	设定值	说明
1	#911	31	1 行 1 列工件号为 31，表示 30 号工件已加工完成
2	#912	31	1 行 2 列工件号为 31，表示 30 号工件已加工完成
3	#921	11	2 行 1 列工件号为 11，表示 10 号工件已加工完成
4	#922	11	2 行 2 列工件号为 11，表示 10 号工件已加工完成

续表

序号	宏变量	设定值	说明
5	#931	30	3 行 1 列工件号为 30，未加工
6	#932	30	3 行 2 列工件号为 30，未加工

4）暂停后，再按“循环启动”按钮，启动全自动运行，将继续此轮循环，直到料盘未加工零件全部取出后，出现 MC3010 报警，提示换料盘。

5.4.3　数控桁架机器人上下料全自动运行抽检功能验证

1）仍然是 3 行 2 列零件的全自动循环。如取完 3 行 1 列零件后，按住“抽检”按钮 3s，直到“抽检”灯常亮。

2）手爪 2 从机床取到的零件放到料盘抽检位 6 行 6 列，#966=21，完成抽检放料后，“抽检”灯开始闪烁。

3）人工从抽检位取走零件后，再按一下“抽检”按钮，“抽检”灯熄灭，#966 清零。

4）此轮循环结束，出现 MC3010 报警时，手爪 1 无料，#811=0；手爪 2 有料，#812=31；卡盘有料，#813=30。料盘 3 行 2 列中有 5 个已加工完成的零件。料盘 3 行 2 列料位工件号如表 5-17 所示。

表 5-17　全自动运行抽检结束料盘料位工件号

序号	宏变量	设定值	说明
1	#911	31	1 行 1 列工件号为 31，表示 30 号工件已加工完成
2	#912	31	1 行 2 列工件号为 31，表示 30 号工件已加工完成
3	#921	11	2 行 1 列工件号为 11，表示 10 号工件已加工完成
4	#922	11	2 行 2 列工件号为 11，表示 10 号工件已加工完成
5	#931	21	3 行 1 列工件号为 21，表示 20 号工件已加工完成
6	#932	0	3 行 2 列工件号为 0，无零件

5.4.4　报警信息验证

（1）AL2007 报警验证

机床侧 828D 不在联机状态时，数控机器人进入全自动方式，即触发 AL2007 报警，如图 5-18 所示，信息显示“MACHINE NOT ONLINE”，提示机床未联机。

（2）AL2008 报警验证

机床侧 828D 在联机状态，数控机器人全自动方式，机床侧 828D 按下“急停”按钮，即触发 AL2008 报警，如图 5-19 所示，信息显示“MACHINE ALARM”，提示机床报警。

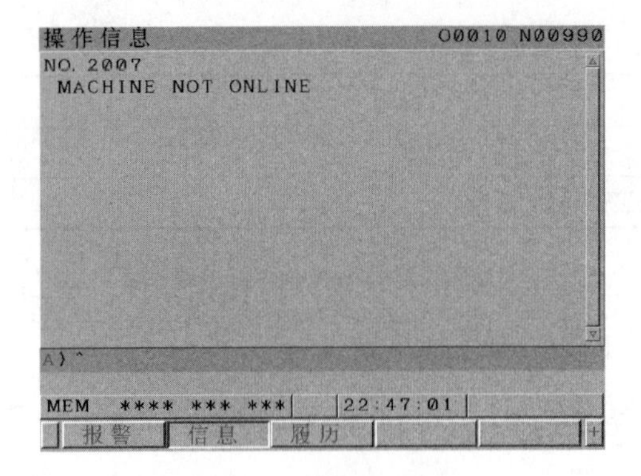

图 5-18 AL2007 报警

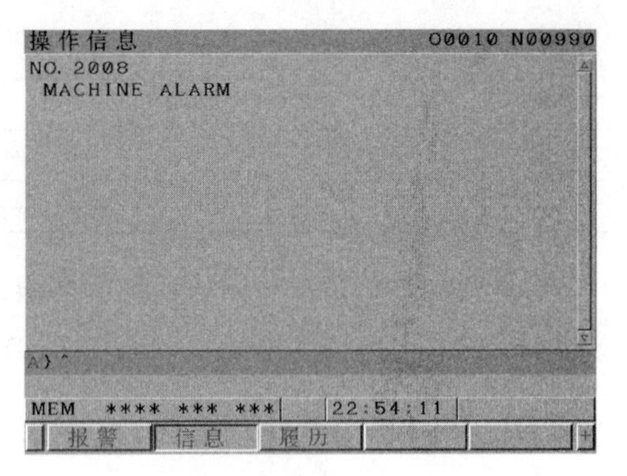

图 5-19 AL2008 报警

参考文献

［1］ 罗敏．工业机器人电气控制设计及实例［M］．北京：化学工业出版社，2023.

［2］ 罗敏.FANUC 数控系统 PMC 编程从入门到精通［M］．北京：化学工业出版社，2020.

［3］ 罗敏.FANUC 数控系统设计及应用［M］．北京：机械工业出版社，2014.

［4］ 罗敏.FANUC 数控系统 PMC 编程技术［M］．北京：化学工业出版社，2013.

［5］ 罗敏，等．数控原理与编程［M］．北京：机械工业出版社，2011.

［6］ 罗敏．典型数控系统应用技术［M］．北京：机械工业出版社，2009.

［7］ 罗敏.PMC 窗口功能及应用［J］．制造技术与机床，2003（3）：58–60.

［8］ 罗敏，徐金瑜，吴清生，等．曲轴自动线数控龙门机械手改造［J］．设备管理与维修，2012（10），P33–36.

［9］ 刘凌云，罗敏，方凯．面向粗定位工件的涂胶机器人系统设计与实现［J］．组合机床与自动化加工技术，2013（1）：77–83.

［10］ 方学舟，罗敏，何晓波．工业机器人在车身喷涂工艺中的应用［J］．装备维修技术，2014（3）：14–21.

［11］ 雷钧，罗敏，吴岳敏，刘凌云．感应淬火机床与上下料机械手控制系统的设计［J］．制造技术与机床，2018（2）：173–177.

［12］ 叶亮亮，罗敏，樊峻杉．基于内网穿透的 FANUC 数控系统 PMC 远程访问方法［J］．制造技术与机床，2024（01）：115–123.

［13］ 罗敏.5 轴加工中心主–从式控制系统［J］．制造技术与机床，1999（4）：41–42.

［14］ 罗敏．钻削中心自动换刀宏程序的设计方法［J］．制造技术与机床，2000（9）：28–29.

［15］ 罗敏．利用宏程序开发曲轴内铣及补偿功能［J］．制造技术与机床，2003（12）：89–91.

［16］ 罗敏，吴清生，徐春友，等．曲轴连杆颈内铣加工宏指令的开发［J］．制造技术与机床，2011（5）：148–151.

［17］ 罗敏，龚青山，常治斌，等．弧面凸轮铣削宏指令的开发［J］．制造业自动化，2013（3）：48–51.

［18］ 罗敏，吴清生．基于 AXCTL 指令的伺服刀架 PMC 轴控制［J］．制造技术与机床，2013（11）：144–147.